A la Mémoire

DE MON PÈRE

MÉDECIN—VÉTÉRINAIRE

A

Vitry-le-François

1842-1890

HISTOIRE

DE LA

MÉDECINE VÉTÉRINAIRE

PAR

L. MOULÉ

Médecin-Vétérinaire,

Contrôleur du service de l'inspection des viandes de Paris.

PREMIÈRE PÉRIODE

Histoire de la Médecine vétérinaire dans l'Antiquité

PARIS

TYPOGRAPHIE & LITHOGRAPHIE A. MAULDE & Cⁱᵉ
144, Rue de Rivoli, 144

1891

Extrait du **BULLETIN DE LA SOCIÉTÉ CENTRALE DE MÉDECINE VÉTÉRINAIRE**

———

Tiré à Cent Exemplaires.

———

HISTOIRE

DE LA

MÉDECINE VÉTÉRINAIRE

PAR

L. MOULÉ

Médecin-Vétérinaire,

Contrôleur du service de l'inspection des viandes de Paris.

En médecine humaine les traités d'histoire de la médecine ne se comptent plus tant ils sont nombreux, et, depuis longtemps déjà, l'histoire médicale a acquis droit de cité dans l'enseignement des facultés. Nous sommes loin d'être aussi avancés, car l'étude de l'histoire de la vétérinaire n'a été rendue obligatoire dans les Écoles vétérinaires allemandes que depuis le 27 mars 1878, et c'est à peine si dans la bibliographie nous pouvons compter trois ouvrages complets sur l'histoire de notre médecine.

G. B. ERCOLANI. — *Ricerche storico-analitiche sugli scrittori di veterinaria* (Torino. — Tipografia Ferrero e Franco, 1851, 340 pages).

POSTOLKA. — *Geschichte der Thierheilkunde* (Wien, 1887, 2e édition).

Dr FRIEDRICH EICHBAUM. — *Grundriss der Geschichte der Thierheilkunde* (Berlin. — Verlag von Paul Parey, 1885, 328 pages).

Les précis sont plus nombreux, les voici classés par ordre chronologique :

1770

ANTONIO ZANON. — *Saggio di storia della medicina veterinaria* (Venezia, in-8).

1771

ERXLEBEN. — *Oratio de arte veterinaria veteribus maxime æstimata, diù neglecta, hodie lætissime efflorescente* (Gottingœ, in-4°).

1783

VITET. — *Analyse des auteurs qui ont écrit sur l'art vétérinaire depuis Végèce jusqu'à nos jours* (Lyon).

1794

CHR. FR. LUDWIG. — *Tabellarische Uebersicht der Geschichte der Thierheilkunde* (Leipzig, in-8).

1806

E.-L.-G. NEBEL. — *Prog. historiam artis veterinariæ a rerum initio usque ad ætatem caroli V. sistens* (Giessœ-Schrœderus, in-4°, 44 pages).

1810

AMOREUX — *Précis historique de l'art vétérinaire pour servir d'introduction à une bibliographie vétérinaire* (Montpellier, in-8).

1826-1828

HURTREL D'ARBOVAL. — *Dictionnaire de médecine et de chirurgie vétérinaires* (Paris, Baillière, 4 vol. in-8. Article : vétérinaire).

1835

FRED. CH. HECKER. — *Histoire de la médecine vétérinaire dans l'antiquité;* extraite de l'histoire de la médecine, traduite de l'allemand par L.-P. Gauthier (Paris, Loquin, in-8, 27 pages. *Recueil de médecine vétérinaire*, t. XI, année 1834).

1853

KREUTZER. — *Grundriss der gesammten veterinairmedizin* (Erlangen). La première partie, page 1 à 55, renferme un court exposé sur l'histoire de la médecine vétérinaire.

1853

D^r CH. FR. HEUSINGER. — *Recherches de pathologie comparée* (Cassel. Hesse électorale. Henri Hotop 2 vol.). Dans la première partie de cet ouvrage, publié en langue française par un médecin allemand, il y a un excellent précis de l'histoire de la médecine vétérinaire.

1851

GOURDON. — *Éléments de chirurgie vétérinaire* (Paris, 2 vol.).

(A la page 19, très belle étude sur l'histoire de la chirurgie vétérinaire).

1855

EUG. TISSERANT. — *Histoire abrégée de la médecine vétérinaire, depuis les temps anciens jusqu'à la création des Écoles.* — Discours de réception à l'Académie des sciences, belles-lettres et arts de Lyon (3 juillet). (Lyon, Dumoulin, in-8, 48 pages).

1859

LAFITTE. — *Notice historique sur la médecine vétérinaire antique.* — Société vétérinaire du Calvados et de la Manche (Années 1859-1861, n° 19, p. 109).

1863

HERING-SCHRADER. — *Bibliographisch-literarisches Lexicon der Thierärzte aller zeiten und Länder* (Stuttgart).

1877

ZÜNDEL. — *Dictionnaire de médecine, chirurgie, hygiène vétérinaires* (Baillière, T. III. Article : Vétérinaire).

1886

Dr BARANSKI. — *Geschichte der Tierzucht und Tiermedizin* (Wien. Braumüller, in-8).

1888

SEMMER. — *Encyclopædie der gesammten Thierheilkunde und Thierzucht von aloïs Koch* (3° vol. Article : *Geschichte der Veterinärmedizin).*

1888

Dr ESS. — *Tierarzneikunde in Altertum.* Repertorium der Tierheilkunde (Stuttgart, 1° liv.).

1889

M.-H.-J.-P. THOMASSEN.— *Aanteckeningen met betrekking tot de geschiedenis der Veeartsenijkunde* (Notes sur l'histoire de la médecine vétérinaire).

Sous ce titre, M. Thomassen, professeur à l'École vétérinaire d'Utrecht, publie dans un journal vétérinaire hollandais *(Tijdschrift voor veeartsenij-kunde en Veeteelt)*, une série de notes sur l'histoire de la vétérinaire, notamment sur l'histoire de la vétérinaire dans l'antiquité).

En France, à part les quelques précis dont nous venons de parler, il n'existe aucun traité complet sur l'histoire de la vétérinaire. Cela est d'autant plus regrettable que les traductions des histoires étrangères ne peuvent nous être d'aucune utilité. A part quelques indications sommaires relatives aux périodes grecque, romaine et arabe, qui sont d'ordre général, ces histoires traitent de préférence, et cela se conçoit, de l'exercice de la vétérinaire dans les contrées où elles ont été éditées, et, ne parlent que d'une manière fort imparfaite de ses progrès dans le pays qui fut son berceau.

Tout humbles que soient nos origines, j'estime qu'elles doivent être connues, et, c'est pourquoi j'ai entrepris de publier un traité aussi complet que possible d'historique vétérinaire, dont les principales divisions sont basées sur les grandes périodes de l'histoire.

Première Période. — *Histoire de la médecine vétérinaire dans l'antiquité;* c'est-à-dire depuis les temps les plus reculés jusqu'à la ruine de l'Empire d'Occident, 476 de notre ère.

Deuxième Période. — *Histoire de la médecine vétérinaire au Moyen âge;* de la chute de l'Empire romain à la Renaissance, 476 à 1500.

Troisième Période. — *Histoire de la médecine vétérinaire dans les temps modernes.*

1° De 1500 à la fondation des écoles vétérinaires (1761);

2° De la fondation des écoles à nos jours.

Il s'en faut de beaucoup que ce travail soit complètement terminé, et, bien que m'en occupant depuis plusieurs années, c'est tout au plus si je suis en mesure de vous présenter aujourd'hui la partie relative à l'histoire de la vétérinaire dans les temps antiques. C'est qu'il m'a fallu consulter une foule de documents, recueillir les matériaux épars dans ces nombreux ouvrages que nous a légués l'antiquité, traduire à nouveau les ouvrages des hippiatres grecs et latins, coordonner et fondre en un tout le résultat de recherches longues et minutieuses. J'ai tenu surtout à approfondir cette période surprenante des nations grecques et latines, dont la civilisation était si avancée, et à analyser aussi minutieusement que possible les ouvrages des hippiatres grecs et latins qui pendant si longtemps nous ont servi de guide. Il me reste encore beaucoup à faire, mais si le temps irréparable ne me permet pas d'achever mon œuvre, espérons qu'il se trouvera un collègue assez dévoué pour la continuer.

PREMIÈRE PÉRIODE

HISTOIRE DE LA MÉDECINE VÉTÉRINAIRE DANS L'ANTIQUITÉ

(X··· avant J.-C. à 476 de notre ère)

Rechercher les traces de la médecine vétérinaire dans l'antiquité, c'est étudier l'histoire des peuples qui se sont succédé pendant cette longue période de siècles, depuis les temps les plus reculés, auxquels nous ne pouvons assigner de date précise, jusqu'à la chute de l'Empire Romain, l'an 476 de notre ère. Mais, bien que l'origine de la vétérinaire se perde dans la nuit des temps, ce n'est que dans les périodes grecque et romaine que nous trouvons des documents véritablement authentiques ; aussi serons-nous très brefs sur l'exercice de notre profession chez les anciens peuples de l'Orient, nous réservant d'y revenir plus tard si le temps nous le permet.

Il serait puéril de commencer nos investigations dans les âges préhistoriques, car les hommes primitifs des périodes paléolithique et néolithique n'ont laissé, comme traces de leur passage, que des ossements, des armes en silex, etc., etc., documents qui ne peuvent nous fournir aucune indication sur les origines de la vétérinaire.

Chez les Égyptiens, ces ancêtres de l'histoire, les documents font également défaut. Cependant, où la vétérinaire pouvait-elle être plus en honneur que chez ces peuples de l'Orient, qui avaient choisi les animaux comme représentants de leurs divinités et qui rendaient un culte tout particulier au bœuf Apis, incarnation vivante du dieu Osiris. Le choix de ce bovidé, soumis à des rites spéciaux, la vénération dont il était l'objet, semblent indiquer que les prêtres égyptiens devaient posséder non seulement des connaissances zootechniques, mais encore quelques notions médicales, pour soigner les animaux sacrés en cas de maladie, et surtout pour assurer la conservation et prolonger l'existence du bœuf Apis, dont la mort était considérée comme une calamité publique. Mais là ne se bornait pas leur office, ils devaient aussi désigner les animaux destinés aux sacrifices et leur appliquer un cachet d'argile, indiquant le bon état de santé de l'animal. Ce sont probablement des prêtres égyptiens, ces personnes occupées à soigner des bœufs, des chèvres, etc., que nous voyons sur des copies de vieilles peintures égyptiennes, reproduites par Rosellini (*Monumenti del Egitto*, t. I, page 275) et Wilkinson (*Customs and Manners of the ancient Egyptians. New series*, t. I, page 138).

Elien, dans son *Histoire des Animaux* (liv. XI, chap. XXXI), rapporte qu'un certain Lénaios, voyant un cheval de prix, auquel il tenait beaucoup, menacé de perdre la vue à la suite d'un coup sur l'œil droit, s'en alla implorer le dieu Sérapis (Σαραπις) dans son temple et le conjurer de rendre la vue à son cheval. Celui-ci daigna condescendre à sa prière et lui dicta l'ordonnance suivante :

Défense absolue d'humecter l'œil avec un liquide quelconque, obligation de le chauffer (αλεαινειν) au soleil avec des chauffoirs (πυριασις) et cela dans le milieu du jour et dans l'enceinte même du temple. Lénaios s'y conforma et son cheval recouvra la vue. Cette anecdote doit-elle se rapporter à l'Égypte proprement dite ou à la Grèce ? Elien a oublié de nous en informer. Le culte du dieu Sérapis, si vénéré dans l'ancienne Egypte, fut en effet aussi en honneur en Grèce et en Italie sous les Ptolémées. Quoi qu'il en soit, cette anecdote nous prouve que les prêtres ne dédaignaient pas au besoin de donner leurs soins aux animaux malades.

Chez les Aryas, la domestication des animaux utiles, la prospérité des troupeaux étaient une source de joie et de richesse ; aussi devaient-ils apporter tous leurs soins à la multiplication et à la conservation des animaux domestiques dont ils tiraient tout leur profit. Heusinger (1) dit qu'ils possédaient de grands haras sous la direction d'écuyers royaux (*asvanibkand.kas*). Ils ont, paraît-il, écrit en langue sanscrite plusieurs Traités vétérinaires, dont nous ne connaissons que les titres.

Dietz (*Analecta medica*, p. 123), rapporte, d'après Ibn Oseibia, que le fameux médecin indien Charaka avait écrit un Traité sur la médecine vétérinaire, et, signale l'existence d'un manuscrit sur le traitement des maladies des chevaux (*Asvânan auschada*) dans la collection de la Société des Indes.

Ainslie (*Materia medica indica*, vol. II, p. 516), signale deux ouvrages vétérinaires en langue persane, mais traduits du sanscrit : *Tohfeh kani ilaji* (Maladies du cheval), traduit par Mohammed Casim Ben Scherif Khan, et *Resaleh tibbi Aspan*, dont la traduction est attribuée à Zein Al Emin.

Les Iraniens connaissaient dès la plus haute antiquité les soins à donner

---

(1) Heusinger. — *Recherches de pathologie comparée*, 1853.

aux animaux malades, car il en est fait mention dans leurs livres sacrés écrits en langue zend. Dans le *Boundéhesch*, troisième partie du Zend-Avesta, il est question d'une taxe pour réglementer les honoraires que doivent percevoir les médecins perses pour les soins qu'ils donnent à leurs semblables ou aux animaux. Voici ce que nous y trouvons à propos du traitement des animaux :

« Si le médecin guérit un fort animal, sa récompense sera un animal de
« moyenne grandeur ; s'il guérit un animal de moyenne grandeur, sa récom-
« pense sera un petit animal ; s'il guérit un petit animal, sa récompense
« sera une certaine quantité de viande. » (Traduction Anquetil-Duperron,
t. III, p. 343.)

Peut-être doit-on faire remonter à cette époque le *Beythar-Nameh* ou Traité de la médecine vétérinaire, en persan, manuscrit que nous trouvons mentionné dans le *Catalogue des livres de la Bibliothèque de Huzard*, p. 320, nº 3487.

Les Juifs ne doivent pas nous intéresser beaucoup, car la Bible, l'unique source de leur histoire, ne nous apprend que fort peu de choses sur l'état de la médecine des animaux chez ces peuples pasteurs et essentiellement nomades.

Pour avoir des notions plus exactes sur la vétérinaire, il nous faut arriver aux périodes grecque et romaine, et encore n'est-ce que longtemps après la réduction de la Grèce en province romaine que nous trouvons des documents précieux relatifs à l'exercice de la médecine vétérinaire. Pendant la période grecque et une grande partie de la période gréco-romaine, nous sommes obligés de nous contenter des quelques rares indications éparses dans les ouvrages des philosophes (Aristote), des médecins (Hippocrate), des historiens (Xénophon), des agronomes (Caton, Varron, Columelle). Ce n'est qu'au IVe siècle de notre ère que nous sommes en présence de vétérinaires proprement dits (Eumèle, Apsyrte, Hippocrate, Hiéroclès, Pélagone, Théomneste, etc., etc.) dont les écrits réunis forment la collection de l'Hippiatrique.

Laissant donc de côté l'histoire de la vétérinaire chez les peuples de l'Orient, dont l'histoire intime nous est encore relativement peu connue, nous allons aborder cette étude chez les peuples grecs et latins, et, donner ici même la division de notre travail que nous publierons par fascicules à des intervalles plus ou moins éloignés.

I. — Les Écrivains vétérinaires

A. — *Période grecque*

X··· à 146 avant J.-C.

MÉLAMPE (Μελαμπους) 1380?

Ce n'est certainement pas dans les temps fabuleux ou primitifs de la Grèce que nous pouvons trouver des documents sérieux sur les origines de la médecine vétérinaire; mais un historien fidèle ne doit négliger aucune source historique, si obscure qu'elle soit: c'est pourquoi nous citons en tête de ce travail le berger Mélampe. Si l'on en croit l'histoire, Mélampe, que l'on représente tantôt comme un berger, tantôt comme un célèbre médecin, aurait été consulté par le roi d'Argos, Prétus, au sujet de ses filles atteintes d'aliénation mentale ou plutôt d'un trouble des organes sexuels. Très versé dans la connaissance des simples, il les aurait guéries en leur administrant de l'ellébore blanc, dont il avait remarqué les effets salutaires sur ses moutons.

Il est même probable qu'il s'occupait aussi de médecine vétérinaire, car, à propos de la peste qui désola les Alpes juliennes, la Noricie (aujourd'hui Bavière) et les champs Japidiens (aujourd'hui Frioul), Virgile (*Géorgiques,* livre III, vers 550) dit que ce mal a vaincu la science des maîtres, celle de Chiron et de Mélampe :

; cessere Mag'stri
Phil'yrides Chiron, Amythioniusque Melampus.

CHIRON (Χειρων) 1350?

« La fable grecque des centaures, dit M. Piétrement (page 232, (1bis n'est
« pas autre chose que la symbolisation, la peinture emblématique d'un
« peuple d'excellents cavaliers. »

Un des centaures dont l'histoire nous a conservé le nom, Chiron Péléthronius, fils de Saturne et de la nymphe Phillyra, fut le précepteur d'Achille, d'Esculape et de Jason. Hippologue très distingué, il aurait été, paraît-il, très versé dans la médecine des animaux. Virgile (*Géorgiques,* liv. III,

---

(1bis Piétrement. *Les chevaux dans les temps préhistoriques.* Paris, Germer-Baillière, 1883.

vers 550) et les auteurs vétérinaires grecs des premiers siècles de notre ère
en font mention. Hiéroclès, dans sa préface (ἱππιατρικα, liv. I, p. 2) (2) le cite
comme l'égal de Neptune dans la connaissance du cheval. Végèce (3) le mentionne plusieurs fois comme auteur de plusieurs remèdes pour guérir les
maladies des chevaux. Mais ce sont des remèdes fantaisistes, bons pour toutes
les maladies, et dont un des principaux consistait à faire bouillir un jeune
chien tout vivant. (Végèce, liv. I, préface et chap. XVII; liv. IV, chap. VIII,
p. 278 et chap. XIV, p. 288.)

Chiron eut aussi pour élève Aristée, dont le fils Actéon fut changé en cerf
et déchiré par les chiens de la chasseresse Diane. A ce sujet, Sprengel (4)
prétend qu'Actéon mourut d'hydrophobie et que c'est la plus ancienne trace
que nous puissions trouver de cette cruelle maladie. Mais rien dans le texte
grec d'Euripide (*Bacch.*, vers 335) et d'Apollodore ne justifie une pareille
assertion.

SIMON (Σίμων).

La plupart des historiographes vétérinaires considèrent comme le plus
ancien vétérinaire, Simon, qui avait fait ériger, dans le temple de Cérès, à
Éleusis, près d'Athènes, un cheval de bronze, sur le socle duquel il avait
fait graver le nom de ses ouvrages. Mais d'après Xénophon, Suidas, Hiéroclès, il aurait écrit περι ἱππικης et non περι ἱππιατρικης. Du reste, Apsyrte
(liv. II, chap. LVII ; Hiéroclès (ἱππιατρικα, *loc. cit.*, liv. I, chap. II, p. 3,
liv. II, chap. I); Xénophon (περι ἱππικης), ne le mentionnent que comme
auteur d'un traité d'équitation intitulé, selon Suidas, ἱππισκοπικης. C'était,
paraît-il, un écrivain fort ignorant et peu entendu en ces sortes de matières,
ainsi qu'on peut s'en convaincre par la lecture des fragments que nous a
conservés Pollux (Xénophon, *Traité de l'équitation*, trad. Paul-Louis Cou-
rier. Note).

Xénophon n'est pas toujours d'accord avec sa manière de voir, car il s'exprime ainsi à son égard : « Si je suis d'accord avec lui sur quelques points, je
« ne les supprimerai pas dans mon traité. Quant à ce qu'il aura omis, je
« tâcherai d'y suppléer ». Trad. Pessonneaux. Charpentier, 1884, p. 465).

Enfin, Hiéroclès (Liv. II, ch. I, p. 173), le cite à propos des os du cœur du
cheval et du mulet. Il paraît que Simon avait connaissance de cette particularité, que la plupart de ses prédécesseurs auraient ignorée. Parmi ces igno-
rants, Hiéroclès place ce vieux rêveur de Micon, qui croyait que les paupières

---

(2 Τῶν ἱππιατρικων Βιβλια δυο, *Veterinariæ medicinæ*, libri duo. Basileæ, 1557.

(3 *Vegetii renati veterinariæ sive mulomedicinæ*, libri quatuor. Gesner, Manhemii,
1781.

(4 Sprengel. *Histoire de la médecine*, traduite de l'allemand par Jourdan. Paris,
1815-1820, 9 vol. in-8.

du cheval naissaient du bas de la joue, assertion dont Simon se moquait, en déclarant que Micon était plus bête qu'un cheval.

HOMÈRE (Ομηρος), IXᵉ siècle av. notre ère.

Il peut paraître étonnant de trouver dans l'Iliade et l'Odyssée des notions médicales fort exactes et un langage anatomique auxquels, même au siècle d'Hippocrate, on n'a fait que quelques rares additions. Il en est cependant ainsi et Homère, le père de la poésie grecque, a décrit les blessures de ses héros avec une extrême précision. Il paraît que dans l'Iliade on peut recueillir 145 observations de blessures de toutes sortes et dans toutes les régions. Aussi, deux savants docteurs bien connus, Malgaigne (5) et Daremberg (6), se sont-ils empressés de publier séparément une brochure sur la Médecine au temps d'Homère.

Nous y trouvons la description d'une blessure faite à un des chevaux de Nestor par la flèche de Paris. Cette flèche, destinée à Nestor, pénètre au sommet de la tête, là où naissent sur le crâne les premiers crins, une des régions les plus dangereuses, dit le poëte. L'animal bondit de douleur, car la flèche avait pénétré jusqu'au cerveau, puis *se roule autour de l'airain qui l'a frappé*. A ce sujet, le docteur Malgaigne dit qu'il n'y a qu'une blessure qui se présente avec ce caractère anatomique de pénétrer dans le cervelet sans avoir traversé l'encéphale, et c'est la seule pour laquelle ces mouvements désordonnés de rotation soient accusés. Il croit donc voir ici une lésion du cervelet donnant lieu à des phénomènes qu'a reproduits l'expérimentation moderne. D'après Daremberg, le cheval de Nestor n'aurait pas été blessé au sommet du cou, mais au sommet de la tête, et c'est probablement après avoir traversé une partie du cerveau que le trait, lancé de haut en bas, a pénétré dans le cervelet.

Peut-être ces deux savants ont-ils été un peu loin dans leur interprétation de la pensée de l'illustre poëte. Dans l'Iliade (Chant VIII, vers 83-85), il est dit en effet, que la flèche a pénétré dans le cerveau ἐγκεφάλοιο à l'endroit où naissent les premiers crins, la partie la plus dangereuse, et que l'animal rendu furieux, jette le désordre parmi les chevaux en se roulant autour de l'airain (κυλινδόμενος περὶ χαλκῷ). Cette action de se rouler semble plutôt, selon moi, devoir se rapporter aux mouvements désordonnés qui précèdent l'agonie.

Quant aux maladies contagieuses, il en est fait mention dans l'Iliade. Dans le chant I, vers 50, il est question d'une peste qui ravagea l'armée, après

---

(5) **Malgaigne.** — Étude sur l'anatomie et la physiologie d'Homère. Paris, Baillière, 1842.

(6) **Daremberg.** — La Médecine dans Homère. Paris, 1865.

avoir sévi pendant dix jours au moins sur les mulets (ουρηας) et sur les chiens (κυνων). Mais Homère la désignant sous les noms les plus divers : νουσος κακη, mauvaise maladie ; λοιμος, peste ; λοιγος, fléau, et, ne faisant que la mentionner sans plus de détails, nous ne pouvons en préciser la nature.

On trouve aussi dans Homère une indication relative à l'œstre ou taon. Quand Ulysse de retour à Ithaque, fait un carnage des prétendants, ceux-ci « se dispersèrent dans la salle comme un troupeau de bœufs que tourmente, « au printemps, quand les jours sont longs, un taon (οιστρος), aux couleurs variées (αιολος), (trad. Lecomte de l'Isle, p. 339 (αδινασας). Liv. XXII, vers 300).

ALCMŒON DE CROTONE (v° siècle).

Alcmeon ou plutôt Alcmæon, né à Crotone, en l'an 500 avant notre ère, est considéré comme le premier médecin qui ait disséqué, non des hommes puisque la religion et les préjugés s'y opposaient, mais du moins des animaux. Toutefois ses connaissances zoologiques ont été peu étendues et beaucoup ont été l'objet de réfutations de la part d'Aristote. Ainsi, il prétendait que les chèvres respiraient par les oreilles, idée bizarre dans laquelle quelques physiologistes modernes ont cru trouver l'origine de la trompe d'Eustache, et, comme le dit fort bien le Dr Beaugrand, dans son article sur Alcmæon (Dict. encycl. sc. méd. du Dr Dechambre), rien ne justifie une pareille allégation. Alcmæon supposait aussi que dans l'œuf c'était le blanc qui nourrissait le poussin, jouant ici le même rôle que le lait chez les mammifères.

Ce médecin grec paraît s'être aussi occupé de médecine vétérinaire, car il a recherché la cause de la stérilité des mulets, qu'il attribue à la froideur du sperme du mâle et à l'occlusion de l'orifice de la matrice chez les femelles. (Aristote (7), I. X. 1., P. LVI, LVII.

HIÉRON DE SICILE (Ιερων), 478-467.

Varron et Columelle citent un Hiéron, roi de Sicile, comme auteur d'un Traité sur l'agriculture. Dans l'Hippiatrique (2), on a de lui un article sur l'éléphantiasis du cheval (liv. I, ch. III, p. 21), attribué, dans quelques manuscrits, à Chiron.

On pense que c'était le frère et le successeur de Gélon, Hiéron, roi de Syracuse, de 478 à 467. Sa cour était en effet le rendez-vous des hommes les plus célèbres de son temps. D'autres croient que l'auteur de ce traité était Hiéron II, tyran de Syracuse, de 306 à 216.

---

(7) Aristote. Histoire des animaux. Traduction Barthélemy Saint-Hilaire. (Paris, Hachette, 1883).

Épicharme de Syracuse (Sicile) (Ἐπίχαρμος), 540-450.

Poëte et philosophe pythagoricien grec, né dans l'ile de Cos, vers 540, disciple d'Hiéron, avait écrit, dit Columelle (8), avec beaucoup de soin un Traité sur les traitements des bestiaux : *Pecudum medicinas diligentissime conscripsit* (liv. VIII, ch. 2). Malheureusement tout est perdu.

Démocrite d'Abdère (Δημόκριτος), 460.

Est-ce Démocrite le philosophe qui naquit à Abdère, en Thrace, vers 460 avant notre ère et auquel Diogène de Laërce, Aulu-Gelle, Varron, Columelle, Pline et Palladius, attribuent de nombreux ouvrages sur la médecine, la zoologie, l'agriculture? On serait tenté de le croire, si Columelle (liv. VIII, ch. 5 et liv. XI, ch. 3), n'avait pas pris soin de nous apprendre que plusieurs articles, publiés sous le nom de Démocrite, doivent être attribués à Bolus Mendesius (Bolus de Mendesum), célèbre auteur égyptien, que ses mensonges avait fait surnommer par les grecs ψευδοχάρτα.

Le nom de Démocrite paraît en effet avoir été usurpé par plusieurs écrivains qui lui sont de beaucoup postérieurs et nous n'essaierons pas de démêler la part qui revient à chacun d'eux.

Tous les ouvrages de Démocrite ont été perdus; on en trouve de nombreux extraits dans les Géoponiques, 46 environ. Dans la traduction des ιππιατρικα par Jean Massé (9), il y a deux articles attribués à Démocrite qui manquent dans le texte grec de Grynæus, ce sont :

Liv. I, ch. XL, p. 76 : Sur la dysenterie.

Liv. II, ch. XXVIII, p. 112 : Moyen pour chasser les guêpes.

Il est aussi cité par Diophanes et Didyme dans l'Hippiatrique.

Dans ses traités de zoologie, Démocrite a commis beaucoup d'erreurs si l'on en croit Aristote (Hist. des animaux) (7) qui lui a fait beaucoup d'emprunts tout en le réfutant quand cela était nécessaire.

D'après Élien (Περι ζωων ιδιοτητος), qui semble avoir eu son ouvrage sous les yeux, Démocrite aurait avancé les opinions suivantes :

« Les chiennes et les truies n'ont tant de petits que parce qu'elles ont
« plusieurs matrices que le mâle emplit successivement.

« Les mules sont infécondes parce que leur matrice est faite autrement
« que celle des autres animaux.

« Les avortements sont bien plus fréquents dans les lieux où règne la chaleur
« que dans ceux où il fait froid, parce que la chaleur relâche et détend

---

(8) Columelle. *De re rustica*. Scriptores rei rusticae. Mannhemii, 1781.
(9) L'art vétérinaire ou grande maréchalerie, par Jean Massé. Paris. Perier, 1563.

« tous les viscères du corps, tandis que le froid les resserre et les raffermit,
« etc., etc. Aristote (7), P. LXIV.

HIPPOCRATE (Ἱπποκράτης) (460).

Hippocrate, surnommé le *prince de la médecine*, naquit à Cos, île de la
mer Égée, vers 460. Il fut le véritable fondateur de la médecine qu'il débar-
rassa des pratiques superstitieuses dont elle était enveloppée. Bien qu'il ait
écrit sur une foule de sujets, sur la médecine, l'hygiène, la chirurgie, la bromatologie, nous ne trouvons dans ses nombreux ouvrages que très peu d'indications sur les animaux.

Il semble même qu'il ait fait fi de la médecine vétérinaire et qu'il ait
rougi de traiter d'un pareil sujet, car, à propos des luxations dans l'espèce
humaine, il établit un parallèle entre ce qui se passe chez l'homme et chez
les bovidés, en ayant soin d'ajouter « s'il est permis de traiter d'un pareil
sujet dans la médecine » (10) T. IV, p. 99.

En parlant des maladies en général, des causes de la fièvre qu'il attribue
à l'air, il s'étonne que tous les animaux n'en soient pas atteints (Id. t. VI,
p. 99) :

Hippocrate avait aussi connaissance des kystes hydatiques des poumons
du bœuf, du chien, du porc (t. VII, p. 225). Il mentionne également la présence de ces kystes dans le cerveau de la chèvre, et dit à ce sujet que l'épilepsie (νοσς ιερη), contrairement à l'opinion vulgaire, n'est pas causée par le
démon, mais par un corps étranger dans le cerveau. Les chèvres, ajoute-t-il,
sont très sujettes à cette affection et on trouve de l'eau dans leur cerveau.
Comme on le voit il confondait l'épilepsie avec le tournis.

ARISTOPHANE (450-388).

Aristophane, le plus illustre des poètes comiques grecs, né, suivant les uns
à Athènes, suivant les autres dans l'île de Rhodes ou dans celle d'Égine, vers
450, ne donne dans ses comédies que de très rares indications sur les maladies des animaux domestiques.

C'est dans la pièce intitulée les Chevaliers et représentée vers 425, qu'il est
fait pour la première fois mention de la ladrerie du porc. Dans une discussion entre Cléon, un charcutier et un nommé Démosthène, ce dernier, qu'il
ne faut pas confondre avec le grand orateur, dit, en s'adressant au charcutier qui parlait de lui crever le jabot :

« Nous lui ouvrirons la bouche avec un morceau de bois, comme font les
« cuisiniers pour les porcs; nous lui arracherons la langue, et, par sa gorge

---

(10) Hippocrate (trad. Littré). Paris, Baillière, 1839-1853, 10 vol.

« largement béante, nous regarderons s'il a des tubercules au fondement »
(Trad. Poyard, Paris, 1884, p. 59).

Dans la comédie des Oiseaux, Aristophane fait dire à un des acteurs quelques mots qui nous font supposer qu'Appollon, considéré comme le Dieu de la Médecine, pouvait-être aussi invoqué dans les maladies des animaux domestiques.

« Les corbeaux aussi leur prouveront votre divinité en crevant les yeux à
« leurs troupeaux et à leurs bœufs de labour; et, qu'ensuite Apollon les
« guérisse, puisqu'il est médecin et qu'on le paye pour cela. » (Id., *loc., cit.*,
p. 266).

XÉNOPHON (445-354).

Xénophon qui naquit à Erchie, bourgade de la tribu Egéide (Attique), vers l'an 445 avant Jésus-Christ, est resté célèbre aussi bien comme philosophe que comme historiographe. On lui doit le récit mémorable de cette glorieuse expédition des volontaires grecs qui, vers 401, se rendirent à l'appel de Cyrus pour le seconder dans son entreprise contre son frère Artaxercès, roi de Perse.

S'il n'a pas écrit à proprement parler sur la médecine vétérinaire, il a du moins donné sur les animaux, sur le chien et sur le cheval, des indications précieuses à plus d'un titre.

Ainsi dans son traité de l'économique, il nous apprend, sans plus de commentaires, que déjà à cette époque, les maladies contagieuses sévissaient avec une certaine intensité sur les animaux domestiques. « Combien de fois,
« s'écrie-t-il, une cruelle épizootie n'a-t-elle pas désolé les troupeaux les
« mieux soignés. »

Dans la Cynégétique, véritable traité de chasse, Xénophon nous fournit de précieux documents sur les chiens, leurs races, leur mode d'accouplement, leur élevage, etc., etc., et trace en quelques lignes les caractères d'un bon chien de chasse.

Dans son Traité de l'équitation (Περὶ ἱππικῆς) qui fait le plus grand honneur à la sagacité et au talent d'observation de son auteur, on trouve des notions fort exactes sur l'achat du cheval de guerre et les moyens d'éviter d'être trompé en l'achetant. C'est un véritable traité d'extérieur, le premier en ce genre, un chef-d'œuvre d'hippologie qui pourrait être encore aujourd'hui consulté avec fruit par nos hommes de cheval.

Xénophon consacre ensuite un chapitre spécial aux soins à donner aux chevaux. Il nous apprend que quand ils refusent les aliments c'est une indice, ou qu'ils ont trop de sang qui leur empâte la bouche, ou qu'ils sont fatigués, ou qu'ils sont menacés de fourbure (κριθίασις). Dans ce cas, dit-il, il faut y remédier promptement car les maladies sont bien plus faciles à guérir à leur début que quand elles sont invétérées.

Les pieds étant ce qu'il importe le plus de former chez les jeunes chevaux, il donne des conseils pour leur fortifier la corne. Dans l'endroit où on panse l'animal, il est bon, dit-il, de verser quatre ou cinq tombereaux de pierres de la grosseur du poing, et de les entourer d'un grillage de fer pour les empêcher de se répandre en tous sens. De cette façon le cheval piétinera sur ces pierres mobiles et roulantes qui affermiront la fourchette. Ce procédé semble indiquer qu'à cette époque on n'avait pas coutume de ferrer les chevaux.

Dans la Cyropédie (VII. 4), Xénophon montre que si la castration des chevaux entiers était connue depuis la plus haute antiquité, la pratique n'en était pas encore généralisée dans l'armée grecque, car il s'exprime en ces termes : « Des chevaux fougueux qu'on a coupés cessent de mordre et de « ruer, et ne sont pas moins propres à la guerre. »

ARCHIDAME (Ἀρχίδαμος) (ive ou ve siècle).

Archidame, médecin grec qui vivait vers le ive ou ve siècle avant notre ère, aurait écrit, suivant Pline, un traité de médecine vétérinaire qui ne nous est pas parvenu. Nous ne connaissons Archidame que par un article sur la composition d'un emplâtre, inséré dans la traduction de l'Hippiatrique de Jean Massé (9) (liv. II, ch. LXIX, p. 151), mais qui fait défaut dans le texte grec de Grynœus.

PAMPHILE (Πάμφιλος) (v^e ou iie siècle).

Pamphile d'Alexandrie aurait écrit, suivant Galien, un livre intitulé : πραγματεία περὶ Βοτανῶν (Traité des Plantes). On trouve, en effet, dans les Géoponiques, 9 articles de Pamphile qui se rapportent presque tous à l'horticulture. Mais il est probable qu'il s'est aussi occupé de médecine vétérinaire, car il y a dans les Géoponiques (liv. XIV, ch. XIV) un article de lui sur les maladies des poules et un article sur les puces (liv. XIII, ch. XV) qui se retrouve dans l'Hippiatrique (liv. II, ch. XXVIII, p. 113), traduction Jean Massé (9), mais pas dans le texte grec de Grynœus.

On ne sait pas au juste à quelle époque vivait Pamphile. Un certain Zoroastre suppose qu'il était antérieur au ve siècle et le mentionne comme ayant écrit περὶ φυσικῶν φάσιν. Il est du reste cité dans les Géoponiques (liv. XV) à propos de ce travail. Suidas le mentionne comme ayant écrit un livre sur les Géorgiques. Ce qu'il y a de certain c'est qu'il vivait avant Galien, Didyme, Diophanes qui en font mention.

ARISTOTE (Ἀριστοτέλης) 384-322.

Aristote, né à Stagyre, 384 avant Jésus-Christ, fut un des plus vastes génies de l'antiquité. Métaphysique, physique, littérature, politique, philosophie, sciences naturelles, tout lui fut familier, et, sur chacune de ces sciences, il nous a laissé d'impérissables travaux qui nous étonnent encore aujourd'hui par la hardiesse de leur conception. Mais de toutes ces sciences, celle qui lui doit le plus, celle où il a fait preuve des connaissances les plus étendues, c'est l'histoire naturelle.

Aussi la justesse de ses observations, la sûreté de ses vues lui ont-elles valu les éloges les plus mérités, non seulement de ses contemporains, mais même des zoologistes les plus distingués de notre époque. Buffon (1707-1788), Cuvier (1769-1832), Claus (1884) ne lui ont pas marchandé leurs louanges et l'ont considéré comme le véritable fondateur de l'anatomie comparée. En effet, Alcmœon, Empédocle, Anaxagore, Parménide, Diogène d'Apollonie, Héraclite, Démocrite, etc., etc., ses devanciers, ne possédaient que des connaissances anatomiques fort restreintes, souvent même inexactes et tout à fait fantaisistes.

Les travaux zoologiques d'Aristote :

> Histoire des animaux,
> Des parties des animaux,
> De la génération des animaux,
> De la marche des animaux,
> Du mouvement des animaux,

sont en effet de véritables traités d'anatomie et de physiologie comparées que nous pouvons regarder, en nous plaçant au point de vue exclusivement vétérinaire, comme les précurseurs de nos traités d'anatomie moderne. Il nous faut remonter longtemps après Aristote, même jusqu'au XIXe siècle, pour trouver un homme qui l'ait surpassé dans ces sortes d'études.

Par la nature de ses travaux, Aristote peut être aussi revendiqué comme le premier auteur qui se soit véritablement occupé de cette science que Bourgelat devait fonder vingt-deux siècles plus tard. Dans les livres VIII et IX de l'Histoire des Animaux, plusieurs chapitres sont consacrés à l'étude sommaire des maladies des animaux. C'est ainsi qu'il décrit :

Chez le cheval: La goutte. — Les coliques. — Le tétanos. — La morve. — La fourbure. — La cardialgie. — La rage, etc.

Chez l'âne : La morve.

Chez le bœuf : La goutte. — Les maladies des poumons, etc.

Chez le porc : L'angine. — La ladrerie, etc.

Chez le chien : La rage. — L'angine, etc.,

puis viennent quelques pages consacrées aux maladies des chameaux, des éléphants, des oiseaux, des poissons et des insectes, et enfin une description détaillée de la castration chez le porc, le veau, le chameau et les oiseaux. Nous regrettons de ne pouvoir les analyser ici, même sommairement, sous peine de donner beaucoup trop d'étendue à notre travail; nous y reviendrons du reste beaucoup plus longuement quand nous nous occuperons de la pathologie spéciale.

Nous regrettons également d'être obligé de passer sous silence les chapitres des VIIIe et IXe livres de l'Histoire des Animaux, dans lesquels Aristote donne des détails extrêmement précis sur le caractère et les mœurs des animaux domestiques, leur manière de vivre, leur mode de reproduction, leurs migrations, leur instinct, leur industrie, etc., etc., le tout entremêlé de portraits qui font déjà « *pressentir notre Buffon* ». Ce sont les premiers livres de zootechnie que nous possédons. Nous en donnerons une analyse détaillée dans la partie relative à l'élevage.

DIOCLÈS DE CARYSTE (360 avant Jésus-Christ) (Διοκλῆς ὁ καρυστος).

Dioclès de Caryste a été, après Hippocrate, un des plus célèbres médecins de l'antiquité. Né à Caryste, dans l'île d'Eubée, il vivait à Athènes vers 350. C'est là qu'il composa la majeure partie de ses ouvrages sur la botanique, la bromatologie, l'hygiène, dont il ne nous reste même aucun fragment.

Galien le cite comme un anatomiste zélé, mais lui reproche de n'avoir étudié l'anatomie que sur les animaux. Pline, Hiéroclès en font mention. Hiéroclès (2) dans son article sur les fourrages (liv. II, ch. XXXVII, p. 234) cite un Dioclès de Caryste qui aurait écrit sur l'hygiène un livre fort utile, dédié au roi Antigone. Il se peut que l'auteur de ce livre ait été le Dioclès de Caryste dont il est ici question.

ANTIGONE DE CARYSTE (vers 263).

Antigone de Caryste, cité par Pline, vivait du temps de Ptolémée, fils de Lagus et de son successeur Ptolémée Philadelphe. Il avait, paraît-il écrit, entre autres mémoires, un Traité sur les animaux.

MAGON (Μαγων) (250 ou 140) avant Jésus-Christ.

Magon de Carthage, général carthaginois, que certains regardent comme le père d'Annibal, vivait à une époque indéterminée. Tandis que les uns fixent

la date de son existence vers 140 avant Jésus-Christ, d'autres assignent
l'année 203 comme date de sa mort. Ce que nous savons, c'est qu'il avait
écrit en langue punique, un traité d'agriculture, en 28 livres que Cicéron,
De Oratore (liv. XII, ch. IV), considérait comme le manuel de tous ceux qui
veulent juger de la valeur du sol.

La réputation du Père de la Vie rurale *rusticationis parens)*, ainsi le désignaient Varron et Columelle, était telle, qu'après la prise de Carthage,
202 avant Jésus-Christ, Scipion Emilien, se réserva son Traité d'agriculture
et le porta au sénat romain qui en ordonna la traduction, bien que Caton
ait déjà écrit son livre sur l'agriculture. Ce fut Decimus Silanus qui fut
chargé de ce travail (Pline, *Hist. nat.*, liv. XVIII, ch. V). Plus tard le Traité
de Magon fut traduit en langue grecque par Cassius Dionysius d'Utique,
qui le réduisit en vingt livres, qu'il dédia au Préteur Sextilius, et dans lesquels, dit Varron, malgré ce retranchement de huit livres, il trouva moyen
de faire de nombreux emprunts aux auteurs grecs. Enfin, ce livre fut une
seconde fois traduit par Diophanes de Bithynie, qui le réduisit en six livres,
dédiés au roi de Galatie, Dejotarus; traduction qui fut plus tard encore abrégée par Asinius Pollion.

Le Traité de Magon renfermait sans doute plusieurs chapitres consacrés à
la vétérinaire. Dans l'Hippiatrique (2) (liv. I, ch. XXVI, p. 95), il y a un article
de Magon sur la difficulté de respirer. Dans ce même travail il est cité par
Apsyrte (2) (liv. I, ch. XXXII, p. 110), à propos de la difficulté d'uriner.

CATON (*Marcus Porcius Cato* 234-149).

Caton, dit l'Ancien, surnommé le Censeur, naquit à Tusculum, aujourd'hui
Frascati, petite ville située à quelques lieues de Rome, où il ne tarda pas à
jouir d'une grande considération, comme magistrat, comme général d'armée,
comme jurisconsulte et comme orateur. Ses nombreuses occupations ne l'em-
pêchèrent pas de s'occuper d'agriculture dans un bien fonds qu'il possédait
dans le pays des Sabins et il fut le premier des écrivains latins qui rédigea
par écrit ses expériences agronomiques. Son livre, *De re rustica* (1) est
même le seul qui nous soit parvenu. Dans les 172 chapitres dont ce Recueil
est composé, nous ne trouvons que peu de choses relatives à la vétérinaire
et encore le peu qu'il en est dit, est-il sans valeur et entaché de super-
stition.

Ainsi pour préserver les bœufs des maladies, il recommande une potion,
dont la quantité des nombreux principes qui entrent dans sa composition,
est indiquée par le chiffre 3, et, il a soin d'ajouter qu'il faut se tenir debout
et à jeun pendant la récolte des herbes, leur préparation et l'administration

---

(1) Caton, *De re rustica. Scriptores rei rusticæ*. Mannhemii, 1781.

des breuvages, si on tient à ce que cette mixture fasse effet (ch. LXX). Plus loin il fait avaler aux bœufs malades un œuf de poule cru sans le briser (ch. LXXI), ou une peau de serpent broyée avec de la farine, sel, serpolet, etc., etc. (ch. LXXIII), ou du chou, dont il considère toutes les variétés comme une panacée universelle (ch. CLVII). Enfin comme préservatif des maladies en général, surtout des maladies des bovidés, il conseille de dire des prières et de faire des sacrifices, tantôt à Jupiter Dapalis, tantôt à Mars Silvanus (ch. LXXXIII et CXXXII).

Pour prévenir les maladies de pied, il dit que l'intendant de la ferme doit veiller avec soin à ce que les bœufs reçoivent de la litière et que leurs pieds soient nettoyés (ch. V). Pour que les bœufs n'usent pas la corne de leurs sabots (*Bores ne pedes subterant*), pour empêcher les fissures, il recommande d'enduire de poix liquide le dessous de la corne avant de faire entreprendre un long voyage aux bovidés de travail (ch. LXXII), etc., etc.

B. — *Période gréco-romaine*

(146 av. J.-C. à 476 de notre ère)

A. — Avant notre ère.

ANTIPATER

Né à Rhodes, contemporain de Tiberius Gracchus, vers 132. Cité par Pline et le scholiaste d'Apollonius (t. II, ch. V, p. 89), comme auteur d'un livre sur les animaux.

DIOPHANES (Διοφανης), Ier siècle avant notre ère.

Diophanes, agronome grec, né à Nicée en Bithynie, vivait dans le premier siècle avant notre ère. Il traduisit en grec le Traité de Magon sur l'agriculture ou plutôt fit un abrégé en six livres de la traduction grecque de Cassius Dionysius d'Utique, qu'il dédia au roi de Galatie, Dejotarus.

On possède 19 articles dans les Géoponiques (12). Dans l'Hippiatrique de Jean Massé (9), il y a sous le nom de Diophanes (liv. II, ch. XXIX, p. 116) un article sur la manière de chasser les scorpions, article qui ne se trouve pas dans le texte grec de Grynœus.

---

(12) Γεωπονικα. *Geoponicorum sive de re rustica*, libri XX, ed. Jo Nicolas Niclas, Lipsiæ, 1781, 2 vol. in-8°.

Dans cet article il cite Démocrite, Apulée, Zoroastre, Tarantin. Il est à son tour cité par Varron, Columelle, Florentinus, Quintilien.

CONTEMPORAINS DE DIOPHANES.

Dans cette catégorie nous plaçons quelques écrivains vétérinaires, sur lesquels nous ne possédons aucun renseignement précis, nous permettant d'établir nettement leur identité et la date de leur existence. Needham et Niclas dans leurs éditions des Géoponiques (12), Fabricius et Haller ont à peine pu débrouiller leur histoire. Il y a lieu de supposer que ces écrivains, dont on trouve des articles dans les Géoponiques et dans l'Hippiatrique, ont dû être quelque peu antérieurs ou plutôt contemporains de Diophanes qui en fait fréquemment mention dans les livres que nous venons de citer. Ce sont : Florentinus, Tarantin, Paxamos, Didyme, Vindanius, Anatolius, Berytus, Florus.

FLORENTINUS (Φλωρεντῖνος).

Florentinus ou Florentius était un écrivain agronome grec dont les γεωργικά ont été fréquemment citées dans les Géoponiques (12). On ne sait rien de précis sur la date de son existence. Les uns le placent au commencement du IIIe siècle de notre ère (Needham) (12) et pensent, comme Haller, que ce fut le célèbre jurisconsulte, ami d'Alexandre Sévère (222-235).

Mais comme Florentinus est souvent cité par Diophanes dans les Géoponiques, nous supposons qu'il était quelque peu antérieur à ce dernier écrivain ou plutôt même son contemporain. Toutefois nous avons lieu de nous étonner qu'un agronome aussi célèbre n'ait pas été mentionné par Varron, qui pourtant cite Diophanes dans sa liste des écrivains agricoles.

La part de Florentinus dans les Géoponiques est en effet considérable ; on ne compte pas moins de 80 articles de lui dans cette vaste encyclopédie agricole. Florentinus est celui que Cassianus Bassus a mis le plus à contribution, car presque tous les livres des Géoponiques contiennent de longs fragments de cet auteur ; ce qui tendrait à prouver qu'il tenait une place des plus honorables parmi les agronomes de l'antiquité. Trois de ces fragments se rapportent à la médecine vétérinaire ; ce sont ceux qui traitent de la claudication chez les bovidés, des hydatides du porc et de l'hygiène du mouton.

Florentinus cité par Diophanes, Didyme, Leontinus, Africain, Anatolius, cite un certain Florentinus (*Géoponiques*, liv. XIII, ch. VIII) (12). Peut-être y avait-il deux agronomes du même nom ?

TARANTIN (Ταραντῖνος).

Beaucoup supposent que c'est Héraclides Tarentinus, médecin souvent cité par Galien, tandis que d'autres croient que c'est Archytas de Tarente, philosophe pythagoricien, dont parlent Varron, Columelle et Pline. D'autres enfin prétendent que l'auteur dont il est question, n'est désigné que par le nom de sa ville natale. C'est donc un auteur parfaitement inconnu, qui cependant est souvent cité dans les Géoponiques par Berytus, Paxamos, Florentinus, Diophanes, Didyme.

Il cite Paxamos, Manethon et Asclepius.

Dans les Géoponiques il y a quinze articles de Tarantin. Dans l'Hippiatrique de Grynœus (2) il est cité par Hiéroclès (Liv. I, ch. I, p. 6) et dans celle de Jean Massé (9) (liv. II, ch. XXIX, p. 116-117), par Didyme et Diophanes, au sujet de la manière de chasser les scorpions et les serpents.

PAXAMOS (Πάξαμος).

Cité par Damogeron, Tarantinus, Columelle (liv. XII, ch. IV) (8); il cite à son tour Anatolius, Didyme, Nestor, dont il paraît avoir été le contemporain. D'après les biographes (13) ce serait un grammairien grec d'époque inconnue qui aurait écrit des traités sur l'art culinaire et l'agriculture. Vingt-trois articles de lui dans les Géoponiques (12), dont deux sur les maladies des bœufs (liv. XVII, ch. XIII-XIV) et un sur les maladies des poules (liv. XIV, ch. XXIII).

DIDYME (Δίδυμος).

Il y a plusieurs Didyme, tous originaires d'Alexandrie. Quelques auteurs pensent qu'il faut distinguer du Didyme, grammairien, qui vivait environ vers 50 avant notre ère, un Didyme naturaliste, auteur d'un commentaire sur Hippocrate et d'un traité sur les marbres et les diverses espèces de bois.

Mais il est probable que celui qui nous concerne était Didyme le grammairien, contemporain de Cicéron.

D'après Suidas, le nombre de ses productions littéraires aurait été considérable. D'après Athénée, il aurait composé trois mille cinq cents livres ou chapitres ; quatre mille, d'après Sénèque, qui tous sont perdus pour nous. Dans les Géoponiques, sa part n'est pas moins grande que celle de Florentinus (70 extraits environ), ce qui laisserait à supposer qu'il avait écrit un traité agricole. Dans cette collection (12) il est cité pour ses Géorgiques (γεωργικα) par Diophanes, Paxamos, Florentinus, Vindanionius, Sotion et même par un Didyme (liv. XVI, ch. XXII), ce qui nous autoriserait à croire à l'existence de plusieurs agronomes de ce nom. Il cite Démocrite, Florentinus.

Dans l'Hippiatrique de Jean Massé (9) il y a cinq articles de Didyme qui n'existent pas dans le texte grec de Grynœus; un traite de la fièvre du cheval (liv. I, ch. I, p. 9), les autres des animaux nuisibles (liv. II, ch. XXVII, XXVIII, XXIX).

---

(13) Michaud et Poujolat. — *Biographie universelle ancienne et moderne.* — Hoefer. — *Nouvelle biographie générale*, Firmin-Didot.

VINDANIONIUS ou VINDANIUS (Οὐινδανιώνιος). — ANATOLIUS (Ἀνατόλιος).
BERYTUS (Βηρύτιος).

Dans l'Hippiatrique de Grynœus, dans celle de Ruellius, dans les Géoponiques, on trouve des articles, tantôt sous le nom d'Anatolius, tantôt sous celui de Vindanionius, tantôt enfin sous celui de Berytus.

D'après Photius, Niclas, ces trois auteurs ne formeraient qu'une seule et même personne, Anatolius-Vindanius, écrivain grec, natif de Béryte en Phénicie, qui aurait composé un traité d'agriculture en douze livres (Σύμμαχα γεωργικῶν). Mais on est loin d'être d'accord sur le siècle où il vivait; Hecker (14) le place au IVe siècle de notre ère, Fabricius au IIIe, enfin Suidas mentionne un Anatolius qui aurait été précepteur de l'Empereur Théodose.

Heusinger (t. I, p. 13) (15) croit que ces trois noms désignent deux personnes distinctes, et il paraît être dans le vrai, car dans les Géoponiques (liv. III, ch. XII), nous voyons Anatolius cité par Berytus. Pour nous, nous pensons que Vindanionius-Anatolius-Berytus étaient trois personnes différentes, vivant probablement à des époques plus ou moins éloignées.

En effet, si nous connaissons un Anatolius Vindanius, au IIIe siècle de notre ère, nous devons supposer qu'il existait un autre auteur du même nom dans les époques antérieures, puisque nous voyons dans les Géoponiques (liv. XIII, ch. IV) un Anatolius cité par Paxamos, et, par ce fait, contemporain de Diophanes.

Dans les Géoponiques on trouve :

19 articles inscrits sous le nom d'Anatolius.
17   —   —   sous celui de Berytus.
6   —   —   attribués à Vindanius ou Vindanionius.

Dans l'Hippiatrique on ne connaît que dix articles sous le nom d'Anatolius Vindanius et Berytus y sont inconnus.

FLORUS (Φλῶρος).

Est-ce Florus d'Avicenne, cité par Galien et Aetius ou Florentinus dont nous venons de parler? C'est une question que nous ne pouvons résoudre, cet auteur nous étant totalement inconnu. Il est cité dans l'Hippiatrique par Pélagone (liv. II, ch. IV, p. 176), au sujet de la courbature du cheval.

---

(14) *Histoire de la médecine vétérinaire dans l'antiquité* extraite de l'Histoire de médecine, traduite par J. Gauthier, *Recueil de médecine vétérinaire*, année 1834 p. 595.

(15) Heusinger. — *Recherches de pathologie comparée.* Cassel, 1847-1853.

Apollonius de Pergame (Ἀπολλώνιος ὁ περγαμος)

Apolonius de Pergame, cité par Varron, Columelle et Pline, vivait vers le
1ᵉʳ siècle avant notre ère. Il paraît avoir écrit, sur la médecine et la chirurgie,
un traité dont on n'a pas le titre et dont on trouve des extraits dans Oribase.
Dans un passage relatif à l'hydrophobie, il prétend qu'il est impossible
de la guérir quand elle résulte de la morsure d'un chien enragé.

Varron (*Varro*) (116-126) (16).

Marcus Terentius Varro, né à Réate, en Sabine, vers 116 avant notre ère,
le plus savant des romains, au dire de Cicéron, écrivit sur une foule de
sujets, ce qui lui avait fait donner le nom de πολυγραφωτος (polygraphe).

De tous ces écrits, au nombre de soixante-quatorze environ, il ne nous
reste qu'un traité d'agriculture *(De re rustica)*, en trois livres, qu'il composa
dit-on, à l'âge de 80 ans.

Après avoir cité plus de cinquante auteurs de traités agricoles, ses
devanciers, Varron mentionne Magon et ses traducteurs, et ajoute qu'il va
renchérir sur ceux qui ont traduit l'ouvrage de l'agronome carthaginois, en
l'abrégeant encore et en resserrant en trois livres la substance même de son
ouvrage. Au dire de Varron, son traité d'agriculture ne serait donc qu'un
abrégé succinct de celui de Magon ; cependant ce traité est de beaucoup supérieur à celui de Caton, et par l'abondance des matières, et par le choix des
sujets traités.

Le premier livre est entièrement consacré à l'étude des divers travaux
agricoles (69 chapitres). Dans ce livre nous trouvons une phrase qui nous
permettrait de considérer Varron comme le précurseur de la théorie micro-
bienne : « Ne bâtissez pas, dit-il, de ferme au voisinage des marais, car
« ceux-ci, venant à se dessécher, engendrent une multitude d'insectes micros-
« copiques *(quæ non possunt oculi consequi)*, qui occasionnent des maladies
« graves » (Ch. XII, p. 74).

Le deuxième livre traite de l'élevage du bétail et des soins à donner aux
animaux en cas de maladies (11 chapitres). Mais si les notions zootechniques
sont assez étendues ; il n'en est pas de même de celles relatives à la médecine vétérinaire qui ne consistent qu'en indications générales et de peu d'importance ; cependant elles sont déjà beaucoup plus nombreuses et plus précises que dans le traité d'agriculture de Caton.

A propos de chaque espèce animale en particulier, Varron donne des
notions très détaillées sur l'âge, la conformation, la race, l'élevage, le mode
de reproduction de chaque espèce, puis il énumère les quelques maladies

---

(16) Varron. — *De re rustica. Scriptores rei rusticæ.* Mannhemii, **1781.**

qui leur sont propres. Mais ses prescriptions médicales sont nulles ou presque nulles dans la plupart des cas. A propos de la castration il se borne à indiquer le temps et l'année qui conviennent le mieux pour cette opération chez nos diverses espèces animales.

Varron est le premier qui mentionne la présence, en Grèce, de vétérinaires (*medici pecorum*) (ἱπποιατροί), chargés de donner leurs soins aux animaux malades (liv. II, ch. VII).

C'est aussi dans le *De re rustica* de Varron que nous trouvons pour la première fois quelques notions sur la jurisprudence en matière de transaction commerciale. Ainsi à propos de chaque espèce animale, il nous indique les formules qui conviennent le mieux pour que la vente soit considérée comme définitive. Pour les moutons l'acheteur doit dire au vendeur : *Me les vendez-vous pour tant?* Et après réponse affirmative : *Me garantissez-vous loyalement que ces brebis sont saines, selon les conditions requises pour cette espèce de bétail, qu'il n'en est aucune de borgne, de pelée sous le ventre ou qui provienne de troupeaux malades, et que j'en serai bien et dûment propriétaire.*

C'est bien là une stipulation de garantie. Ces formalités accomplies, le troupeau n'était considéré comme ayant changé de maître qu'après le recensement, mais il suffisait, d'après la législation, du premier contrat pour que la vente fût déclarée définitive.

Telle était la formule générale, mais Varron conseille d'y apporter certaines modifications suivant les espèces animales mises en vente. Nous reviendrons du reste sur ce sujet, avec plus de détails, dans le chapitre relatif à la jurisprudence.

Le livre troisième et dernier du *De re rustica* (17 chapitres) s'occupe des bêtes des volières, des ruches, des viviers.

LUCRÈCE (Lucretius) (95).

T. Lucretius Carus, poète latin, né à Rome, l'an 95 avant notre ère, composa un poème en six chants : *De natura rerum*, dans lequel nous trouvons peu à glaner au point de vue vétérinaire.

Cependant dans ce poème, il explique les causes des maladies qui seraient le résultat de ces influences malsaines qui répandent au loin la mortalité sur la race humaine et les troupeaux. S'il y a mille espèces de semences (*semina*), favorables à la vie, dit-il, mille autres, au contraire, qui engendrent la maladie et la mort, volent nécessairement ici-bas. Quand le hasard les amasse, quand elles troublent la pureté du ciel, les airs deviennent malsains. Ces tempêtes de maladies, ces pestes, un climat lointain nous les envoie comme les nuages et les brouillards, à travers la voûte des cieux, ou bien, elles jaillissent et montent de la terre même, dont les entrailles humides se gâtent, une fois battues de pluies et de chaleurs intempestives. (Traduction des auteurs latins, sous la direction de Nisard).

Lucrèce parle aussi de la peste d'Athènes, dont la contagion a sévi sur les bœufs, les moutons et les chèvres, ainsi que de celle qui exerça ses ravages dans les campagnes où régnait Cécrops.

VIRGILE (Publius Virgilius Maro), (69 à 19).

Virgile, un des plus grands poètes latins, naquit en l'an 69 avant notre ère, dans un petit village appelé Andès (aujourd'hui Petiola), assez voisin de Mantoue, et mourut à Brindes, l'an 19, à l'âge de 52 ans.

Fils d'un cultivateur, élevé sous un toit rustique, Virgile, accoutumé de bonne heure aux occupations champêtres, a immortalisé, dans ses poèmes admirables, les travaux des champs.

Si dans l'Enéïde (*Æneis*), il a tenté de faire revivre les origines de Rome, dans les Bucoliques et les Géorgiques, il a été le véritable chantre enthousiaste des forêts et des champs.

Dans les Bucoliques (*Bucolica*), il a imité Théocrite et mis en scène des bergers, en leur prêtant des sentiments beaucoup trop élevés.

Mais c'est surtout dans les Géorgiques (*Georgica*), que Virgile s'est montré admirable. Si on compare l'imperfection des théories agronomiques de ses devanciers, on ne peut méconnaître que ce travail, qui a coûté sept années d'étude à son auteur, est un chef-d'œuvre, digne de remettre en honneur les travaux agricoles un peu délaissés chez les Romains.

Les Géorgiques sont divisés en quatre livres.

Dans les deux premiers, sont exposés les divers travaux de la campagne : labourage, hersage, semailles, moissons, greffe, plantations, culture de la vigne et de l'olive, etc., etc.

Dans le livre IV, Virgile chante ce doux présent des cieux, le miel qui vient de la rosée de l'air. Il donne une description très détaillée des abeilles et des soins à leur donner.

Le livre III est exclusivement consacré à l'élevage des animaux. Ce livre commence par une invocation au grand Palès, l'illustre pasteur d'Amphryse ; à Pélops, l'intrépide dompteur de chevaux ; puis vient une énumération des soins à donner aux chevaux, bœufs, moutons, chèvres, chiens.

Dans une étude sur la vie de Virgile (collection Panckouke, t. I), il est dit que la science de Virgile, en médecine vétérinaire, alors qu'il était maître des des écuries d'Auguste, lui valut deux fois, de la munificence de l'empereur, une distribution de pain très suffisante. Cependant, dans ses poèmes, nous trouvons peu d'indications relatives à la vétérinaire.

Dans les Géorgiques (liv. III, vers 147 à 156), il signale l'œstre (*asilus*) qui attaque avec tant de fureur les bestiaux. Il parle ensuite de la gale du mouton (vers 299) et des accidents occasionnés par la vipère, cette peste des troupeaux (*pestes acerba boum*), (vers 414).

Enfin, dans ce même livre, nous trouvons une description très minutieuse d'une peste qui ravagea les troupeaux, — peste dont nous aurons occasion de parler quand nous traiterons des maladies contagieuses.

OVIDE (*Publius Ovidius Naso*) (43 avant notre ère).

Macrobe, en parlant de Virgile, dit que les principaux traits du tableau de la peste du 3ᵐᵉ livre des Géorgiques sont en grande partie tirés de la description du 6ᵐᵉ livre de Lucrèce (*Saturnales*, liv. VI, p. 349).

Ovide, un des plus savants poètes du siècle d'Auguste a aussi retracé dans les *Métamorphoses* (liv. VII, vers 517 à 660), les horreurs de cette peste, mais en des termes moins précis et moins élégants que ceux de Virgile.

CELSE (*Aurelius ou Aulus Cornelius Celsus*) (63 avant Jésus-Christ à 14 après).

Celse, né à Rome ou à Vérone, au siècle d'Auguste, est resté célèbre par l'élégance de son style et la précision de ses connaissances médicales. On a de lui un précieux Traité de médecine, *De re medica*, en 8 livres, dans lequel il parle de la rage due à la morsure du chien enragé (*rabiosus canis*), mais exclusivement au point de vue de la médecine humaine. Il dit cependant quelques mots des vétérinaires, en parlant des méthodistes.

« Ils (les méthodistes) agissent en cela, dit-il, comme les vétérinaires « (nam ii qui pecoribus ac jumentis medentur) qui ne pouvant apprendre « d'animaux muets ce qui est relatif à chacun d'eux, insistent seulement « sur les caractères généraux » (liv. I, préface, traduction des auteurs latins sous la direction de Nisard).

GRATIUS FALISCUS (40 avant à 20 de notre ère)

Gratius Faliscus, poète romain, contemporain d'Ovide, a composé un poème en 540 vers hexamètres, *cynegeticon*, qui, comme son nom l'indique, traite de la chasse et surtout de l'élevage du chien de chasse. Dans la Cynégétique il décrit en effet les différentes races de chiens de chasse, leurs croisements, accouplement, gestation, élevage, puis termine par quelques indications sur les soins à leur donner en cas de maladie.

Il commence d'abord par nous parler des blessures, si fréquentes chez ces animaux en luttes continuelles avec les bêtes féroces. En cas d'éventration, il conseille d'arrêter l'hémorrhagie, en appliquant sur la blessure de l'urine de l'animal qui l'a occasionnée, puis de recoudre la plaie. Il parle ensuite de la rage, dont il reconnaît plusieurs espèces (*plurima per catulos rabies*), vers 383, mais sans les indiquer. Il attribue cette dangereuse affection à un prétendu ver (*vermiculum*) situé à l'endroit où la langue est adhérente au gosier.

Dans le cas de gale (*scabies*) pour empêcher sa propagation et sauver les meutes, Gratius Faliscus recommande d'immoler le premier animal atteint Toutefois il considère ce mal comme un de ceux qui conduit le plus fatalement à la mort.

Qui robore pestes
Acrior, aut leto proprior via ?

Gratius Faliscus paraît n'avoir eu qu'une médiocre confiance dans l'intervention des hommes pour guérir les mille fléaux, qui s'appesantissent sur les meutes, car il termine par ces mots :

Crois-moi (car il ne faut pas avoir tant de confiance dans l'art des hommes), renonce aux médicaments et implore le secours des dieux et surtout de Diane.

Le poème de Gratius Faliscus ne nous est pas parvenu dans toute son intégrité, aussi ne possédons-nous que des fragments de l'étude sur les différentes races de chevaux de chasse qui termine la Cynégétique (vers 497).

B. — A partir de notre ère.

PREMIER SIÈCLE.

SOTION DE SOTIONE (Σωτίων).

Cassianus Bassus cite dans les Géoponiques un certain Sotion de Sotione et donne quelques passages de ses écrits que certains attribuent à Sotion d'Alexandrie, philosophe pythagoricien vivant probablement sous Auguste ou Tibère. Dans cette collection on trouve 27 articles de Sotion, tous relatifs aux divers travaux agricoles. Il y en a un qui traite des larves d'œstre des bœufs (μυωψ), dont Sotion cherche à les préserver en arrosant les pâturages avec de l'eau dans laquelle on a fait bouillir du laurier.

DIOSCORIDE.

Dioscoride (Pedacius ou Pedanus) naquit à Anazarbe, ville de Cilicie, à une époque encore indéterminée. Selon Suidas, il aurait vécu au temps d'Antoine et de Cléopâtre, vers l'an 30 avant notre ère, tandis que d'autres le placent sous Néron, au commencement de l'ère chrétienne.

Les œuvres qui nous sont parvenues sous le nom de Dioscoride sont, paraît-il, multiples, mais il n'y a de vraiment authentique que son traité de matière médicale (περι ύλης ιατρικης λογοι).

Dans le liv. II, ch. LXII, il indique les différences du lait chez les animaux et sa composition variable selon les aliments ingérés.

Dans le liv. VI, ch. XXXV, il décrit très exactement les symptômes de la rage du chien. Mais beaucoup considèrent ce chapitre comme apocryphe, car Dioscoride lui-même dit que son traité était divisé en 5 livres. Galien, Oribase, Aétius, Paul d'Egine, n'en connaissaient également que cinq. Ce n'est que sous Photius qu'il est fait mention du sixième livre, et, il est probable que cette addition date de cette époque.

COLUMELLE (40 de notre ère).

Lucius Junius Moderatus Columella (8) naquit à Gadès (aujourd'hui Cadix en Espagne), sous le règne d'Auguste et de Tibère. Grand propriétaire de biens, il s'adonna de bonne heure aux travaux agricoles et ne négligea rien pour augmenter ses connaissances agronomiques, soit par des expériences, soit par des voyages dans diverses contrées de l'Europe. Il fit tous ses efforts pour remettre en honneur l'agriculture dont il déplorait amèrement l'avilissement où elle était tombée. Très versé dans les sciences agronomiques, Columelle peut être cité comme le plus savant agronome de l'antiquité, ainsi qu'on peut s'en rendre compte par le nombre des traités agricoles qu'il a publiés, et, dont il ne nous reste que les deux suivants :

1° *De re rustica*, en 12 livres.

2° *De arboribus*.

Le traité d'agriculture de Columelle laisse bien loin en arrière ceux de Caton et de Varron, surtout en ce qui concerne l'élevage et les maladies des animaux domestiques à peine ébauchées dans les deux premiers. Mais, s'il n'a pas manqué d'éloquence, dit Végèce (Préface. Liv. I), il n'a fait encore qu'effleurer les soins à donner aux animaux malades, se bornant à des indications par trop sommaires, surtout dans les chapitres relatifs aux animaux domestiques autres que les bovidés.

Des 12 livres dont se compose le traité *De re rustica*, deux seulement offrent pour nous de l'intérêt; ce sont les livres VI et VII. Nous ne croyons pouvoir mieux en faire ressortir l'importance qu'en énumérant ici les matières qui y sont traitées.

Livre VI :

Livre VII :

Pour ne pas faire double emploi, nous n'en dirons pas davantage sur les
maladies des animaux domestiques, nous aurons à y revenir avec plus de
détails dans les chapitres consacrés à la pathologie comparée dans l'antiquité.
pour le moment, nous nous bornerons à dire que c'est dans le *De re rustica*
de Columelle qu'il est fait pour la première fois mention du mot *veterinarius*
appliqué aux personnes qui traitent les animaux domestiques.

PLINE (23 à 79).

Caius Plinius Secundus, surnommé l'*ancien* ou le *naturaliste*, naquit à
Côme, sous le règne de Tibère, an 23 de notre ère. Il a été un des écrivains

les plus laborieux et les plus féconds de l'antiquité, mais aussi un des plus crédules. De ses nombreux travaux, un seul nous est parvenu, l'Histoire naturelle (*Historia naturalis*), en 37 livres, dédiée à Titus, véritable encyclopédie de tout ce que pouvait embrasser l'esprit humain à cette époque, astronomie, physique, géographie, agriculture, commerce, médecine, arts, histoire naturelle, etc., etc. C'est cet éminent travail qui lui a valu les louanges excessives de Buffon, qui ose le comparer à Aristote. Mais Buffon paraît être le seul qui ait montré de l'admiration pour les œuvres de Pline, car la plupart de ses biographes prétendent qu'il n'a été qu'un compilateur de tout ce qui avait été écrit avant lui. « Mettre Pline en regard d'Aristote, « disent-ils, c'est mettre en regard deux hommes qui n'ont rien de com- « mun » (13).

Son histoire des animaux (livres VII à XI) n'est en effet qu'un pâle reflet des œuvres grandioses d'Aristote.

Au point de vue exclusivement vétérinaire nous trouvons peu à glaner dans les œuvres de Pline; quelques sommaires indications sur l'élevage, les maladies des animaux domestiques, sur la castration et c'est à peu près tout.

La rage du chien (*canis rabiosus*) est assez longuement traitée et nous en donnerons plusieurs extraits quand il sera question de cette affection. Mentionnons seulement, parmi les nombreux remèdes préventifs indiqués par Pline pour prévenir la rage chez les chiens, un singulier moyen que nous voyons encore pratiquer de nos jours par les empiriques et les gens crédules et qui consiste dans l'extraction d'un petit ver *vermiculus in lingua canum*, cause de la rage, situé sous la langue des jeunes chiens.

CASSIUS FELIX (κάσιος).

Cassius Félix, surnommé (ιατροσοφιστής), était un médecin grec qui vivait probablement vers la fin du 1ᵉʳ ou au commencement du IIᵉ siècle de notre ère. Suivant Michaud et Poujolat (13), il aurait exercé à Rome, sous Tibère, et aurait été un des premiers médecins grecs que les empereurs avaient attachés à leur personne. Il a laissé un travail intitulé : Ἰατρικαὶ ἀπορίαι καὶ προβλήματα φυσικά (questions de médecine et problèmes naturels), publié pour la première fois à Paris, en 1541.

C'est probablement à ce Cassius Félix qu'il faut attribuer un article inséré sous ce nom dans l'*Hippiatrique* (liv. I, ch. v, p. 28), sur la pneumonie du cheval.

DEUXIÈME SIÈCLE.

GALIEN (Γαληνός) (131 à 201 ou 210).

Claude Galien, né à Pergame, en Mysie (Asie Mineure), écrivain d'une fécondité extraordinaire, écrivit, sur des sujets divers et notamment sur la médecine, une foule d'ouvrages dont la plupart sont malheureusement perdus. Il s'efforça de réhabiliter la médecine tombée en discrédit, et, bien que grec, vint se fixer à Rome, où il ne tarda pas à acquérir comme médecin une juste renommée. Mais ce fut surtout comme anatomiste qu'il se montra réellement supérieur, et, bien qu'il n'ait, paraît-il, disséqué que des animaux, ses œuvres anatomiques sont restées jusqu'au xvi⁰ siècle le seul guide des anatomistes.

Dans ses nombreux travaux, l'anatomie comparée exceptée, on trouve peu d'indications se rattachant à la médecine vétérinaire. Il répète ce qu'Hippocrate a dit à propos de la luxation chez les bovidés, mais contrairement à l'opinion émise par le médecin de Cos, il croit qu'en médecine on peut faire usage des observations vétérinaires (édit. Kühn, vol. XVIII, p. 353). Il donne une bonne description de la rage (*de loco affec.*, liv. VI, p. 5), mais ne fait que mentionner la gale du cheval (liv. XIV, p. 526), du mouton (liv. XII, p. 19), et la castration des truies (liv. I, p. 15). A propos de l'âne, il dit que Βαίνετος et Πραστνος, connaissant comment les aliments sont digérés, sentaient (Οσφραινομαι) les crottins des chevaux pour s'assurer de leur état de santé (Θεραπευς μεΘοδος, bibl. Ed. Kühn, vol. X, p. 478).

Dans le livre IX de l'édition de Kühn, ch. XII, p. 722, on trouve quelques sommaires indications sur la valeur des poids et des mesures chez les vétérinaires.

ELIEN (*Claudius Ælianus*) (250).

Claudius Ælianus, le sophiste, naquit à Préneste, en Italie (aujourd'hui La Palestrine), vers la fin du ii⁰ siècle de notre ère. Bien que citoyen romain, il s'occupa beaucoup de littérature grecque et acquit une telle connaissance en cette langue, qu'il écrivit en grec la plupart de ses ouvrages. Son histoire des animaux Περι Ζωων ιδιστητος, qui seule pourrait présenter pour nous quelque intérêt, n'est qu'une vaste compilation, qu'un recueil de fables puériles, d'anecdotes plus ou moins invraisemblables où nous trouvons bien peu de choses dignes de nous intéresser.

Dans le liv. VIII, ch. 9, Elien dit que les chiens savent bien remédier eux-mêmes à la plupart des maux dont ils sont affligés. Ils se lèchent quand ils sont blessés; pour se soulager par des vomissements, ils recherchent une plante qui croit sur les murailles; pour se débarrasser des vers, ils avalent des barbes de blé, etc.

en est de même des chèvres (liv. VII, ch. xiv), qui pour se guérir de la
cécité (Ὑπόχυσις) s'approchent d'un buisson épineux et se percent l'œil (Κεντω),
afin de donner écoulement à l'excès d'eau, cause de tout le mal.

Les porcs sauvages, (Ποικίλη ἱστορία, liv. I, ch. vii), à la suite de l'ingestion
de jusquiame, deviennent paralysés du train postérieur, mais ils s'en guérissent, dit Elien, en avalant des crabes ou des écrevisses.

Dans le liv. XIII, ch. vii, de l'*Histoire des Animaux*, Elien mentionne les
soins que les indiens donnent aux éléphants malades. Pour guérir les plaies
superficielles, ils les lavent à l'eau tiède; mais quand elles sont profondes,
pour calmer l'inflammation, ils appliquent dessus de la viande de porc et du
sang nouvellement tiré. Ils obtiennent la guérison des maladies d'yeux
(ὀφθαλμία) en instillant dans l'organe malade du lait tiède de vache. Ils avaient
parfois même recours, dans les cas difficiles, à l'intervention des dieux, ainsi
que nous l'avons vu à propos de l'anecdote attribuée à Lenaios et dont nous
avons parlé, p. 6.

Dans le liv. IX, ch liv, et le liv. XII, ch. xvii, Elien répète ce qu'Aristote
et Démocrite ont déjà dit au sujet de l'avortement (ἐκβάλλειν τὰ ἔμβρυα).

Enfin, dans le liv. IX, ch. xv, il parle des effets de la morsure du chien
enragé.

TROISIÈME SIÈCLE.

NÉMÉSIEN (284).

Marcus Aurelius Olympius Nemesianus, poète latin, né à Carthage, est
l'auteur d'un poème sur la chasse, *Cynegeticon*, analogue à celui de Gratius
Faliscus, dont il paraît cependant ne pas avoir eu connaissance.

Dans les 325 vers hexamètres de ce poème, dont la fin ne nous est pas
parvenue, Némésien décrit l'élevage des chiens et les soins qu'on doit leur
donner en cas de maladies, mais avec beaucoup moins de soin que Gratius
Faliscus. Il mentionne le ricin du chien (vers 209), — la rage, qu'il attribue
aux exhalaisons de la terre, à l'insalubrité de l'air, etc. (vers 210), — enfin,
à partir de vers 240, il s'occupe des chevaux de chasse et conseille de leur
faire des saignées de précaution au printemps.

MARTIALIS GARGILIUS.

Historien romain du iiie siècle de notre ère. On ne connaissait rien de ses
ouvrages avant la découverte d'un manuscrit de Leyde intitulé : *Cura boum
ex corpore Gargilii Martialis*, fragment publié par Gesner dans ses *Scriptores
rei rusticæ* (17). On n'est même pas d'accord sur son identité, et quelques

---

17 *Scriptores rei rusticæ.* Mannhemii, t. V.

biographes croient que le Gargilius Martial qui a écrit sur les maladies des
bœufs n'est pas l'historien.

Il existe plusieurs fragments de Gargilius; le vrai serait celui trouvé dans
les manuscrits de Rome et de Naples et publié à Lunebourg en 1832. Il n'est
pas bien long, 135 lignes environ, et ne contient guère que des remèdes
superstitieux : potions pour que les bœufs ne tombent pas malades; —
potions contre la toux, contre les vers; — breuvages divers dans le cas de
maladies intestinales; — invocations pour guérir les glandes des bêtes de
somme (*jumentum*); — dépôt d'un pou (*pediculus*) dans l'oreille gauche dans
le cas de strangurie; — frictions sur la corne des bœufs pour préserver le
sabot de l'usure, etc.

AFRICAIN (Ἀφρικανός).

Africain ou African serait, d'après Reynal (18), Sextus Julius Africanus,
qui naquit à Emmaüs, dans la Palestine, vers le milieu du II° siècle de
notre ère et mourut vers 232. Ce qui permet cette supposition, c'est que cet
historien grec, célèbre par sa *Chronographie* renfermant toute l'histoire
depuis le commencement du monde, aurait écrit, sous le titre de Κεστοί, un
traité d'agriculture en 4 livres, qui ne nous est pas parvenu. On en
trouve des fragments au nombre de 39 dans les *Géoponiques*. Dans la traduction française de l'*Hippiatrique* (9), il y a deux articles d'African : un sur
le renversement de la matrice (liv. Ier, ch. xiv), l'autre sur les mouches
(liv. II, ch. xxviii), qui ne se trouvent pas dans le texte grec de Grynœus.
Cet Africanus est-il l'auteur de la *Chronographie?* Il est permis d'en douter
ou tout au moins d'admettre l'existence de deux personnes du même nom,
car Diophanes a fait fréquemment mention d'un Africanus dans ses *Géorgiques* (*Géoponiques*, liv. V., ch. xlv).

QUATRIÈME SIÈCLE.
EUMÈLE (Εὐμηλος).

Eumèle, de Thèbes, vivait très probablement vers le IV° siècle de notre
ère. Sa vie nous est tout à fait inconnue. On suppose qu'il avait écrit un
traité vétérinaire dont on retrouve quelques fragments (31 articles) dans
l'*Hippiatrique* (2). Il est cité avec le titre d'Ἱππιατρος par Apsyrte et Hiéroclès
(liv. Ier, ch. ii ; liv. Ier, ch. ix ; liv. Ier, ch. x).

---

(18) Reynal. *Etude sur les Géoponiques.* Paris, Chamerot, 1875.

Azanite. — Hippanus Hebius.

Écrivains vétérinaires qui ne nous sont connus que par des citations dans l'*Hippiatrique*.

Apsyrte (Ἄψυρτος).

Apsyrte et non pas Absyrte, comme l'ont écrit certains auteurs, naquit à Pruse ou à Nicomédie, en Bithynie. On n'est pas d'accord sur la date de sa naissance. Mais, d'après l'opinion la plus généralement admise, il aurait vécu vers 322, et c'est à cette époque qu'il aurait fait avec Constantin le Grand la guerre contre les Sarmates sur les bords du Danube. Il nous apprend, du reste, dans le premier chapitre de l'*Hippiatrique*, qu'il a servi dans cette guerre en qualité d'ἱππιατρός, et que c'est là qu'il a appris à soigner les animaux malades. Cependant ses biographes sont loin d'être d'accord, et certains pensent que la campagne, dont parle Apsyrte, fut celle entreprise contre les Bulgares en 671 par Constantin IV, Pogonat. Sprengel, dans son *Histoire de la médecine* (4) (t. II, p. 232), avait primitivement adopté cette dernière interprétation qui faisait vivre Apsyrte vers le milieu du vii siècle, et l'avait même soutenue dans une brochure intitulée : *De Apsyrto Bithynico scriptiuncula* (Halle, 1832, in-4°, typ. Baentsch, *6 pages*), brochure qui fut vivement combattue par Hecker, de Berlin. Mais Ercolani (19) nous apprend que, quelques années après, il serait revenu de son erreur et aurait définitivement placé Apsyrte au iv siècle (*Geschichte der Botanik*, Leipzig, 1837, p. 191). Du reste, l'erreur primitive de Sprengel était d'autant moins admissible que Végèce, qui vivait vers la fin du iv siècle, fait mention d'Apsyrte dans son traité vétérinaire.

Apsyrte, le plus renommé des hippiatres grecs, peut être, à juste titre, appelé le père de la médecine vétérinaire. Avant lui, la littérature vétérinaire n'avait, pour ainsi dire, acquis droit de cité que dans les ouvrages des philosophes, des naturalistes, des agronomes, dont elle était le complément nécessaire. Son traité vétérinaire, qui n'existe plus, mais dont on retrouve probablement la plus grande partie dans la collection des hippiatres grecs, peut donc être considéré comme le premier en ce genre que nous ait transmis l'antiquité. D'après Niclas, Ducange, cet ouvrage aurait été dédié au médecin Asclépiade, à qui il s'adresse ainsi dans sa préface (2-9) : « Tu n'y « trouveras pas une haute éloquence, mais une éloquence suivant pas à pas « la raison. »

---

(19) Ercolani. *Ricerche storico analitiche sugli scrittori di veterinaria*, Torino, 1851.

Les écrits d'Apsyrte, dans lesquels il a fait preuve de beaucoup d'expérience et d'un grand talent d'observation, forment la majeure partie de l'*Hippia-trique* et sont de beaucoup les meilleurs. Toutes les maladies connues de son temps y sont longuement traitées, et les vétérinaires qui lui ont succédé se sont borné, pour la plupart, à le copier sans rien ajouter à ses appré-ciations.

Dans l'*Hippiatrique* (2) on trouve 121 articles d'Apsyrte adressés, en grande partie sous forme de lettres, à plusieurs de ses contemporains, parmi lesquels nous trouvons dix-sept vétérinaires (ιππιατρος) et deux châtreurs (τομευς). Dans les *Géoponiques* il y a 9 articles attribués à Apsyrte, articles qui ne sont, pour la plupart, que la répétition ou le résumé de ceux publiés dans l'*Hippiatrique* de Grynœus. Pour l'analyse de ses travaux nous ren-verrons aux chapitres traitant de la *Pathologie comparée* dans l'antiquité.

HEMERY (Ημεριος).

Contemporain d'Apsyrte, qui lui a dédié un de ses articles (liv. Ier, ch. XL). Dans l'*Hippiatrique* (2) il y a un article d'Hémery sur les maladies des poumons (liv. Ier, ch. VII).

HIPPOCRATE (Ιπποκρατης).

Hippocrate, vétérinaire, qu'il ne faut pas confondre avec le célèbre médecin de Cos, était contemporain d'Apsyrte, qui lui dédia un article inséré dans la *Collection des Hippiatres grecs* (2) (liv. Ier, ch. XII, p. 50). Nous n'avons de lui que des fragments de peu d'importance, dont 36 dans l'*Hippiatrique* et 1 dans les *Géoponiques*. Ils ont peu de valeur et ne sont, en général, que des indications de remèdes plus ou moins fantaisistes. Aussi M. le docteur Hecker (14), de Berlin, blâme-t-il le docteur Valentini, premier médecin de l'hôpital Saint-Esprit de Rome, d'avoir pris la peine de donner une traduction de ces fragments, alors qu'il aurait bien mieux fait, selon lui, de traduire Apsyrte ou Hiéroclès, de beaucoup supérieurs. Cette traduction a paru sous ce titre : Ιπποκρατους ιππιατρικα, *Hippocratis veterina-ria latine et italice reddidit et notis illustravit Petrus Aloysius Valentini, Roma, 1814. Apud Linum Contedini in-8°.* Le texte de cette édition est à peu près identique à celui de Grynœus. On trouve seulement dans l'édition d'Aloysius Valentini trois chapitres qui ne sont pas mentionnés dans l'*Hip-piatrique* de Grynœus, mais ils sont de peu d'importance.

TIBÈRE (Τιβεριος).

Tibère est un écrivain vétérinaire inconnu dont on possède 10 articles dans l'*Hippiatrique*. Dans cette collection, il est cité par Agathotiche (liv. Ier. ch. Ier, p. 7), et par Pélagone (trad. J. Massé), (liv. Ier, ch. XXXVI, p. 121).

AGATHOTICHE (Ἀγαθότυχος).

Postérieur ou contemporain de Tibère, il est cité par Pélagone. On a de lui 3 articles dans l'*Hippiatrique* (liv. I, ch. ɪ, p. 7, de la Fièvre ; liv. I, ch. ɪɪ, p. 18, de la Malandre sèche; liv. I, ch. xxxɪɪɪ, p. 109, Maladie du foie).

LITORE BENEVENTANUS (Λιτώριος Βενεβεντανός).

Ecrivain vétérinaire également inconnu, cité par Pélagone, mentionné dans l'*Hippiatrique* pour un article sur la peste du cheval (liv. I, ch. ɪv, p. 26).

ELÈNE (Ἐλένος).

Cité par Pélagone, comme Ἱππιατρός, dans le liv. II, ch. ʟxxvɪ, p. 207 de l'*Hippiatrique.*

HIÉRÓME DE LYBIE (Ἱερώνυμος ὁ Λίβυς).

Cité par Pélagone dans l'*Hippiatrique,* liv. I, ch. xɪɪ, xx, xxɪɪɪ, xxv ; liv. II, ch. xvɪɪ; et par Hiéroclès, liv. II, ch. ʟxxv, ʟxxvɪ.

CLÉOMÈNE DE LYBIE (Κλεομένης).

Cité sous le nom de Κλεομένης ὁ Λίβυς, par Hiéroclès, liv. I, ch. xxɪx, et sous celui de Κλεομένες τε Λίβυς, liv. I, ch. xxɪɪɪ.

STRATONICE.

Cité par Hiéroclès, liv. I, ch. ɪ; liv. I, ch. xɪx; liv. II, ch. ʟxxxvɪ.

PISTÈRE SICULE (Πιστήριος Σικελός).

Inconnu. On a un article de lui dans l'*Hippiatrique,* liv. I, ch. ɪv.

GRÉGOIRE (Γρηγόριος).

Inconnu. On possède deux articles de Grégoire dans l'*Hippiatrique,* liv. I. ch. xxɪɪ.

NÉPHON.

Inconnu. A écrit sur la maladie articulaire (Μαλις). *Hippiatrique,* liv. I. ch. ɪɪ.

EMILE ESPAGNOL (Αἰμίλιος Ἱσπανε).

A écrit sur la peste un article mentionné dans l'*Hippiatrique,* liv. I, ch. ɪv.

ASTRAMPSYCHUS (Ἀστραμψύχος).

Poëte grec, dont l'existence ne remonte certainement pas au delà du ɪvᵉ siècle après Jésus-Christ. On ne sait absolument rien de sa vie, si ce n'est qu'il aurait écrit, suivant Suidas, un traité sur les maladies des ânes (Βιβλιον ιατρικον εισ ονων Θεραπειαν).

PÉLAGONE.

On ne sait rien de précis sur l'époque à laquelle vivait Pélagone; on suppose qu'il existait au IVe siècle de notre ère. Il était antérieur à Végèce (3), qui en a fait plusieurs fois mention dans son traité vétérinaire (liv. I, ch. XVII; liv. IV, ch. XIII, XIV, XXVII). Dans sa préface, il le cite comme écrivain d'un certain talent, mais il le blâme de ne pas s'être assez étendu sur l'étiologie et la symptomatologie des maladies. On a de lui plusieurs articles dans les *Géoponiques* (liv. XVI, ch. II, XVII, XVIII). Dans l'*Hippiatrique*, 48 articles sont inscrits sous le nom de Pélagone. C'est après Apsyrte et Hiéroclès, celui qui a le plus écrit ou dont on a le plus de fragments dans cette collection. Mais Hecker, de Berlin (14), n'hésite pas à les regarder comme les plus mauvais de l'*Hippiatrique* et comme ne contenant que des remèdes empiriques ou superstitieux.

Tous ses écrits n'ont pas été perdus pour nous, car vers le commencement du XIXe siècle, en 1824, Eichenfeld découvrit dans la bibliothèque de Vienne, un très vieux manuscrit contenant des fragments de l'*Hippiatrique*, se rapportant à Pélagone, fragments qui furent imprimés en 1826, sous ce titre:

Pelagonii veterinaria ex Richardiano codice excripta et a mendis purgata ab Josepho Sarchiano, nunc primum edita cura. Cioni accedit Sarchiani versio italica. Florentiæ, 1826, in-8°, 288 pages (latin et italien).

Cet ouvrage se compose de 35 chapitres, dont la plupart sont de Pélagone. Cependant, Choulant, Eichenfeld, ne croient pas que tous soient entièrement de lui, ils supposent que ce sont des fragments de plusieurs vétérinaires. Ils se basent sur ce que plusieurs articles, contenus dans les *Géoponiques* ou dans l'*Hippiatrique*, n'existent pas dans cette publication, qui, par contre, en renferme sous le nom de Pélagone, plusieurs qui, dans l'*Hippiatrique*, sont attribués à d'autres auteurs.

Cette édition, du reste, attribuée à Pélagone, aurait été donnée d'après un manuscrit conservé à Florence, qu'Ange Politien avait fait copier en 1485, d'après un manuscrit plus ancien. Elle a été l'objet de nombreux commentaires dont nous pouvons citer les suivants:

1° *La veterinaria di Pelagonio, publ. nel 1826, qual opera originalmente latina. Memoria di G. Molin Padova, 1828, in-8°;*

2° *Osann. de Pelagonio Hippiatricorum scriptore, in-4°, Giessæ, 1844* (20 pages);

3° *Sulla veterinaria di Pelagonio, lett. 2, antologia di Firenze, n° 39, settemb. 1828.*

4° *Ercolani* a consacré environ 22 pages à l'étude comparative des articles qui peuvent être attribués à Pélagone ou aux autres vétérinaires de l'*Hippiatrique.*

Pélagone était-il grec ou romain? D'après Sarchiani, Ercolani, Cionii, Borghesi, son traité vétérinaire aurait été primitivement écrit en langue latine, et ce n'est que beaucoup plus tard qu'il aurait été traduit en grec pour figurer dans la collection des hippiatres. Heusinger paraît se ranger à cette opinion, mais on manque de données précises sur ce sujet.

HIÉROCLÈS (Ιεροκλης).

Nous ne savons pas au juste à quelle époque vivait Hiéroclès; mais il est bien certain qu'il était postérieur à Apsyrte, car les 107 articles qui lui sont attribués dans l'*Hippiatrique* ne sont que la répétition de ceux d'Apsyrte, qu'il a, pour ainsi dire, copiés sans y ajouter beaucoup du sien. Il devait être antérieur à Théomneste qui le cite plusieurs fois, et, probablement contemporain de Cassianus Bassus, l'auteur présumé des *Géoponiques,* à qui il dédia son traité vétérinaire qu'on suppose avoir été intitulé : Περι της των ιππων θεραπειας. De ce traité il ne nous reste plus que de nombreux fragments insérés dans la *Collection des Hippiatres grecs.* Dans cette collection, en tête des deux livres (liv. I, ch. I, p. 3; liv. II, ch. I, p. 172), figurent deux préfaces d'Hiéroclès. Dans la première, liv. I, ch. I, p. 3, il dit que : « Si les médecins ont mis par écrit les symptômes qui font con-
« naître les maladies de l'homme, alors que celui-ci est doué de parole,
« cela est bien plus nécessaire au médecin vétérinaire, les animaux étant
« muets. »

Et pourtant Hiéroclès n'était pas, à proprement parler, un vétérinaire. Il paraît s'être surtout occupé de plaidoirie et avoir rempli une fonction au tribunal (δικαστηριου), car, dans sa Préface, il dit à son ami Bassus que, par amour pour lui, il va délaisser les plaidoiries pour étudier les maladies des chevaux.

Ercolani (19) dit que Simon, de Genève, et Matteo Selvatico ont, à la fin des XIIIᵉ et XIVᵉ siècles, en parlant des maladies des animaux, cité un certain *Herodius* dont la plupart des écrits se rapporteraient au traité vétérinaire d'Hiéroclès. *Schneider, Molin,* ont soutenu qu'*Herodius* était une corruption de Giordanus Ruffus; mais cette interprétation est inadmissible.

Il y a, paraît-il, une traduction sicilienne très ancienne des œuvres de Hiéroclès, manuscrit que Bruce-Whyte, dans son *Histoire des langues romanes* (Paris, 1841, 3 vol.), dit avoir trouvé au Musée Britannique sous le n° 3535, et qui est attribuée à un certain *Heroclu.* Bruce-Whyte pense que cet *Heroclu* fut maréchal sous Frédéric Iᵉʳ, roi de Sicile; mais, en comparant le texte sicilien et le texte grec de Grynœus, *Heusinger* (1) a pu s'assurer que ce manuscrit sicilien n'était que la traduction de l'œuvre d'Hiéroclès.

Ercolani mentionne un manuscrit conservé dans la bibliothèque du séminaire de Pise intitulé : *Liber Herodei, Medicina equorum.* C'est un manuscrit in-4° du XIII° siècle faisant suite à l'œuvre de Palladius. Il y a dans ce manuscrit quelques chapitres qui ne figurent pas dans le texte grec de Grynœus.

PALLADIUS (Rutilius Taurus Æmilianus).

On ignore à quelle époque précise vivait Palladius; les uns le placent au commencement du II° siècle de notre ère, d'autres à la fin du IV°. C'est le dernier des écrivains latins qui ait écrit un traité agricole. Son ouvrage *De re rustica*, divisé en 14 livres, n'est, pour ainsi dire, qu'un résumé de Columelle et des *Géoponiques*. Il s'est peu occupé de médecine vétérinaire. Cependant nous pouvons citer quelques préceptes sur les maladies des poules et une description assez détaillée des différents modes opératoires employés pour la castration du veau.

SANCTUS SEVERUS ENDELEICHUS.

Sanctus Severus Endeleichus, poète chrétien, né dans le IV° siècle, à Bordeaux, a composé un poème remarquable, *De mortis boum*, où il décrit une épizootie qui n'est autre que le typhus et qui a causé de si grands ravages sur les bovidés de Turquie, d'Illyrie, de Flandre, vers 377.

CINQUIÈME SIÈCLE.

VÉGÈCE (Publius Vegetius Renatus).

Végèce, qu'il ne faut pas prendre pour Flavius Vegetius Renatus, auteur d'un travail sur l'art militaire, a composé un traité vétérinaire en 4 livres : *Artis veterinariæ sive mulo-medecinæ libri quatuor* (3).

Sa vie nous est totalement inconnue, et, malgré des recherches nombreuses, il nous a été impossible de trouver la moindre filiation nous permettant de déterminer la date précise de son existence. Il est cependant généralement admis qu'il vivait vers le milieu du V° siècle.

Son traité vétérinaire est non seulement le plus complet et le plus détaillé des ouvrages de ce genre mais le seul traité que nous possédions presque dans son intégrité. Peut-être, dans certains points, les notions médicales sont-elles plus détaillées par les hippiatres grecs, mais les ιππιατρικα ne sont que la collection d'œuvres d'auteurs différents, tandis que le traité vétérinaire de Végèce est une œuvre exclusivement personnelle. Végèce a eu certainement connaissance des œuvres des hippiatres grecs; mais s'il leur a fait

— 41 —

quelques emprunts, il ne les a jamais copiés servilement ainsi que l'ont prétendu certains biographes (Sprengel, Gourdon, etc., etc.).

Dans la Préface du livre Ier, Végèce nous apprend que s'il a osé entreprendre d'écrire un traité de pathologie, c'est à cause de son amour pour les
chevaux, passion dont il était atteint dès sa plus tendre jeunesse. Mais,
dit-il, « je me bornerai seulement à puiser dans les traités des auteurs latins,
des *mulo-medici* », ce qui semble indiquer qu'avant lui existaient en langue
latine d'autres traités vétérinaires qui ne nous sont pas parvenus. Il est loin
d'être tendre pour ses devanciers, car s'il reconnaît à Columelle et à Pélagone une certaine éloquence, il a soin d'ajouter qu'ils n'ont fait qu'effleurer
les connaissances thérapeutiques et négligé d'indiquer les symptômes et
l'étiologie des maladies. « D'un autre côté, dit-il, bien que Chiron et Apsyrte
se soient appliqué davantage, ils pêchent par le défaut d'éloquence et la
bassesse du langage ; tout est confus dans leurs ouvrages, et, pour chercher
le traitement spécial à chaque maladie, on est forcé de fouiller dans l'ouvrage entier puisqu'il se trouve des remèdes applicables à la même maladie
tant au commencement qu'à la fin ».

Il me semble que Végèce a été beaucoup trop sévère, surtout envers
Apsyrte, qui, dans beaucoup de points, lui est de beaucoup supérieur ; d'un
autre côté, il paraît n'avoir pas tenu beaucoup compte des critiques qu'il
venait de formuler, surtout en ce qui concerne le défaut de coordination des
ouvrages de ses prédécesseurs, car la méthode n'est certainement pas sa
qualité dominante, et il semble être tombé dans les mêmes erreurs que ses
devanciers.

Végèce formulait ces critiques vers le ve siècle de notre ère, et, juste
retour des choses d'ici-bas, treize siècles plus tard, il était l'objet des mêmes
critiques de la part de M. Désiré Nisard, maître de conférences à l'École
normale, traducteur des *Agronomes latins* (20).

M. Nisard n'a pas cru devoir y joindre le *Traité de l'art vétérinaire de Végèce*,
« moins, dit-il, parce que la matière ne s'en rattache pas exclusivement
« à l'agriculture, qu'à cause du peu d'estime qu'en font les hommes compé-
« tents et du mauvais état du texte qui est corrompu en mille endroits et
« rempli d'interpolations. L'art vétérinaire moderne trouverait fort peu de
« lumières dans un ouvrage où l'on devine à grand'peine, à travers les
« obscurités d'un texte si souvent douteux, quelques notions médicales
« encore plus imparfaites que les notions anatomiques qui y sont mêlées. »
(Préface.)

M. Nisard nous paraît avoir fait preuve de beaucoup trop de sévérité pour

---

(20) *Les Agronomes latins*, publiés sous la direction de Nisard. Paris, Dubochet,
1844.

un ouvrage qui égale en valeur la collection des hippiatres grecs. De plus, dans Végèce, nous trouvons plusieurs documents non signalés dans les Ἱππιατρικα, qui nous permettent de compléter les renseignements si indispensables pour l'histoire de la pathologie animale dans l'antiquité. Il est donc regrettable, à tous les points de vue, que M. Nisard n'ait pas cru devoir utiliser sa parfaite connaissance de la langue latine à l'étude du traité vétérinaire de Végèce, dont la traduction reste encore à faire.

La vétérinaire de Végèce est divisée en quatre livres. Le premier comprenant 64 chapitres et le second 65, traitant des maladies du cheval; le troisième (85 chapitres) s'occupe des maladies des bœufs, et le quatrième (28 chapitres) contient quelques notions anatomiques et thérapeutiques.

Il existe plusieurs éditions de Végèce, dont nous signalerons les principales dans le chapitre relatif aux ouvrages vétérinaires. Quant à l'analyse de ses travaux, elle sera faite en même temps que celle des Hippiatres grecs et mentionnée en grande partie dans le chapitre ayant trait à l'histoire de la pathologie animale.

THÉOMNESTE (Θεομνηστος).

D'après Heusinger (*Heusinger Carl. Fried. Theomnestus, Leibthierarzt Theodorichs des grossen Königs der Ostgothen*, Giessen, 1843, in-4°, 8 pages). Théomneste aurait été attaché, en qualité de vétérinaire, à Théodoric le Grand, roi des Ostrogoths qui, dans le v⁰ siècle, entreprit la campagne d'hiver de la Pannonie, sur les Alpes, en Italie. Dans un article sur l'Ὀπισθοτονος, Théomneste raconte, en effet, que cette affection, qui n'était autre que la congélation, fit beaucoup de victimes pendant la traversée des Alpes. Il suivait, ajoute-t-il, en Péonie, le roi, qui l'aimait avec tant d'affection, qu'il lui était permis de converser familièrement avec lui (liv. I, ch. XXXIV, p. 123) (2).

On ne peut préciser exactement l'époque de sa naissance, mais si l'interprétation d'Heusinger est exacte, il devait vivre vers la fin du v⁰ siècle. Quoi qu'il en soit, il était postérieur à Pélagone, à Végèce, à Hiéroclès, car ceux-ci n'auraient pas manqué de le citer s'ils l'avaient connu. Lui, de son côté, fait mention d'Apsyrte et d'Hiéroclès.

On a de lui 31 articles dans l'*Hippiatrique* et 6 dans les *Géoponiques*.

II. — Ouvrages vétérinaires.

Nous venons de voir que si les médecins, les philosophes, les historiens, les naturalistes, les agronomes de l'antiquité ont donné dans leurs ouvrages quelques indications sommaires sur la pathologie des animaux, aucun de leurs travaux ne peut être considéré comme une œuvre exclusivement vétérinaire. Parmi les ouvrages de l'antiquité, deux seuls peuvent revendiquer ce titre : la collection des Hippiatres grecs et le Traité vétérinaire de Végèce. Il existe bien une autre collection « les *Géoponiques* », réunion des œuvres des agronomes grecs et latins, colligées par ordre de l'empereur Constantin VII, dit Porphyrogénète (911 à 959), mais elle n'est pour nous que d'un intérêt secondaire, car c'est une œuvre presque exclusivement agricole. Sur les 20 livres dont se composent les *Géoponiques*, 4 seulement ont trait à l'élevage, aux soins à donner aux animaux et encore les quelques chapitres relatifs à la médecine ne sont-ils en grande partie que le résumé des travaux d'Apsyrte, de Pélagone, d'Hiéroclès, de Théomneste, d'Hippocrate, mentionnés dans l'*Hippiatrique*.

1° Collection des Hippiatres grecs.

L'*Hippiatrique* (Ιππιατρικα) est à la vétérinaire ce que les Géoponiques sont à l'agriculture. L'*Hippiatrique*, réunion des œuvres vétérinaires de l'antiquité, collectionnées au Xᵉ siècle, sous le règne de Constantin Porphyrogénète, par un auteur inconnu, est divisée en 2 livres, comprenant environ 118 chapitres. Elle renferme des fragments de 25 écrivains.

Parmi eux, *Apsyrte* est celui qui occupe la plus large place. En effet, sur 420 articles environ insérés dans cette collection, on en trouve 121 d'Apsyrte et ce sont bien certainement les meilleurs, tant au point de vue de la description des symptômes, qu'au point de vue du traitement approprié à chaque maladie.

Après lui vient *Hiéroclès*, dont les préfaces se trouvent en tête du 1ᵉʳ et du 2ᵉ livre. Il a presque autant écrit qu'Apsyrte, car l'*Hippiatrique* renferme 107 articles environ d'Hiéroclès. Mais, de beaucoup postérieur à lui, il s'est borné à le copier presque intégralement sans y ajouter beaucoup du sien.

Après Hiéroclès, viennent par ordre d'importance :

Pélagone,	48 articles		Néphon.	(1 article)
Hippocrate,	(36 —)		Hiéron,	(1 —)
Eumèle,	(31 —)		Pistère Sicule,	(1 —)
Théomneste.	(31 —)		Magon de Carthage,	(1 —)
Anatole,	(10 —)		Dioscoride,	(1 —)
Tibère,	(10 —)		Diophanes,	(1 —)
Didyme,	(5 —)		Pamphile,	(1 —)
Agathotiche,	(3 —)		Emile Espagnol,	(1 —)
Grégoire,	(2 —)		Litore Bénéventin,	(1 —)
Démocrite,	(2 —)		Cassius Felix,	(1 —)
Archidame,	(2 —)		Emery,	(1 —)
Africain,	(2 —)			

(Manuscrits).

Miller, dans ses *Notices et extraits des manuscrits de la Bibliothèque impériale et autres. Paris, Impr. Imp.*, *1868*, mentionne plusieurs manuscrits grecs contenant le recueil des Ιππιατρικα, figurant dans le catalogue des manuscrits de la Bibliothèque nationale de Paris.

Le manuscrit inscrit sous le n° 1995 est relié aux armes de François Ier. Il contient les *Géoponiques* et une partie de l'*Hippiatrique* et porte le titre suivant : Βίϐλος ἱπποιατρικης μετα πσσεως *(sic)* ερμηνευμενου Σωστρατου καί Ιππoκρατους, ou, suivant le catalogue imprimé : *Hipiatrica e Sostrato et Hippocrate collecta.* Ange Vergèce, dans son catalogue manuscrit, a mis Οσαντρου pour Σωστρατου ; or, ni l'un ni l'autre ne figurent parmi les écrivains de l'*Hippiatrique.* Ce manuscrit comprend 48 chapitres.

Le manuscrit 2091 est un petit manuscrit in-4°, relié aux armes de Henri II. Il contient plusieurs opuscules de médecine, dont le dernier est ainsi désigné : (fol. 118.2) Υππoσoφιν *(sic)* Βίϐλος ἱππων ιατρικης μετα πιστεως ερμηνευμενου Οσαντρου και ιππoκρατους των ιατρων. De cet opuscule, il n'existe que quelque feuillets contenant quelques extraits des chapitres mentionnés dans le précédent manuscrit.

Le manuscrit n° 2244, relié aux armes de Henri IV, provient de la bibliothèque du cardinal Ridolfi. C'est un manuscrit incomplet qui ne sera pas d'un grand secours pour une nouvelle édition des hippiatriques.

Le manuscrit n° 2245 est relié aux armes de Henri II, et provient de la bibliothèque de Fontainebleau. En tête est une notice de la main d'Ange Vergèce. C'est sans doute celui qui a servi à Jean Ruel pour faire sa traduction latine. Mais, dit Miller, cette édition latine contenant des fragments qui ne se trouvent pas dans le manuscrit ; il est probable que le savant médecin de Soissons a eu d'autres manuscrits à sa disposition. L'ordre des fragments est celui de l'édition grecque avec laquelle il présente peu de différences.

Le manuscrit n° 2232 est le plus précieux et le plus important de tous. Ce manuscrit in-4°, relié en 1603 aux armes de Henri IV, provient de la bibliothèque du cardinal Ridolfi. Il contient 263 feuillets en parchemin écrits au xie siècle. Il présente de grandes différences avec le texte grec de Grynœus; l'ordre des fragments est bien différent de celui de l'édition grecque, et, dans le manuscrit, il s'en trouve un très grand nombre d'inédits. Miller (22) a dressé une table qui permet d'établir la concordance des chapitres du manuscrit avec le texte grec de Grynœus.

Cette table contient 1223 articles et un dernier non numéroté intitulé : περι μετρων και σταθμων ιππιατρικων. Le manuscrit s'arrête au n° 1166 et toute la fin manque. Une main moderne a ajouté en haut des pages et à la marge une division en chapitres qui ne s'accorde nullement avec les autres éditions. Miller (22) a communiqué ce manuscrit à Daremberg, qui l'a comparé avec ceux des bibliothèques Emmanuel, de Leyde, de Cambridge, et a pu constater que le manuscrit de la Bibliothèque nationale n'avait aucun rapport avec les autres cités plus haut. Ce manuscrit a pour titre : Αψυρτος ιππιατρος ασκληπιαδη καιρειν περι πυρεσσοντος.

M. le D[r] Ch. Daremberg (*Notices et extraits des manuscrits médicaux grecs, latins et français, des principales bibliothèques d'Europe. Paris, 1853*) a trouvé dans la bibliothèque du collège Emmanuel (Angleterre) un manuscrit in-4° de la fin du xiiie siècle. La comparaison des chapitres qui se trouvent dans le manuscrit et dans le texte grec de Grynœus a démontré que le manuscrit fournit des émendations nombreuses et importantes. Dans l'édition grecque, il y a plusieurs chapitres qui manquent dans le manuscrit; par contre, dans ce manuscrit, il y a beaucoup de chapitres qui ne se trouvent pas dans l'imprimé. Parmi les chapitres qui font défaut dans le texte imprimé, M. Daremberg a surtout remarqué dans le manuscrit de la biblothèque du collège d'Emmanuel, page 327, un chapitre inédit, mais très altéré attribué à Simon d'Athènes et intitulé : Σιμωνος αθηναιου περι ειδους και εκλογης ιππων.

De Montfaucon, dans sa *Bibliotheca bibliothecarum manuscriptorum*, Paris, 2 vol., 1739, cite encore d'autres manuscrits de l'*Hippiatrique* mentionnés dans les catalogues des bibliothèques. Nous allons les énumérer tout en laissant de côté ceux signalés par Miller :

1° Varia excerpta ex auctoribus de re veterinaria, sive de cura equorum, videlicet Apsyrto, — Hierocle, — Theomnesto, — Pelagonio, — Anatolio, — Tiberio, — Eumelo, — Chrione, — Agathotyco, — Hippocrate, — Æmilio Hispano, — Litorio Beneventano, — Emerio. (Grœce.)

(Montfaucon, t. Ier, p. 387. Bibl. Laurentiana medicea. Pluteus, LXXV.)

---

(22) *Notices et extraits des manuscrits de la Bibliothèque impériale et autres*, t. XXI, 2e partie, p. 1, 1865. — *Notice sur le manuscrit grec n° 2232 de la Bibliothèque impériale contenant le recueil des* Ιππιατρ.κα.

2° Apsyrti veterinaria, in principio mutila aliquot lineis, in fine vero **XXV** medicamenta ultra ea quœ in impressis habentur, occurrunt. — De mensuris et ponderibus veterinariis. — Post tria medicamenta sequitur ορνεοσοφιον ad Michaelem imperatorem.

(Montfaucon, t. 1er, p. 645. Bibl. Bodleiana, no 164).

3° Liber de re veterinaria Grœce.

(Montfaucon, t. 1er, p. 669. Bibl. coll. Saint-Emannelis Cantabrigiensi, p. 89.)

4° Hippiatrica cum figuris et multum discrepantia ab editis.

(Montfaucon. Bibl. Isaaci Vossii.)

5° Liber de Hippiatrica, sive de re veterinaria

(Bibl. Guill. Pelliserii.)

Paulin Paris (23) mentionne une traduction italienne manuscrite des vétérinaires grecs. Ce manuscrit in-folio de 149 feuillets date du xvᵉ siècle. Il est relié en maroquin citron au chiffre de Louis XIV, entouré de quatre fleurs de lis et de deux tournesols sur le dos. Inscrit sous le nº 7248, ce manuscrit provient de la bibliothèque des Médicis de Florence ; il fut acquis par Catherine de Médicis et réuni plus tard aux manuscrits des rois de France. Il porte le titre suivant : *Apsyrtus in vulgari II.* Sur la dernière garde du volume, on lit : nº xxxix « Libro di Mascalia, sive medicine de cavalli, composto da autori grœci et tradotto de grœco in volgar italiano. Li autori che hamo composto il grœco sono d'infrascritti : Absyrto, il principale ; Hierocle, Theonnesto, Pelagonio, Anatolio, Tiberio, Eumelo, Archimedo, Hippocrate, etc., etc. »

Miller (22) dit qu'il ex.sterait une traduction allemande manuscrite à la Bibliothèque impériale de Vienne, si l'on s'en rapporte à l'indication donnée par Montfaucon (Bib. bibl., t 1er, p. 565) : « Hippiatrica sive medicina equorum germanice. Cat. cod. manus. Bib. Cesarea Vindabonensis, nº 244. »

Enfin Montfaucon mentionne une traduction latine manuscrite : « Erchelus de cura equorum ad Bassum e grœco in latinum translatus. Bib. regina sueciœ in Vaticana, nº 421 ».

(Éditions des Ιππιατρικα.)

La première édition de l'*Hippiatrique*, d'après les manuscrits grecs, est en latin ; elle date de 1530 et est ainsi intitulée :

Veterinariæ medicinæ libri duo Johanne Ruellio Suessionensi interprete. Parisiis, apud Simonem Colinæum, 1530, in-folio de 136 feuillets. Cum privilegio ad quinquenium.

Cette édition, très rare et éditée avec le plus grand luxe, est dédiée au roi très chrétien, roi de France, François Iᵉʳ, qui a été l'instigateur de cette

---

(23) *Les Manuscrits français de la Bibliothèque du roi.* Paris, Techener, 1848.

traduction, faite à Paris, en avril 1528, par Ruellius, né à Soissons en 1479. Elle contient deux livres, le premier divisé en 58 chapitres, le deuxième en 64, en tout 122 chapitres. Au commencement on trouve un glossaire scientifique et la valeur des mesures employées par les hippiatres grecs.

Cette édition latine renferme plusieurs articles qui ne sont pas dans le texte grec de Grynœus, ce qui ferait supposer que les textes latin et grec n'ont pas été copiés sur les mêmes manuscrits. Quelques chapitres manquent dans l'édition de Ruellius qui se trouvent dans le texte grec de Grynœus, et, en plusieurs endroits, certains paragraphes diffèrent quelque peu dans l'une et l'autre édition. D'autre part, la division en chapitres n'est pas exactement la même dans le texte grec et dans le texte latin. L'édition de Grynœus est divisée en 118 chapitres, tandis que celle de Ruellius en comprend 122.

L'édition grecque est postérieure à l'édition latine. Elle ne fut imprimée qu'en 1537 par Grynœus, sous le titre suivant : Τῶν ἱππιατρικῶν βιβλία δύω. *Veterinariæ medicinæ libri duo, a Johanne Ruellio Suessionensi olim quidem latinitate donati, nunc vero iidem sua, hoc est græca, lingua primum in lucem editi. Basilæ, apud Joan Valderum, 1537, in-4°* de 307 pages.

Cette édition est très rare. En tête, 12 pages non numérotées pour le titre, la liste des auteurs et une préface à Jean Zobèle, à qui Simon Grynœus a dédié son travail.

En 1543, 1548, 1559 parurent plusieurs éditions italiennes de l'*Hippiatrique* intitulées : *Opera della medicina de cavalli composta da diversi antichi scrittori, di græco in buona lingua volgare ridotta, in-8°.*

L'édition française, imprimée en 1563, est de beaucoup postérieure aux éditions latine, grecque et italienne.

Elle est intitulée : *L'Art vétérinaire ou grande mareschalerie, par maistre Jean Massé, docteur en médecine, en laquelle est amplement traité de la nourriture, maladies et remèdes des bestes chevalines.*

A Paris, chez Charles Perier, à l'enseigne de Bellérophon, rue Saint-Jean-de-Beauvais, 1563, in-4°, avec privilége du roy.

Ce livre est dédié à hault et illustre seigneur François de Knevenoy, chevalier de l'ordre du Roy, gouverneur de la personne de Monseigneur le duc d'Orléans, conducteur et maistre de l'écurie du feu roy Henri dernier et des successeurs rois, ses enfants, par le traducteur Jean Massé, médecin champenois ; médecin ordinaire et domestique de feu messire François de Dinteville, évêque d'Auxerre.

Cette traduction, terminée à Auxerre le 20 septembre 1563, comprend 3 livres.

Les deux premiers (liv. I, 59 chapitres ; liv. II, 69 chapitres), sont la traduction de l'*Hippiatrique*. Le troisième, composé de 23 chapitres, est de la main même de Jean Massé et est intitulé : *Livre troisième de l'art vétérinaire, qui pourra servir de promptuaire, fait par maistre Jean Massé, médecin.*

Miller(22), dit que cette édition doit être très rare, puisqu'on n'en trouve qu'un exemplaire à la bibliothèque Mazarine. La bibliothèque de l'École vétérinaire d'Alfort en possède un très bel exemplaire relié, inscrit sous la cote F. 35.

On trouve aussi une traduction française des *Hippiatres* grecs dans l'ouvrage de *Jourdain. La vraye connoissance du cheval, ses maladies et ses remèdes,* Paris, 1647.

Parmi les autres éditions de l'*Hippiatrique,* citons :

1° Une édition espagnole par Alonzo Suarez. Toledo, 1564 ;

2° Une édition allemande : *Zwei nützliche sehr gute Bucher von allerley gebrechen und Krankheiten, damit die rosse maulesel u. s. w. geplagt sind.* Traduction par Eger, 1571, in-folio. Gregor Zechendörfer, Nuremberg.

Il semble que toutes ces éditions n'aient pas été colligées sur le même manuscrit, car on remarque certaines modifications, non seulement dans le fond, la forme et le nombre des chapitres, mais encore dans l'interprétation du texte.

Il serait à désirer qu'un helléniste entreprît la publication d'une édition grecque définitive, en comparant les différents textes manuscrits. « Le *Recueil* « *de l'Hippiatrique,* dit Muller (22), est encore digne de devenir l'objet d'un « travail approfondi. Toutes les recettes médicales qui fourmillent dans cette « collection, contiennent des renseignements précieux de toutes sortes : « histoire naturelle, botanique, géologie, minéralogie, poids et mesures, « meubles, ustensiles, instruments de chirurgie : autant de chapitres qui « mériteraient un examen particulier. Il n'y a pas jusqu'à certaines formules « magiques, indiquées comme moyens thérapeutiques, qui ne présentent « leur côté intéressant ».

Miller avait été sur le point d'entreprendre cette étude si intéressante, mais il y renonça, M. Daremberg, ayant manifesté son intention de la faire, malheureusement pour la science et surtout pour nous, ils n'ont pu donner suite à leur projet.

2° *Traité vétérinaire de Végèce.*

(MANUSCRITS).

Montfaucon, *Bibliotheca bibliothecarum manuscriptorum nova,* mentionne plusieurs manuscrits de Végèce.

1° Vegetii Renati de veterinaria medicina.

(Bib. romanæ, cat. manus., bib. slusianæ, nº 154).

2° Vegetius.

(Bib. Laurentiana medica, Pluteus **XXXIX**).

3° Pap. Publii Vegetii viri illustris Mulomedicina, sive de curatione mulo-
rum, libri III.

4° Pap. Publii Vegetii viri illustris Mulomedicina, sive de curatione mulo-
rum, libri IV.

(Bib. Laurentiana medica, Pluteus XLV).

5° Vegetii Mulomedicina.

(Bib. manus. regis angliæ, London, 1734).

6° Vegetius de re veterinaria editis auctior et emendatur.

(Bib. Anglicanæ miss. Isaaci Vossii).

Enfin, dans le catalogue des manuscrits français, de la bibliothèque du roi,
on trouve, sous le n° 7246, une traduction italienne manuscrite de Végèce.

É DITIONS

1528

(Editions latines).

Vegetii Renati artis veterinariæ, sive mulomedicinæ libri quatuor, jam pri
mum typis in lucem æditi. Opus sane in rebus mediciis minime aspernan-
dum.

Basileæ, 1528. Excudebat Joan Faber Emmeus Juliacensis, in-4°, 72 ff.

Edition princeps, faite sur un manuscrit rempli de lacunes, apporté de
Hongrie par le comte Hermann de Nuenare.

1574

Pub. Vegetii, viri illustris, mulomedicina, ex trib. vetustiss. Codd. varie-
tate adjecta, unde infiniti loci addi et expurgari a quavis poterunt usu
magno publico. Opera ioan Sambuci.

(Basileæ, per Petrum Pernam, in-4°, 196 ff.).

1735

Scriptores rei rusticæ veteres latini (Cato, Varro, Columella, Palladius,
Vegetius, curante Jo Matth. Gesnero).

(Lipsiæ, 1735, in-4°, 2 vol.).

Mannhemii, 1781, petit in-8, 5 vol. (Réimpression du texte de Végèce, sur un manuscrit
du monastère de Corbey).

(Riponte, 1787, in-8, 4 vol.).

(Lipsiæ, 1797, in-8°).

4

(Traductions françaises).

1563

Quatre livres de Puble Végèce Renay, de la médecine des chevaux malades et autres vétérinaires alienez et alterez de leur naturel, traduits du latin, par Bernard du Poy-Monclar.

(Paris, Ch. Périer, gr. in-4°).

1771-75

Traduction d'anciens ouvrages relatifs à l'agriculture et à la médecine vétérinaire, avec des notes par Saboureux de la Bonneterie, écuyer.

(Paris, Barrois aîné, 6 vol. in-8°).

Le livre VI comprend le *Traité vétérinaire* de Végèce.

(Traductions diverses).

1532

Flavii Vegetii Renati. Ain Buchlein von rechter und warhafter Kunst der arztney allerley Krankheyten aller Thyer.

(Augsburg, Steyner, in-4°).

1544

I quattro libri di Vegetio Renato della medicina dei cavalli ed altri giumenti, avero dell arte di Maniscalchi.

(In Venetia, Tramezzino, petit in-8°).

1565

Von rechter und Wahrhaffter Kunst der artzney allerley Krankheit und schaeden den Thier.

(Frankfurt, in-4°).

1748

Vegetius Renatus of the distempers of horses and of the art of Curing them, etc., etc.

(London, in-8°).

III. — Exercice de la médecine vétérinaire

(Période antérieure à notre ère).

Si l'origine et les progrès de la médecine humaine sont bien connus, il n'en est pas de même des origines assez obscures de notre médecine. Pour la première, les sources historiques abondent et la filiation peut être suivie presque sans interruption, tandis que pour l'histoire de la vétérinaire les documents font presque entièrement défaut. Pour en suivre les traces fugitives, nous devons recourir aux travaux des poètes, des historiens, des philosophes, et encore, dans la plupart des cas, ne trouvons-nous dans leurs ouvrages que des indications sommaires et de peu d'intérêt. Il nous faut arriver jusqu'au IVᵉ siècle de notre ère avant d'aborder l'étude de traités réellement vétérinaires.

Nous avons déjà indiqué dans la première partie de notre travail, « *les écrivains vétérinaires* », les documents utiles à consulter pour l'histoire de notre médecine, nous n'aurons donc plus à y revenir.

Dans ce chapitre, nous nous bornerons à donner le résultat de nos recherches sur l'exercice de notre profession pendant les périodes grecque et gréco-romaine, en laissant de côté les périodes antérieures sur lesquelles nous aurons à revenir plus tard. Malheureusement si ces sortes de recherches sont longues et parfois difficiles, le profit qu'on en retire est loin d'être en rapport avec les efforts qu'elles nécessitent. Après avoir compulsé plusieurs centaines d'ouvrages, il est toujours pénible de constater que les travaux de l'antiquité, si riches en matériaux de toutes sortes, sont muets pour ainsi dire en ce qui concerne la vétérinaire.

Les Grecs, surtout dans les temps héroïques, possédaient d'immenses troupeaux qui constituaient toute leur richesse. Est-ce à dire que si leurs connaissances sur l'élevage étaient déjà très étendues, il devait y avoir en Grèce des vétérinaires chargés de donner leurs soins aux animaux malades et d'assurer ainsi la conservation du bétail? Si nous en jugeons par ce qui se passe encore de nos jours, en Australie, à **La Plata**, dans les grands centres d'élevage où les animaux sont élevés en liberté, à l'état sauvage, nous sommes tentés d'admettre qu'en raison de l'immensité des pâturages, du nombre de leurs animaux, les Grecs ne devaient accorder qu'une médiocre attention aux maladies plus ou moins meurtrières qui, de tout temps, ont décimé leurs troupeaux.

Pourtant, à propos d'une épizootie qui sévissait avec intensité sur les animaux aux pâturages, Virgile (*Géorgiques*, liv. III, vers 550), dit que rien ne pouvait en enrayer la marche et que le mal avait vaincu la science des maîtres, celle de Chiron et de Mélampe, qu'il semble considérer comme les premiers initiateurs en médecine vétérinaire.

Il semble même que du temps d'Hippocrate (10), (460 ans avant Jésus-Christ), la vétérinaire était tenue en médiocre estime, car l'éminent médecin de Cos, dans un parallèle qu'il établit entre les luxations chez l'homme et chez le bœuf, a bien soin de s'excuser de cette comparaison, en disant : « S'il est permis toutefois de traiter d'un pareil sujet dans la médecine ». (Traduction Littré, tome IV, p. 99).

Bien qu'Aristote, Epicharme, Archidame, Caton, se soient quelque peu occupés de pathologie animale, Varron (16) est le premier qui fasse mention des vétérinaires (116 à 26 avant Jésus-Christ). Dans son *De re rustica* (liv. II, chap. VII), il nous apprend qu'il y avait en Grèce des vétérinaires (Ἱππιατρός) (*x*), chargés de donner leurs soins aux animaux malades et il les désigne sous le nom de *medicus pecorum*.

Mais à côté des personnes spéciales autorisées à soigner les bestiaux, il y avait sans doute des empiriques, car, à propos des maladies, Varron dit qu'il faut en distinguer de deux sortes :

1° Celles qui, de même que les maladies des hommes, réclament le secours du médecin (*unum ut hominem ad quem adhibendi medici*);

2° Celles qui, pour leur guérison, ne demandent que le soin des pâtres (*quæ ipsæ etiam pastor diligens mederi possit*). A ce sujet, il recommande au chef des pasteurs (*magister pecoris* ou *armentarius*), d'avoir toujours sur lui un traité concernant les affections du bétail et tout ce qui est indispensable pour y porter remède (*quæ opus ad medendum*).

Il est probable qu'il y avait aussi des personnes chargées de certaines opérations chirurgicales, telles que la castration, dont parlent si fréquemment Homère, Hésiode, Xénophon, Aristote, Varron, etc., etc.

Vers la fin du Ier siècle, avant notre ère, un célèbre médecin, Celse, dans

---

(*x*) On désignait aussi les vétérinaires sous le nom de Κτηνιατρός, mais ce mot paraît avoir été rarement employé.

son traité *De re medica* (liv. I, préface), dit quelques mots des vétérinaires. En parlant des médecins méthodistes, il les compare aux vétérinaires (*nam ii qui pecoribus ac jumentis medentur*), qui ne pouvant apprendre d'animaux muets ce qui est relatif à chacun d'eux, insistent seulement sur les symptômes.

Telles sont les quelques indications sommaires relatives à l'exercice de notre profession, que nous avons pu extraire de la lecture des écrits antérieurs à notre ère. Mais il est bien probable que d'autres personnes mettaient à profit leurs connaissances médicales, notamment les prêtres, les devins, les augures, qui prédisaient l'avenir d'après l'état physiologique ou pathologique des viscères des victimes, et écartaient avec soin des sacrifices, tout animal ne leur paraissant pas en bon état de santé; d'autres pratiquaient des autopsies pour reconnaître le plus ou moins de salubrité d'une contrée, d'un emplacement destiné au campement. Si, dit Vitruve (116 à 26 avant Jésus-Christ, dans son traité d'architecture (liv. I, ch. IV), on constate à l'autopsie que quelques animaux seulement ont le foie livide et altéré (*liridi et vitiosi*), alors que presque tous les foies des autres animaux sont sains, c'est un indice que cette altération est le résultat d'une maladie particulière et non de la mauvaise qualité de l'eau et des végétaux qui croissent dans la contrée. Aussi conseille-t-il de ne pas y attacher d'importance et de bâtir en toute sécurité. Mais si, au contraire, on trouve les foies des animaux généralement altérés, on peut en déduire que ceux des hommes sont de même, et que par conséquent les eaux et les aliments ne peuvent être bons dans ces parages. De là indication absolue d'aller à la recherche d'un autre campement.

Période à partir de notre ère.

Nous venons de voir que Varron avait été le premier qui ait fait mention du mot (ἱππιατρός), pour désigner un vétérinaire. C'est dans Columelle (8), (an 42 de notre ère), que nous voyons pour la première fois le mot *veterinarius*, et cela à propos des excroissances de la langue des bœufs qui, dit-il, sont désignées par les vétérinaires (*veterinarii*, sous le nom de grenouillette (liv. VI, chap. VIII). Bien que Columelle soit muet sur l'exercice proprement dit de la médecine vétérinaire, nous pouvons déduire de la lecture de son traité d'agriculture que cette profession était accessible à toutes les personnes chargées de donner leurs soins aux animaux. En effet, en parlant des maladies du mouton (liv. VII, chap. III), il dit que le maître du troupeau doit être instruit dans la médecine vétérinaire « *Veterinariæ medicinæ prudens esse debet* », afin que, si besoin est, il puisse extraire le fœtus dans le cas de parturition difficile, sans mettre la vie de la mère en danger.

Dans le (liv. XI, chap. I), à propos des connaissances nécessaires à un bon métayer (*villicus*), il signale les soins à donner aux bestiaux en cas de maladie.

Quand le métayer sera de retour à la ferme, dit-il, il ne se retirera pas dans sa chambre avant d'avoir donné ses soins aux animaux, soit en traitant les plaies que quelques uns d'entre eux ont pu se faire en travaillant, soit en faisant transporter sur le champ à l'infirmerie (*valetudinaria*), ceux qui sont malades.

Il y avait donc des vétérinaires du temps de Columelle et des infirmeries destinées aux animaux malades. Cela paraît d'autant plus irréfutable que les opérations chirurgicales signalées par Columelle, dans son *De re rustica*, étaient pour la plupart assez minutieuses pour nécessiter l'intervention d'hommes compétents. Columelle décrit même minutieusement le travail (*machina*), (liv. VI, ch. XIX), dans lequel on enfermait des bêtes de somme, afin que ceux qui étaient chargés de les soigner (*medendi*), puissent les approcher sans danger.

Mais quel rang la médecine vétérinaire occupait-elle à cette époque? Il ne pouvait être bien brillant si nous le comparons à celui que tenait la médecine humaine alors si peu florissante. Quelque temps après la réduction de la Grèce en province romaine, la Grèce vaincue avait fourni aux romains des médecins qui vivaient dans les familles à titres d'affranchis ou d'esclaves. Il ne fallut rien moins que l'intervention de César, pour que le droit de cité leur fut accordé. Mais leur position à cette époque n'était sans doute pas encore bien digne d'envie, car Pline, le naturaliste (23 à 79 de notre ère), n'a pas craint de lancer les invectives les plus virulentes contre la médecine et les médecins (liv. XXIX, ch. VIII).

Valère Maxime, (liv. IX, ch. XV, §§ 1·2), contemporain de Tibère, mentionne un médecin vétérinaire (*equarius medicus*), du nom de **Herophilus**, qui aurait usurpé une grande considération en se faisant faussement passer pour le petit-fils de Marius.

Galien (131-201), cite deux vétérinaires Βαινατος et Πραξινος, qui pour s'assurer de l'état de santé des chevaux, examinaient leurs crottins. (Edit. Kühn, vol. X, p. 478.)

Hyginus nous apprend qu'il existait des vétérinaires dans les armées et dans les camps des infirmeries (*veterinarium, valetudinaria*) pour recevoir les chevaux malades. Dans son *Liber de munitionibus castrorum* (éd. Teubner,

p. 31), Hyginus, en parlant de la position des légions, indique la place que doivent occuper les infirmeries vétérinaires (24).

Dioclétien (25), dans son édit établissant le maximum dans l'empire romain (301 de notre ère), fixe le salaire des vétérinaires (ch. VIII).

Six deniers au vétérinaire *(mulomedicus)*, pour la taille et la mise en bon état des pieds.

N° 20. — *Mulomedico tonsuræ et aptaturæ pedum in capite uno.*

Waddington traduit cette phrase par celui qui rogne la corne d'un animal et le prépare à recevoir le fer, et il lui paraît difficile de l'interpréter d'une façon différente. Cependant rien ne semble indiquer ici qu'il soit question de ferrure et Mommsen me paraît être plus dans le vrai, en traduisant *aptatura* par nettoyer.

Dans le même édit, Dioclétien fixe à 20 deniers l'opération de la saignée à la tête.

N° 21. — *Depleturæ et purgaturæ capitis per singula capita.*

D'après une inscription trouvée à Aix, en 1840 *(Zeitschrift für die alter-thumwissenschaft,* 1841, n° 93, p. 769, *Heusinger,* t. I, p. 8), des médecins vétérinaires auraient été employés pour donner leurs soins aux animaux qui combattaient dans les cirques.

À partir du IV° siècle de notre ère, les indications relatives à la présence de vétérinaires commencent à devenir plus nombreuses. C'est à partir de cette époque que nous abordons l'étude de cette pléiade d'écrivains vétérinaires dont les écrits forment la collection de l'*Hippiatrique.* Ce sont Eumèle, Apsyrte, Hippocrate, Elène, Pélagone, Agathotiche, Azanite, Hippanius Hebius, Tibère, etc.. etc., dont nous avons parlé plus haut.

Apsyrte, le plus renommé de tous, fit vers 322, sous Constantin le Grand, la guerre contre les Sarmates, en qualité d'ἱππίατρος, ainsi qu'il nous l'apprend lui-même dans l'*Hippiatrique* (préface). Dans cette collection, on possède d'Apsyrte, 121 articles dédiés sous forme de lettres à ses contemporains, parmi lesquels nous trouvons 17 vétérinaires et 2 châtreurs, dont voici les noms.

---

(24) Les 9 livres des faits et paroles mémorables.

(25) Edit de Dioclétien établissant le maximum dans l'empire romain, publié par Waddington, Paris, 1864.

	Vétérinaires (ιππιατροι) contemporains d'Apsyrte			Liv.	Chapit.
1	Démétrios	Δεμητριος	Oncle ou grand-père d'Apsyrte.	I	10
2	Hippocrate	Ιπποχρατες	Plusieurs articles de lui dans l'Hippiatrique	I	12
3	Dam de Laodicée	Δαμις Λαοδικος	Ami d'Apsyrte (εταιρος)	I / II	20 / 91
4	Second	Σεκουνδος		I / I	22 / 27
5	Apelles de Laodicée	Απελα Λαοδικος		I / I	26 / 25
6	Epiphane	Επιφανιος		I	54
7	Agathocles	Αγαθοκλες		I	29
8	Ammonie Alexandrin	Αμμωνιος		I	35
9	Hemery ou Himerius	Ημεριος	On a de lui un chapitre dans l'Hippiatrique, liv. I, ch. vii.	I	40
10	Memnon	Μεμνων	Le manuscrit grec 2,244, fol. 170, donne Gélon (γελωνι) au lieu de Memnon	I	49
11	Dion	Διως	Voisin d'Apsyrte	I	50
12	Apoloniades	Απολλωνιαδες	Απολλωνιος, dans le manuscrit 2,244, fol. 113	I	52
13	Fronton d'Ephèse	Φροντων Εφεσιος		II	94
14	Hérodion Alexandrin	Ηρωδιων Αλεξανδρες	Ηρωδιανω, dans le manuscrit 2,244, fol. 169, vᵒ	II	82
15	Gaie ou Caius d'Alexandrie	Γαιος Αλεξανδρες		II	92
16	Pasicratès	Πασικρατες		II	94
17	Marc	Μαρκος		I / II	25 / 104
18	Antipâtre d'Alexandrie	Αντιπατρος Αλεξανδρες		I	46
19	Papias d'Antioche	Παπια Αντιοχει		II	98
20	Historicus	Ισορικω		I	19

Châtreurs (τομευς) contemporains d'Apsyrte			Liv.	Chapit.
1	Damnatus	Δαμνατος	I	8
2	Denys	Διονυσιος	I	6
3	Eudoxus	Ευδοξιος	I	41
4	Artème	Αρτεμα	I	54

Tiraqueau, né à Fontenay-le-Comte, en 1480, dans son Traité *de nobilitate et jure primogenitorum*. Bâle, 1561, in-folio. Lyon 1602, cite plusieurs vétérinaires du IVe siècle dont beaucoup figurent dans la liste précédente. D'autres nous sont totalement inconnus. Ce sont :

Georgius Gemmyngenus Germanus (ch. XXXI, p. 404), Léontius, Beretius.

Miller dans son catalogue des Hippiatres grecs, cite un τομευς qui ne figure pas dans la bibliothèque de Fabricius; un *osantri* dont parle Lableus et un *Sosander* cité dans : *Epigramma anthologiæ*. Lib. IV, p. 485.

Comme vétérinaire militant du Ve siècle, nous pouvons citer Théomneste, qui, d'après Heusinger, aurait suivi comme vétérinaire, Théodoric le Grand, roi des Ostrogoths, dans la campagne de Pannonie.

Végèce a-t-il réellement exercé la médecine vétérinaire ou s'est-il borné à écrire un traité de pathologie vétérinaire? Il nous est impossible de rien préciser, car sa vie nous est totalement inconnue. Qu'il ait exercé ou non, nous trouvons dans son « *Ars veterinaria sive mulomedicina* » de précieuses indications sur l'état de la vétérinaire au IVe ou Ve siècle de notre ère. Nous ne saurions mieux faire que de traduire presque *in extenso* les Préfaces des premier et deuxième livres du traité de Végèce; rien ne saurait mieux nous donner un aperçu de l'état de la vétérinaire à cette époque.

« La médecine vétérinaire (*mulomedicina*, dit Végèce Préface du liv. Ier), fut très en honneur chez les Grecs et les Latins. Toutefois, il faut avouer que cette profession paraissait moins relevée que la médecine humaine parce qu'elle n'avait pour but que la guérison des animaux. C'est pourquoi elle a été exercée par des hommes moins illustres et écrite par des personnes peu lettrées. Cependant si on remonte à une époque peu éloignée, on est forcé de convenir que Pélagone et Columelle n'ont pas manqué d'éloquence. Mais si ce dernier n'a fait qu'effleurer les maladies des animaux, le premier a omis de parler de l'étiologie et de la symptomatologie, base d'une science aussi importante. D'un autre côté, bien que Chiron et Apsyrte aient traité leur sujet avec beaucoup plus de soin, ils péchent par la vulgarité de leur style. »

Ainsi s'exprime Végèce au sujet de ses devanciers. Plus loin, il se plaint amèrement du peu d'estime dans laquelle la vétérinaire était tenue à cette époque. « La faute en serait, dit-il, à l'amour du lucre qui aurait poussé les vétérinaires à composer des potions d'un prix tellement excessif que le prix demandé pour la guérison de l'animal dépassait souvent sa valeur. C'est pourquoi maintenant la plupart des hommes prudents ou parcimonieux préfèrent donner aux chiens leurs animaux malades plutôt que de continuer un traitement ruineux ».

« Le mal provient aussi, ajoute-t-il, de ce que les plus honnêtes croient que la médecine animale est une science vile dont on doit rougir. D'abord il n'y a aucune science qui soit vile par elle-même. En second lieu, personne ne peut regarder comme une chose honteuse une science qui nous met à même d'éviter des pertes que nous essuierions sans elle. En effet, si nous tirons profit des animaux pendant leur vie, leur mort nous est certainement préjudiciable. Ce raisonnement nous paraît d'autant plus irréfutable que les soins donnés aux esclaves malades (*plebeius*) ne sont pas considérés comme abjects, bien que, cependant, les esclaves soient souvent vendus moins chers que les chevaux et les mulets ».

« D'ailleurs, comment peut-on s'imaginer qu'on puisse rougir d'apprendre à connaître les traitements qui conviennent aux animaux malades alors qu'on met toute sa gloire à avoir en sa possession d'excellents animaux? Pourquoi regarderait-on comme méprisable une science qui permet de conserver ce que l'on se fait tant d'honneur de posséder? »

« J'avoue que la pratique même de la médecine vétérinaire peut paraître abjecte; mais il est bien reconnu maintenant que l'étude de cette science peut convenir, non seulement aux personnes les plus dignes, mais encore aux plus savantes, puisque c'est à elle qu'elles doivent la conservation de leurs richesses. S'il est des maladies qui ne se manifestent que sur un animal isolé, il en est d'autres qui se transmettent à une foule d'animaux à la fois, à des troupeaux entiers, qu'elles déciment en très peu de temps. »

« Dans cette même préface du livre Ier, Végèce établit un parallèle entre la médecine (*ars medica*) et la vétérinaire (*mulomedicina*), qui, selon lui, diffèrent peu l'une de l'autre. En effet, si le premier mérite d'un médecin consiste à diagnostiquer le genre de maladie dont son semblable est atteint, alors que celui-ci peut lui indiquer l'endroit où il souffre, ce mérite est encore bien plus grand pour le vétérinaire, qui est forcé de découvrir seul le siège du mal ».

« Une des causes principales de la décadence dans laquelle l'art vétérinaire (*ars mulomedicina*) est tombé, dit Végèce (Préface du livre II), c'est la cupidité. Étant donné la modicité du gain qu'on peut espérer dans cette profession, personne ne s'applique plus à l'étude. Mais n'y a-t-il pas lieu de craindre que la pratique de cet art ne tombe chez nous comme elle est tombée chez les Huns ou chez d'autres nations, quand on voit des hommes qui, pour éviter toute dépense, exposent leurs animaux aux pâturages d'hiver sans en prendre aucun soin ? Qu'un chef de famille compare le nombre des animaux que la mort lui enlève et le prix qu'auraient nécessité les soins à leur donner, et il verra que la conservation d'un grand nombre d'animaux, qui périraient infailliblement s'ils n'étaient pas soignés, n'excède pas le prix de l'animal le plus vil. »

Dans les « *Inscriptiones galliæ cisalpinæ latinæ* » de Théodorus Momsen, on trouve trois inscriptions se rapportant à trois vétérinaires.

1°

2183. — Rep. Venetiis 1796, ad. s. Faustinum sub fondamentis Pontis, *de Barcaruoli* col similiterque Mar.

L. CRASSICI	M E. UXORI
US. d. I. HERMIA	VIVUS. FECIT
MEDICUS. VETERI	et EUGENIA. I.
VARIUS. SIBI. ET	quadrupes.
ABIRLE. L.L. MAXI	

2°

Inscriptions de Sicile et Sardaigne. Regio Cora.

6493. — Litteris bonis œtatis imperatoris incipientis. *Sulla via appia prossima a Piscinara (prope treponti) ora liberata dalle acque Pontine*, Nov. Flor. Rep. a. 1785, in agro Pomptino. Mar. Jam. in Muses Vaticano gall. lap. Compartimento XXVII).

Énumération de plusieurs noms parmi lesquels A. P. Quintius. A. P. L. Nicéphor. Medicus iumentarius.

3°

Inscriptions de Sicile et Sardaigne. Regio Cora.

5719. — Extra Soram isolam versus *sulla strada vecchia al di sopra di. . Rosalia. Loffr.

| L. VIBIO. L.L. SVRO | VETTIA L. F. VXOR |
| MEDICO. VETRIN | DAT. |

Pour terminer cet article sur l'exercice de la médecine vétérinaire dans l'antiquité, énumérons brièvement les différents termes employés à cette époque pour désigner un vétérinaire.

Ἱππιατρος. — Signalé pour la première fois par Varron, 1er siècle avant notre ère, puis par les Hippiatres grecs. — Jo Chrysost, t. IV, p. 804, 32 de ιππος (cheval), ιατρος, médecin.

Κτηνιατρος. — Rare. De κτηνος (bête de somme, bétail).
ιατρος (médecin).

Bud. post., ann. in Pand.

Veterinarius. — Signalé pour la première fois par Columelle, an 42 de notre ère. — Liv. VI, ch. VIII, liv. VII, ch. III, liv. XI, ch. I et dans les inscriptions de Momsen. Expression aussi employée par Hygin.

Equarius medicus. — Valère Maxime (1er siècle de notre ère) IX, 15.2. Dans le dictionnaire des antiquités grecques et romaines d'Anthony Rich, Traduction Chéruel, Paris, Didot, 1861, on trouve une gravure représentant un *equarius medicus* saignant un cheval à l'ars, gravure reproduite d'après un bas-relief romain découvert dans les provinces méridionales de la France.

Medicus veterinarius. — Inscriptions.

Medicus iumentarius. — Inscriptions.

Medicus pecorum. — Varron.

Mulo-medicus. — C'est dans l'édit de Dioclétien qu'il est pour la première fois fait mention de cette expression qui paraît avoir été aussi communément employée que le mot ἱππιατρος. C'est celle dont se sert presque exclusivement Végèce. Cependant en parlant de l'impéritie des vétérinaires, liv. I, ch. XXXIX, il se sert pour les désigner du mot *(veterinorum)*.

Ars mulo-medicinæ. — (Art vétérinaire). Employé deux fois par Végèce dans la préface et liv. I, ch. VII.

Τομεύς. — Châtreur. Apsyrte (Hippiatrique).

Veterinarium. — Infirmerie vétérinaire. Hygin.

IV. — Pathologie des animaux domestiques

A. — Pathologie des équidés.

Bien qu'Aristote n'ait fait qu'effleurer la pathologie des équidés, il reconnaissait cependant toute l'importance de cette étude. Dans son *Histoire des animaux* (liv. VIII, ch. XXIII), il dit que les gens dont c'est le métier assurent que le cheval a presque toutes les maladies de l'homme, mais seulement le cheval nourri à l'écurie, car le cheval élevé en liberté, ajoute-t-il, n'est sujet qu'à la goutte (?). Quant à l'âne (liv. VIII, chap. XXIV), il ne lui connaissait qu'une seule maladie, probablement la morve.

Varron est encore plus laconique. Il se borne à dire que la multitude des maladies des chevaux et la diversité de leurs symptômes en rendent la science très compliquée. Aussi conseille-t-il au chef des troupeaux d'avoir toujours sur lui, par écrit, les notions les plus indispensables de la pathologie animale (liv. II, ch. VII).

Si Columelle s'est longuement étendu sur la pathologie bovine, il a fort écourté les chapitres relatifs aux maladies du cheval (liv. VI, ch. xxx), du mulet (liv. VI, ch. xxxv) et surtout de l'âne (liv. VII, ch. i), si rarement malade selon lui.

La pathologie des équidés n'est dont réellement étudiée que dans les œuvres des hippiatres grecs qui s'en sont exclusivement occupé, et dans le traité vétérinaire de Végèce qui lui a consacré 3 livres sur 4 (environ iv⁰ siècle de notre ère).

Ce sont ces œuvres, si remarquables pour l'époque, dont nous allons faire l'analyse. Dans le cours de ce travail nous indiquerons par les lettres suivantes les sources auxquelles nous aurons puisé :

H. — HIPPIATRIQUE. — Των ιππιατρίκων Βιθλια δυο. Veterinariæ medicinæ libri duo, Simon Grynœus. Basileæ, 1537.

V. — VÉGÈCE. — Vegetii Renati artis veterinariæ sive mulomedicinæ libri quatuor curante Jo. Gesneri. Mannhemii, 1781.

1⁰ MALADIES DE L'APPAREIL DIGESTIF

Affections des premières voies digestives

C'est à peine si dans l'hippiatrique il est fait mention des maladies des premières voies digestives. On trouve bien çà et là quelques brèves indications sur les plaies de la langue, l'inflammation du palais, des gencives (παρουλις), des mâchoires, mais c'est à peu près tout. Végèce est plus explicite, notamment en ce qui concerne les blessures de la langue qu'il conseille de recoudre au moyen de quelques points de suture. (*V*. Liv. II, ch. xxxi, p. 123). Quant aux affections des dents, des gencives, il recommande l'application d'émollients. Quand il y a formation d'abcès, ce qui arrive fréquemment chez les poulains, au moment de la première dentition, il préconise l'application de cataplasmes et surtout la ponction. (*V*. Liv. II, ch. xxv, p. 117; liv. II, ch. xxxii, p. 124. — *Columelle*. Liv. VI, ch. xxx).

CARIE DU MAXILLAIRE. — Nous devons attribuer à la carie ces abcès suppurants (Σηπεδων) (de Σηπω, je putrifie), qu'Heusinger classe parmi les ulcères gangréneux, et que les hippiatres grecs considéraient comme la conséquence de blessures produites par la gourmette (*H*. Liv. I, ch. xxvii, p. 97).

CALCULS SALIVAIRES. — Quant aux pierres (λιθοι γενομενοι εν τοις γναθοις) qui, au dire d'Apsyrte, existent dans les mâchoires et dont l'extraction nécessite l'intervention de la chirurgie, se sont bien des calculs salivaires. Aussi ne comprenons-nous pas qu'Heusinger (15) et Postolka aient pu voir dans cette description une exostose du maxillaire. L'extraction de ces corps étrangers, au moyen d'une incision pratiquée au-dessous de la place qu'ils occupent, suffirait pour nous convaincre. Apsyrte mentionne la récidive de ces calculs qu'il attribue au développement consécutif de quelques parcelles restées dans la plaie; aussi recommande-t-il, au moment de l'extraction, d'enlever tout, afin de n'avoir plus à y revenir. (*H.* Liv. I, ch. XVIII, p. 64.)

FISTULE SALIVAIRE. — Végèce seul en fait mention. Il conseille d'introduire dans le trajet fistuleux un brin de roseau qu'on remplace au bout de quatre jours par un collyre spécial. Ce collyre doit remplir exactement le conduit, et pour éviter qu'il ne tombe, on bande la partie lésée, mais de façon que le cheval puisse encore accomplir l'acte de la mastication. Trois jours après on délie la bande et on applique un onguent cicatrisant (*V.* Liv. II, ch. XXVI, p. 118).

INFLAMMATION DU PALAIS. — L'inappétence, la bouche chaude, la salivation abondante et le gonflement des sillons (ζεα) du palais suffisent pour diagnostiquer ce gonflement, si fréquent chez les jeunes poulains, dont parlent Xénophon (*Traité de l'équitation*), Apsyrte (*H.* Liv. II, ch. CX, p. 266), et Végèce (*V.* Liv. II, ch. XXXV, p. 126). Apsyrte conseille la saignée entre le troisième et le quatrième sillon et recommande d'éviter de la pratiquer au niveau des canines, car on ne pourrait plus étancher le sang (section des artères palatines). En cas d'un accident de cette nature, cautériser, dit-il, avec un cautère ardent et tenir la tête très haute.

PAROTIDITE (παρωτις). — Apsyrte, dans une lettre qu'il écrit à Dogmios Plasicos, éleveur de chevaux, dit que cette affection, assez fréquente, est caractérisée par un gonflement d'une certaine dureté, situé à la jonction de la tête et de l'encolure; gonflement qui ne tarde pas à s'abcéder. Comme traitement les hippiatres grecs préconisaient l'application sur la tuméfaction d'une éponge trempée dans du vinaigre chaud et cela jusqu'à maturation de l'abcès. Eumèle vante même les bons effets d'une balle de plomb qui, attachée au licol, vient frapper sur la gorge à chaque mouvement du cheval. Ceci nous explique une habitude invétérée qu'ont encore conservée dans certaines contrées les maréchaux et les empiriques et qui consiste à battre la région parotidienne à coups de brochoirs. Quand on juge que l'abcès est arrivé à maturité, dit Apsyrte, on ponctionne. Mais il recommande de ne pas introduire le doigt dans la plaie, dans la crainte de fistule, ce qui nous laisse à supposer que les vétérinaires grecs avaient connaissance des accidents consécutifs à la ponction des abcès des glandes salivaires (*H.* Liv. I, ch. XVI, p. 60. — *V.* Liv. II, ch. XXIII, p. 116).

APHTHES (αφθαι). — Quelle était cette affection, caractérisée par une salivation abondante, la mauvaise odeur, la température brûlante de la cavité buccale et l'apparition d'aphthes dans la bouche? Était-ce la fièvre aphtheuse, dont l'évolution chez le cheval est encore mise en doute? Était-ce le horse-pox ou bien la stomatite aphtheuse que mentionnent fréquemment les pathologistes allemands? Sous cette dénomination, Hiéroclès comprenait deux sortes d'affections bien distinctes, caractérisées par des symptômes bien différents. Tantôt la bouche brûlante exhale une odeur fétide sans qu'il y ait trace d'ulcération (stomatite simple), tantôt il y a formation d'ulcères qui descendent jusqu'au pharynx, même jusque sur la trachée. (*H.* Liv. II, ch. LXI, p. 174).

FRACTURE DU MAXILLAIRE. — Quand un cheval, dit Végèce, s'est fracturé le maxillaire, au point de ne plus pouvoir fermer la bouche (*ut morsum claudere non possit*), il faut remettre en place les parties disjointes au moyen d'un bandage. Mais il est bon d'emprisonner la bouche de l'animal dans une espèce de panier ou de muselière (*corbis*) très étroite, de façon qu'il ne puisse y avoir déviation, ni des lèvres, ni des dents. S'il est besoin de défaire les bandes pour panser la plaie, il faut avoir soin de maintenir les parties lésées avec la main. La durée du traitement est de 40 jours. (*V.* Liv. II, ch. XXXIII, p. 124.)

Affections de l'estomac et des intestins.

BOULIMIE (βούλιμος-*Bulimus*). — Sous ce nom les vétérinaires grecs et latins désignaient l'exagération de la faim causée par un appétit immodéré. (*H.* Liv. II, ch. LXVI, p. 182; *V.* Liv. III, ch. XXXVIII, p. 218.)

ÉTAT SUBURRAL (πλησμονή, réplétion — ωμοτης, crudité, *cruditas*). — Par état saburral, les anciens humoristes désignaient l'accumulation de saburres dans l'estomac à la suite d'une mauvaise digestion. Ils supposaient que l'ingestion d'herbes ou de fruits verts, non encore arrivés à maturité, était la conséquence de cet état pathologique. Aussi, Théomneste enjoint de faire tremper ces herbes dans l'eau avant de les donner aux animaux, sous prétexte que ces aliments perdent dans l'eau l'humeur et la crudité dont ils sont pleins, et qu'alors ils peuvent être ingérés sans inconvénient. (*H.* Liv. II, ch. XCVIII, p. 237; *V.* Liv. III, ch. XXXVII, p. 218.)

VOMISSEMENTS. — Végèce fait seul mention du vomissement chez les solipèdes. Il en distinguait deux sortes : les vomissements de sang (*sanguinem vomere*) et les vomissements d'eau (*aquam removere*). Ces derniers ne sont pas des vomissements proprement dits, mais probablement un des symptômes de l'angine pharyngée. (*V.* Liv. III, ch. XIII, p. 191; ch. XXXIV, p. 217).

COLIQUES EN GÉNÉRAL (οδύνα, αλγος, πονος κοιλιας. *De diversis passionibus ventris. De coli passione, de intestine vexatione, etc., etc*). — La plupart des affections de l'appareil intestinal sont désignées d'une manière générale sous le nom de douleurs des intestins. Bien que les hippiatres grecs et latins aient établi entre elles certaines distinctions, il nous est difficile, dans bien des cas, de les différencier, tant les symptômes sont diffus. Disons toutefois qu'ils ne confondaient pas les douleurs intestinales avec les affections des reins si souvent caractérisées par des coliques assez vives. A ce sujet, Hiéroclès, Végèce, engagent le praticien à ne pas porter un jugement trop hâtif et à ne pas confondre ces deux affections essentiellement distinctes. L'habitude de se rouler, de se jeter à terre, disent-ils, n'indique pas toujours que le ventre soit malade, car ces symptômes peuvent être la conséquence d'un tout autre état morbide.

Étiologie.— Les Grecs admettaient comme causes principales des coliques :

1° L'alimentation avec de l'orge en excès après des courses longues et rapides ;

2° L'absorption d'eau de mauvaise qualité ;

3° L'ingestion de foin gâté ;

4° L'ingestion, en même temps que les fourrages, d'un insecte dit βουπρηστις ou d'une espèce d'araignée (λυκος) ;

5° La présence de vers dans l'intestin.

Voici la singulière théorie que Végèce émettait au sujet des coliques. C'est la partie du ventre dite *aqualiculus* (estomac), qui exerce sur le corps son empire tout entier. C'est dans son intérieur que se fait le mélange des aliments. C'est là que pendant la digestion se fait la séparation des humeurs, dont une partie est destinée à passer dans le sang, une autre dans l'urine et le reste à être éliminé avec les excréments. Si cette séparation est contrariée, il en résulte des coliques. En effet, le froid, coagulant une partie des humeurs, elles deviennent visqueuses dans les viscères et s'attachent, à force d'y séjourner, aux parois intestinales depuis l'aqualiculus jusqu'au côlon qu'on appelle εντερον, *jejunum* (*x*. L'humeur qui se rend dans le côlon étant très mauvaise, bouche le conduit et ne permet pas à la nourriture de parvenir comme à son ordinaire, aux parties internes.

Pronostic. — Végèce reconnaît que les coliques sont très graves et dit que les animaux ne peuvent récupérer la santé que si on leur donne des médicaments appropriés aux genres de maladies dont ils sont atteints. Aussi, conseille-t-il d'éviter de confondre les coliques avec d'autres affections, personne ne pouvant se flatter de les traiter efficacement sans en bien connaître les symptômes et les causes. Il flétrit même l'impéritie de certains vétéri-

---

(*x*) Les anciens croyaient que le siège ordinaire des coliques était le côlon.

naires (*imperitia veterinorum*), qui pensent avoir facilement raison des coliques, parce qu'ils ignorent combien est grave cette affection, et font tous leurs efforts pour en obtenir la guérison par des charmes (*præcantationes*), à la manière des bonnes femmes.

Traitement. — Le traitement général des coliques consistait en saignées, notamment à l'ars, dans l'introduction de la main dans le rectum pour l'explorer ou en retirer les excréments, en lavements simples ou composés, en suppositoires.

Division. — Ce n'est pas sans raison que les vétérinaires grecs et latins avaient adopté des termes précis pour désigner les diverses espèces de coliques. Mais au milieu de ce véritable luxe d'expressions, il nous est bien difficile de nous retrouver, car il règne beaucoup de confusion et d'incertitude. Ainsi, Aristote désigne les coliques en général sous le nom d'εἰλεός; Galien admet comme synonyme les expressions de Στρόφος et de χορδαψός, ainsi que celles d'εἰλεός et de Στρόφος, et nous verrons plus loin que beaucoup étaient en désaccord sur l'interprétation de ces diverses dénominations. Pour Dioclès de Caryste χορδαψός s'appliquait aux affections de l'intestin grêle et εἰλεός à celles de gros intestin; mais aujourd'hui, dit Celse (De re medicâ, liv. V, ch. XXVII), le nom d'εἰλεός s'applique à la première et l'autre est désignée sous le nom de κωλικός; mais il se contredit dans beaucoup d'endroits.
(*H*. Liv. I, ch. XXXI, p. 105, ch. XXXIII, p. 110. — *V*. Liv. I, ch. XXXV, p. 51, ch. XXXIX, p. 56, ch. XL, p. 57, ch. XLIII, p. 61, ch. LXII, p. 86. — Liv. III, ch. LIX, p. 240, ch. LX, p. 241, ch. LVII, p. 238. — *Aristote*. *H. A*. Liv. VIII, ch. XXIII. — *Columelle*, liv. VI, ch. XXX. — *Celse*, p. 111).

CONGESTION INTESTINALE. — (Στρόφος, de Στρέφω, se tordre, se rouler, *strophus*). Ce sont des coliques violentes caractérisées par de vives douleurs. L'animal frappe du pied, se couche, se relève, se roule continuellement. Quand il est couché il semble reposer, mais dès qu'il se lève il paraît excessivement agité, il marche à grands pas, puis tombe brusquement sur le sol. Il est en proie à des sueurs abondantes et pousse de fréquents gémissements. Il y a des périodes de calme et d'exacerbation. Ces symptômes nous paraissent ceux de la congestion intestinale. Les anciens l'attribuaient à l'absorption de la sueur, aux refroidissements et avaient recours aux traitements les plus fantaisistes (*H*. L. I, ch. XLV, p. 148. — *V*. Liv. I, ch. XLIII, p. 61, ch. LXII, p. 86, liv. III, ch. LVII, p. 238. — *Géoponiques*, Hiéroclès, liv. XVI, ch. IX).

TYMPANITE. MÉTÉORISATION. — Sous le nom de κενεωπρησις (de κενεών flanc et πιμπρημι je gonfle), les Grecs voulaient certainement désigner la tympanite, l'accumulation de gaz dans les intestins, notamment dans le cœcum. C'est pourquoi certains hippiatres avaient proposé de donner à cette affection le nom de souffle de cithare (πνεῦμα τῆς κιθάρας)), parce que, selon eux, les intestins résonnaient comme des cithares (espèce de guitare). Ces bruits sont bien certainement des borborygmes. Pélagone et Tibère désignaient cet état sous le nom de Τυμπανίτης, de Τύμπανον tambour (*tympanites, tympanticus*, Végèce). *H*. Liv. I, ch. XXXVII, p. 136. — *V*. Liv. I, ch. XLIII, p. 61).

INDIGESTION PAR SURCHARGE. — PELOTES STERCORALES. — C'est bien à cette affection que peut se rattacher la maladie intestinale désignée par les Grecs sous le nom d'εἰλεώδης, synonyme d'εἰλεός, et par les Latins sous celui d'*ileus*. D'après les hippiatres grecs et latins. elle était due à la plénitude du côlon par les aliments ingérés en trop grande quantité, d'où accumulation des matières excrémentitielles dans l'intestin et obstacle à l'expulsion de ces matières, qui ne peuvent plus descendre vers le rectum (*longanon*).

Voici les symptômes observés par les hippiatres grecs : le cheval ne reste pas une minute en repos, se couche, se roule sur le dos en poussant des plaintes, se relève, rue. etc. En fouillant les intestins, on sent un corps gros et dur comme une courge, et on constate que le côlon est devenu dur comme une pierre.

Pour les hippiatres grecs, cette affection était une des plus dangereuses. Cependant Végèce, sous le nom de *dolor coli*, décrit une maladie identique caratérisée par de légères coliques et la présence dans les intestins d'un corps dur et gros comme une courge et ne semble pas y attacher d'importance. Il y a là un complet désaccord entre les vétérinaires grecs et latins. Les lexicographes (26) ne s'entendent pas davantage sur la signification des mots εἰλεός et *ileus*. Pour les uns, εἰλεός et Στρόφος seraient synonymes, tandis que d'autres établissent une grande différence entre ces deux affections. En général, sous la dénomination d'εἰλεός et d'*ileus*, les anciens hippiatres ont voulu désigner plusieurs maladies intestinales caractérisées par des grandes douleurs et la non évacuation des matières excrémentitielles.

(*H*. Liv. II, ch. CXV *bis*, p. 268. — *V*. Liv. I, ch. XLI, XLII, p. 58; liv. III, ch. L, LII, LX. p. 232, 241.)

CHORDAPSE, VOLVULUS (Χορδαψός, *chordapsus*). — Nous avons vu plus haut que Galien admettait comme synonymes les expressions de Στρόφος et de Χορδαψός que Dioclès de Caryste différenciait. Celse n'admettait pas cette distinction: il écrivait à Dioclès de Caryste que cette affection de l'intestin grêle appelée Χορδαψός était ordinairement désignée sous le nom d'εἰλεός. Pour Arétée, εἰλεός et Χορδαψός étaient deux maladies intestinales ayant entre elles une grande affinité.

Les lexicographes (26) laissent beaucoup à désirer au point de vue de l'in-

---

(26) *Stephanus*. — Thesaurus græcæ linguæ, ab. Henrico Stephano. Rev. aug. par Dindorfius. Parisiis, Firmin Didot, 1841.

terprétation des termes médicaux, notamment en ce qui concerne les expressions de notre médecine, aussi ne nous seront-ils pas d'un grand secours pour la détermination des maladies décrites par les hippiatres grecs et latins. L'étymologie, la racine des termes employés, l'interprétation de symptômes aussi succincts que possible nous permettront seulement de nous débrouiller dans ce véritable chaos. C'est ainsi que, d'après la racine même du mot χορδαψος, de χορδη, gros intestin, et απτω, je noue, nous nous croyons autorisés à dire que cette affection devait correspondre à un volvulus, à une invagination, en un mot, à toute affection consécutive à un obstacle mécanique apporté à la circulation des matières excrémentitielles.

Les Grecs et les Latins admettaient, en effet, comme symptômes pathognomoniques, les coliques violentes, le rejet par la bouche et les naseaux des boissons, des aliments, des excréments même. Le traitement consistait en l'inévitable introduction de la main dans le rectum pour en retirer tout ce qui s'opposait à la sortie naturelle des excréments. Végèce dit que le chordapse est incurable. (*H.* Liv. I, ch. XXXVI, p. 133. — *V.* Liv. I, ch. XLI, p. 58.) (27).

TORSION. — La torsion, désignée par l'expression επιστροφη, était considérée comme plus fréquente sur le côlon, le gros intestin (μονεντερον) qu'on désignait aussi sous le nom de κωλον. Apsyrte et Hiéroclès recommandent de ne pas introduire la main dans le rectum pour essayer de détordre l'intestin parce que, ne pouvant le remettre en place par ce procédé, on s'expose par ces manipulations à faire plus de mal que de bien. (*H.* Liv. I, ch. XXXV, p. 131.)

OBSTRUCTION INTESTINALE (Εμφραγμα, *præoccupatio*). — On désignait sous ce nom une affection produite par tout ce qui pouvait obstruer le canal intestinal et empêcher les aliments de suivre leur cours naturel. Elle était caractérisée par les symptômes suivants : naseaux dilatés, — envies fréquentes

---

Thévenin. — Les Œuvres de maistre François Thévenin. Dictionnaire étymologique des mots grecs de la médecine. Paris, 1658.

A. Kraus. — Kritisch etymologisches medicinisches Lexicon. Göttingen, Deuerlich, 1826.

Du Cange. — Glossarium mediæ et infimæ latinitatis. Édit. Henschel, Paris, Didot, 1845.

Freund. — Grand Dictionnaire de la langue latine. Paris, Firmin Didot, 1855.

Forcellini. — Totius latinitatis Lexicon. Prati, Aldina edenti, 1871.

Gesner. — Linguæ latinæ thesaurus.

Castelli. — Lexicon medicum græcum latinum. Genevæ, Fratres Tournes, 1746, in-4°.

27) *Juncke* (Car.-Fred.-Gust.) a écrit sur le chordapsus une petite brochure que je n'ai pu me procurer. Elle est intitulée : Animadvers. quædam de pathologia comparata in universum et de chordapso Vegetii species. Lipsiæ, 1832, 24 p.

d'uriner, — coliques, — sueurs et frissons aux épaules. D'après Apsyrte, l'obstruction intestinale serait presque toujours incurable et due à un renversement ou à une torsion intestinale. (**H.** Liv. I, ch. XLIII, p. 146. — **V.** Liv. I, ch. XL, p. 57.)

Coliques vermineuses. — Les vétérinaires grecs mentionnent trois espèces de vers intestinaux : 1° εἷλμις, — 2° σκώληξ. — 3° πρχδον; Végèce, quatre : 1° *lumbricus*, — 2° *vermes*, — 3° *tincola*, — 4° *cossus*. Quelles sont les deux premières, les plus dangereuses d'après les hippiatres? Sont-ce des ascarides, des spiroptères ou des ténias? C'est ce que nous ne pouvons préciser en l'absence de plus amples renseignements. Il nous est aussi difficile de nous reconnaître dans les dénominations latines. Certes les *lumbrici* dont Columelle fait remarquer la ressemblance avec les vers de terre (*vermes quasi lumbrici* sont bien des ascarides; mais à quelle catégorie se rattachent les *vermes?*

Quant au *tincola* (pou, ver intestinal), que certains désignent sous le nom de *pediculus*, nous ne voyons pas bien à quelle espèce de parasite il peut se rapporter. Mais il nous est facile de déterminer les πρχδον ou *cossi*, espèces de beaucoup plus fréquentes sur lesquelles les Grecs et les Latins s'appesantissent. Ces vers, qu'ils comparent aux vers blancs ou aux vers qui rongent le bois des navires, sont bien certainement des larves d'œstre ou de gastrophilus. Cette hypothèse est d'autant plus vraisemblable que les vétérinaires grecs ont soin d'ajouter que ces vers, quelquefois éliminés avec les matières excrémentitielles, s'attachent le plus souvent, en passant, au sphincter.

Les vétérinaires grecs et latins prétendaient que ces vers intestinaux étaient très dangereux parce qu'en éraillant la muqueuse intestinale ils causaient des douleurs intolérables.

Le traitement consistait en lavements d'huile, de saumure, d'eau de mer, etc., etc., pour faire périr les vers qui s'amassent dans le cæcum. Dans ce cas, il était indiqué d'introduire la main dans le rectum, de le fouiller en tous sens et d'arracher les vers avec les doigts.

H. Liv. I, ch. XXXI, p. 106; liv. I, ch. XLI, p. 142; liv. II, ch. LXXXV, p. 214. — *V.* Liv. I, ch. XLIV, p. 62, ch. XLV, p. 64, ch. LII, p. 69; liv. IV, ch. X, p. 283. — *Columelle.* Liv. VI, ch. XXX.

Diagnostic différentiel des coliques. — C'est à Végèce que nous devons ces caractères différentiels, cette espèce de méthode dichotomique des coliques, dont les deux divisions principales sont basées sur le plus ou moins d'ouverture du rectum (*longanon*). Nous les reproduisons ici sous toute réserve:

1° *Rectum peu ouvert.* — Si le rectum n'est pas plus ouvert qu'un four portatif *(clibanus)*, à ouverture étroite, l'animal est atteint de *strophus*, congestion intestinale.

Si, en enfonçant la main dans le rectum, on sent qu'il est bouché, tout en contenant peu d'excréments, deux ou trois crottins à peine *(scybala)* et rétréci au point qu'on ne peut y introduire la main, on peut dire qu'il y a obstruction *(emphragma)*.

Si en enfonçant la main plus avant, on sent que le ventre est semblable à un tambour, il y a tympanite ou iléus.

2° *Rectum très ouvert.* — Si le rectum est très ouvert, sans renfermer beaucoup d'excréments, c'est un indice d'affection intestinale, qui, si on n'y remédie promptement, se convertit en iléus ou volvulus.

Si en mettant la main dans l'anus on le trouve ouvert uniformément, sans trace d'inflammation ; si le cheval ne se roule pas trop fréquemment, s'il se jette de temps en temps sur le côté droit et semble faire des efforts pour uriner, enfin, si la main rencontre dans les intestins un corps dur semblable à une courge *(cucurbita)*, on peut diagnostiquer des pelotes stercorales.

3° *Coliques légères.* — Enfin si les coliques sont peu violentes, s'il n'y a pas de tympanite, si les chevaux se mordent le ventre ou se frottent le rectum contre les murs, c'est un signe de la présence de vers intestinaux.

Végèce. — Liv. I, chapitres XLVII, p. 66 ; XLVIII, p. 67 ; XLIX, p. 67 ; L, p. 68 : LII, p. 69.

Entérite diarrhéique (Διάρροια, *fluxus ventris*, ἱπποτύλος, ἵπποι τίκοντες, de τύλος, foire, excrément liquide). — D'après les vétérinaires grecs cette affection affaiblit beaucoup les bêtes de somme et les rend impropres à tout service, invétérée, elle peut mettre l'animal en danger de mort. Elle est caractérisée au début par l'écoulement d'excréments liquides, abondants, des sueurs fréquentes et une gêne de la respiration. Comme traitement, on employait les astringents, tels que: rhus coriaria ou infusion de fruits de lentisques ou de jeunes pousses de ronces, en lavements.

(*H.* Liv. I, ch. XXXV, p. 129 et LV, p. 169 ; — *V.* Liv. III, ch. XVI, p. 196 ; — *Géoponiques*, éd. Niclas, liv. XVI, ch. VIII.)

Dysenterie (Δυσεντερία, *Dysenteria*. — La dysenterie, disent les vétérinaires grecs et latins, est une maladie intestinale, caractérisée par l'évacuation fréquentes d'excréments, et surtout de sang mélangé de mucosités et de saletés. Cette affection qui, suivant eux, était beaucoup plus fréquente chez l'âne et le mulet que chez le cheval, aurait souvent pour conséquence le prolapsus du rectum, de l'anus ἕδρα qui sort de sa position et fait hernie (πρόπτωσις. Par là ils veulent sans doute désigner le gonflement de l'anus et la saillie de la muqueuse intestinale à la suite de tenesmes et d'épreintes fréquents. *H.* Liv. I, ch. XXXVIII, p. 138, 139; — *V.* Liv. III, ch. XI, p. 189.)

PROLAPSUS DU RECTUM (εδρος προπτωσις). — Dans le cas de prolapsus consécutif à la dysenterie, Apsyrte, Hiéroclès et Végèce conseillaient l'ablation (περιτεμνω, *circumsero*) de la partie herniée. Mais il faut avoir soin, ajoutent-ils, de ne pas toucher au sphincter (σφιγκτηρ) ; car on ne pourrait plus le refouler à l'intérieur, et, étant toujours béant, l'intestin (εντερον) qui fait suite à l'anus (εδρα) ferait hernie au dehors et l'animal serait en danger de mort.

Dans un autre cas de prolapsus, Végèce recommande de scarifier avec le bistouri les parties qui font saillie au dehors et qui ressemblent à des vésicules (*resiculæ*) puis de les comprimer et d'en ôter la chair (*decarnare*) avec les doigts. Frotter ensuite avec du sel égrugé jusqu'à ce que le liquide épanché avec le sang soit absorbé, puis fomenter avec de l'eau chaude et du sel, refouler le rectum et le remettre en place.

On introduit ensuite un suppositoire qu'on laisse jusqu'à guérison. Quelques auteurs conseillent, pour empêcher le rectum de sortir à nouveau, d'appliquer une éponge entre l'anus et la queue de l'animal.

Si on n'ose pas se servir du bistouri, on peut remédier encore à cet accident, en prenant du castoreum, du sel égrugé, de l'ammoniaque, de la terre rouge prise près de Sinope, dans le Pont, qu'on fait bouillir après trituration. On place ce mélange sur le rectum qu'on fomente tous les jours avec de la lessive tiède. (*H.* Liv. I, ch. XXXVIII, p. 138, 139. — *V.* Liv, III, ch. VI, p. 186; liv. III, ch. XI, p. 189.)

ASCITE. — Par τυμπανιτης, εκχυσις, υδεριασις *tympanites*, les hippiatres grecs et latins désignaient toute distension de la peau due, soit à l'accumulation de gaz dans les viscères intestinaux, soit à l'accumulation de sérosité dans le tissu cellulaire sous-cutané.

C'est bien de l'ascite dont il est question, quand Apsyrte et Végèce décrivent la paracentèse (*paracentesis*) comme moyen curatif. Pratiquer une ouverture à la peau, dans la région moyenne du ventre, du côté du fourreau, à quatre doigts de l'ombilic; mais en ayant soin de ne pas blesser les intestins, ni de laisser sortir l'épiploon. Introduire ensuite un roseau ou tube quelconque (Apsyrte) ou une *centemalis fistula* (Végèce), espèce de sonde à drainer, percée d'une multitude de petits trous et dont les vétérinaires se servaient pour donner écoulement au pus. Par cette espèce de drain, il s'écoulait un liquide assez semblable à de l'urine limpide (*lotium*). Faire un point de suture à la peau si le péritoine (*peritoneum*) vient à sortir pendant l'opération.

Pour les Grecs l'hydropisie était reconnaissable au symptômes suivants :

Enflure des jambes, du ventre, des testicules, enflure (οἴδημα) gardant l'empreinte des doigts (εντυπω). Cependant Pélagone dit qu'on peut faire erreur de diagnostic et que quelques-uns ont pris pour de l'ascite un gonflement de l'abdomen produit par de la graisse ou de la tympanite ; et pour éviter cette méprise il donne les signes différentiels suivants :

Hydropisie. — *Ascite.* — Ventre dur et jambes gonflées, flexion des membres impossible, essouflement rapide.

Mal de rate. — Enflure du ventre peu apparente, coliques, éternuements fréquents.

Tympanite. — Ventre gonflé, dur, comme un tambour, borborygmes.

(*H.* Liv. I, ch. XXXVII, p. 136 ; ch. XLV, p. 150 ; — *V.* Liv. I, ch. XLIII, p. 61 ; ch. LXII, p. 86 ; liv. III, ch. LVII, p. 238.)

Affections des organes annexes de l'appareil digestif.

MALADIES DE LA RATE (ιπποι σπληνικοντες, σπληνικοι, *lienosus*). — Les symptômes, auxquels on reconnaît le mal de rate (yeux injectés, marche lente, cou rigide ou concave comme la carène d'un navire, flancs dilatés, trismus, etc., etc.) ne sont pas moins clairs, dit Végèce, que le danger qui menace les animaux qui en sont atteints. Ces symptômes nous paraissent être ceux du tétanos. Cependant Végèce semble les considérer comme caractéristiques du mal de rate, bien qu'il ait eu soin d'ajouter qu'au début cette affection se présente avec tous les symptômes qu'on observe chez un animal atteint de *roborosus*, affection qui, comme nous le verrons plus loin, n'est autre que le tétanos.

Comme traitement, saignées diverses. Théomneste, Eumèle, Végèce, préconisaient la cautérisation en pointes sur le côté gauche de la poitrine, au niveau de l'épaule, mais Apsyrte désapprouve fortement ce mode opératoire.

(*H.* Liv. I, ch. XL, p. 140 ; — *V.* Liv. III, ch. XXVIII, p. 212.)

Maladies du foie

1. HÉPATITE (ηπαρ αλγος, πονος. *Dolor jecoris*). — C'est ainsi qu'Apsyrte, Théomneste, Hippocrate, Agathotiche, Végèce, désignent une affection. paraît-il, assez fréquente chez les chevaux et qui survient après une course violente dans les endroits pierreux ; affection caractérisée par les symptômes suivants : gémissements, yeux larmoyants, bouche sèche, langue tuméfiée, appétit conservé, flanc distendu du côté gauche, respiration forte. Le cheval atteint meut lentement les membres postérieurs, se retourne fréquemment et regarde l'endroit où il souffre

comme s'il voulait l'indiquer, puis tombe à la renverse, se met sur le dos (ανακιπτω) et se roule de côtés et d'autres. Mais il évite de se coucher sur la partie malade, car, dès qu'il se roule dessus, la douleur augmente.

Sont-ce bien là les symptômes de la congestion du foie ou de l'hépatite aiguë? Heusinger, Postolka, le croient. Cependant, si dans la pratique les symptômes pathognomoniques des affections du foie sont difficiles à saisir, c'est encore bien pis dans l'hippiatrique, car la symptomatologie, dont nous venons de donner un aperçu, ne nous autorise en aucune façon à conclure à une hépatite. Les mouvements désordonnés auxquels se livrent les animaux atteints peuvent être la conséquence de coliques hépatiques ou d'une affection de l'appareil intestinal.

Quant au traitement il était très varié et consistait en frictions, breuvages, saignées à divers endroits, etc., etc. En cas de persistance du mal, on avait recours à la cautérisation en pointes espacées de quatre doigts environ et appliquées au niveau de la troisième côte, à partir des aisselles et cela des deux côtés. (*H.* Liv. I, chap. xxxii, p. 108).

ICTÈRE. — Est-ce bien l'ictère, cette affection que les auteurs grecs et latins désignaient sous les noms de Χολερα — *Morbus regius, icterus?* Les dénominations latines peuvent en effet se traduire par jaunisse, tandis que Χολερα est désigné dans les glossaires sous le nom de choléra, maladie caractérisée par des déjections liquides très abondantes et par des crampes nerveuses. C'est sous cette dernière dénomination que le docteur Corlieu (28) désigne cette affection dont parle Galien (T. XIX, p. 421).

On distinguait deux sortes de choléra :

1° Le choléra humide (Χολερα υγρα) caractérisé par les yeux brillants, les naseaux dilatés, les sueurs abondantes aux oreilles et aux flancs, la bouche seche et chaude, les plaintes fréquentes, la diarrhée, les coliques et par la teinte jaune des yeux (οφθαλμοι μελανοι), des veines sub-linguales (υπο γλωσσαν φλεβες σεαυτος μελανοι) et de l'urine (ουρον ωχρον και χολωδες).

Il est probable que les auteurs grecs et latins ont confondu sous la même dénomination l'ictère et l'entérite d'été avec coloration ictérique des muqueuses.

Quant au choléra sec (Χολερα ξηρα) provenant de la même cause, d'après Galien, et caractérisé par une grande difficulté dans la défécation, il nous semble avoir beaucoup de rapports avec la constipation. Ici, du reste, nous ne trouvons aucune trace de coloration jaunâtre des muqueuses. En l'absence des symptômes pathognomoniques nous ne savons pas au juste dans quel cadre nosologique ranger cette dernière affection.

---

28 Corlieu. *Les médecins grecs depuis la mort de Galien jusqu'à la chute de l'Empire d'Orient.* Paris, Baillière. 1885.

A quoi attribuer ces maladies qu'Eumèle mentionne comme rares chez le cheval, mais fréquentes et très dangereuses chez le mulet et l'âne? Les anciens l'attribuaient à la bile (Χολ.) qui ne circulait pas comme dans l'état normal et admettaient comme causes de ce trouble organique : les courses trop rapides, l'ingestion d'eau froide alors que l'animal est en sueur, l'ingestion d'orge nouveau.

Les traitements étaient variés et à peu près insignifiants. Ils consistaient surtout en boissons laxatives, lavements, saignées, etc., etc.

(*H*. Liv. II, chap. LXXV, p. 200. — *V*. Liv. III, chap. XLIX, p. 231; liv. III. chap. L, p. 232; liv. III, chap. LI, p. 232; liv. III, chap. LVI, p. 237.)

2° MALADIES DE L'APPAREIL RESPIRATOIRE

Maladies des cavités nasales.

POLYPES DU NEZ (πολυποος εν τη ρινι, *polypus*). — D'après Apsyrte, cette affection aurait été fréquente sur les chevaux, notamment sur ceux du pays des Sarmates. Le cheval qui en est atteint est triste et ne peut plus hennir, il maigrit, et une sanie fétide s'écoule des narines obstruées par une tumeur de la grosseur d'une mûre. Végèce signale un autre symptôme, le ronflement ou cornage (*sterto*) que Saboureux de la Bonnetrie (29), on ne sait pourquoi, traduit par : l'animal se roule à terre. Végèce considère cette affection comme très dangereuse à cause de la gêne de la respiration.

Caton, Végèce conseillaient l'ablation.

Si le polype est situé sur le bord des narines ou s'il pend en dehors, en tout ou en partie, rien de plus facile que de l'enlever avec un instrument tranchant, mais la récidive est à craindre. Quand il est situé trop profondément le mal est incurable. Dans ce cas, Hiéroclès dit qu'il faut renverser la tête du cheval en arrière, puis piquer le polype en plusieurs endroits, avec trois longues aiguilles, jusqu'à ce que la sanie s'écoule, et recommencer jusqu'à guérison complète. Végèce a recours, de préférence, au cautère de plomb carré (*plumbeum quadratum*). (*H*. Liv. I, ch. XXI, p. 70. — *V*. Liv. II, ch. XXXVIII, p. 127. — *Caton*. Ch. CLVII.)

JETAGE. — *De genera et qualitate mucorum qui per nares fluunt.* — Sous ce titre, Végèce nous fait connaître la nature du mucus nasal et les caractères qu'on peut en tirer pour le diagnostic; car, en général, dit-il, toute affection ne peut être guérie que si on la connaît à fond.

Mucus dans son état ordinaire, limpide. Il ne peut être suspect qu'autant qu'il est par trop abondant.

---

29 Saboureux de la Bonnetrie. Traduction d'anciens ouvrages relatifs à l'agriculture, t. VI. Paris, Didot, 1775, in-8°.

Le *mucus épais (crassus) et blanc (candidus)* sort du cerveau. Il est probable que Végèce veut parler du jetage gourmeux.

Le *mucus rougeâtre (ruber)* indique une affection pulmonaire.

Les *mucus bleu (cœru'eus), brun (fuscus)* proviennent des parties internes et indiquent la fièvre.

Le *mucus épais, spumeux,* vient des poumons. C'est un des symptômes d'une gêne de la respiration.

Le *mucus couleur de fève (fabaceus)* dérive des glandes, qu'il faut extirper promptement.

Quand le poumon est malade, il s'écoule un jetage épais, sanguinolent, fétide, de couleur pâle. C'est un indice de pleuro-pneumonie, de vomiques, etc., etc.

La morve *(malleus)* est caractérisée par l'apparition d'un jetage abondant, épais, pâle, dit *profluvium atticum.* Par cette expression, les Latins voulaient sans doute faire entendre que le jetage était pâle comme le miel, le miel si justement renommé du mont Hymète étant désigné sous le nom de *mel atticum.*

Dans les affections du foie, on constate la présence d'un jetage livide, verdâtre, couleur safran. (*V.* Liv. I, ch. XXXVII, p. 52, ch. XXXVIII, p. 53; liv. II, ch. XXXVI, p. 126.)

HÉMORRHAGIE NASALE. — Végèce l'explique de deux façons :

1° Elle est consécutive aux plaies du cartilage ;

2° Elle peut survenir quand un animal a été excité à courir au dela de ses forces. (Cette hémorrhagie est sans doute la conséquence de la congestion pulmonaire.)

Dans les deux cas, dit-il, il est difficile d'arrêter l'hémorrhagie. Le meilleur moyen consistait à mettre sur la partie lésée de l'éponge d'Afrique (*spongia afra*) et du pollen d'oliban (*thuris masculi pollen*) ou du jus de coriandre verte ou de porreau. (*V.* Liv. I, ch. LIV, p. 72; liv. II, ch. XXXIV, XXXV, XXXVII, p. 123; liv. III, ch. X. p. 188. — *Columelle.* Liv. VI, ch. XXXIII.)

Maladies de la gorge.

ANGINE. — Sous les noms de Παρίσθμια (amygdales, glandes de la gorge, angine tonsillaire) et de Κυνάγχη (esquinancie), les hippiatres grecs désignaient deux affections qui se rapportent à une seule et même maladie, l'angine, que Végèce appelait *tumor faucium.*

Les symptômes mentionnés par les hippiatres grecs sont identiques dans les deux cas : gonflement de la gorge, tuméfaction des yeux, langue pendante au dehors, salivation abondante, difficulté et souvent même impossibilité de boire ou de manger.

Comme traitement : fumigations, cataplasmes, scarifications ou cautérisation des glandes, saignée au palais.

Quelques auteurs mentionnent les accidents qui peuvent survenir à la suite du gonflement de la tête, de la gorge ou de la langue. (*H.* Liv. I, ch. XVIII, p. 63 ; ch. XIX, p. 64. — *V.* Liv. II, ch. XXVIII et XXIX, p. 120.)

Maladies des bronches et des poumons.

BRONCHITE (ἀρτηρίας ἕλκος, blessure de la trachée). — C'est bien de la bronchite dont il est ici question, ainsi que l'indiquent les symptômes suivants : toux, jetage, inappétence. Dans les cas les plus graves, l'animal ne peut plus respirer, d'où sifflement du nez, cornage, jetage abondant, flancs retroussés.

MALADIES DES POUMONS. — Si les maladies des poumons sont décrites avec un soin minutieux par les hippiatres grecs, par contre, on ne trouve dans Végèce que des indications vagues, sans valeur et par trop concises.

PNEUMONIE. — Par πνευμονία, πνευμονιακός, les vétérinaires grecs désignaient bien certainement la pneumonie, maladie de longue durée, beaucoup plus fréquente au printemps et caractérisée par les symptômes suivants :

Toux fréquente (il semble que le cheval ait avalé de petits os), jetage abondant, glaireux, visqueux, adhérant aux narines, fièvre facile à reconnaître en appliquant la main aux aisselles visqueuses et suantes, respiration difficile, regards furieux, inappétence, cornage (*sterto*), expectoration de pus, haleine fétide si la maladie est ancienne.

Traitements variés. Mais tous les auteurs s'accordent à dire qu'il faut traiter cette affection avec soin, car il arrive souvent qu'elle se complique et que les poumons se remplissent d'humeur et de sanie ; alors l'animal est en danger de mort. Ils veulent sans doute par là désigner les accidents tels que les abcès et la gangrène des poumons. (*H.* Liv. I, ch. V, p. 27 à 29. — *V.* Liv. III, ch. XLV. p. 223. — *Géoponiques*, éd. Niclas. Liv. XVI, ch. X.)

Par πνευμορραγία, de πνεύμων (poumon), ῥήγνυμι je romps , (déchirure du poumon), les Grecs semblent avoir confondu diverses affections pulmonaires, telles que l'emphysème, la pneumonie chronique, la pneumonie par corps étrangers, la gangrène pulmonaire et peut-être même la morve pulmonaire. En effet, tantôt ils parlent de formation de cavernes, de collections purulentes dans les poumons, désignées par les Latins sous le nom de *vomica*, tantôt ils prétendent qu'à la suite de la pneumonie il peut survenir des tubercules (*tuberculum*) semblables à des furoncles (*furunculus*). Est-ce la morve ou des abcès métastatiques ? Tantôt ils l'attribuent à l'introduction de corps étrangers dans les poumons, ainsi que le prouve l'anecdote suivante racontée par Théomneste. Un cavalier avait l'habitude de faire avaler du sel à son cheval en l'entonnant au moyen d'une corne creuse. Or, un jour, il arriva que, pendant les efforts que faisait le cheval pour se soustraire à cette ingestion forcée, des parcelles de sel pénétrèrent dans les poumons et causèrent par leur action corrosive une affection très grave dont cependant Théomneste se rendit maître.

Les causes du πνευμόρρωξ semblent être celles de l'emphysème pulmonaire. En effet, les hippiatres grecs prétendaient que cette affection survenait à la suite de toux violentes, de courses trop rapides, de sauts répétés ou quand le cheval buvait avec trop d'avidité après avoir trop longtemps enduré la soif.

Voici à quel mécanisme Théomneste attribuait cette déchirure du poumon. Le poumon, dit-il, est formé d'une membrane plus ténue, plus délicate que celle des autres viscères et remplie d'un vent spécial. La nature l'a fait ainsi afin qu'il donne l'air vital au cœur, et c'est pourquoi elle a entouré le cœur par les poumons afin que celui-ci ne soit pas blessé et soit, au contraire, protégé contre le choc des autres viscères. Le poumon étant sujet à se dilater, à se resserrer d'une manière continue, est sujet à de fréquentes ruptures. Est-ce la pleurésie traumatique dont veut parler Théomneste? Nous ne pouvons rien préciser car tout est confus. En effet, si les causes semblent indiquer l'emphysème pulmonaire, la symptomatologie paraît plutôt se rapporter aux abcès, à la gangrène du poumon. Les hippiâtres grecs mentionnent les symptômes suivants : amaigrissement du cou et du poitrail, haleine fétide, respiration ronflante *sterto*, toux, écoulement de sanie épaisse par la bouche, boiterie des membres antérieurs, plaintes. Le cheval craint de tousser et ne tousse que quand il y est forcé. Si on n'y remédie pas, il se forme des abcès, des tubercules semblables à des furoncles, et le poumon se remplit de sanie.

Quand un ulcère est prêt à s'ouvrir, on le reconnaît aux symptômes suivants : l'animal boit et mange plus que de coutume; il lui sort par les narines de l'humeur épaisse et même des morceaux d'ulcères fétides.

Traitements variés. Si on n'obtient aucune amélioration, Eumèle conseille de pratiquer la cautérisation avec un fer ardent sous les aisselles, et, d'enfoncer le cautère en veillant à ce qu'il n'entre pas profondément. (*H*. Liv. I, chap. VI, p. 29. — *V*. Liv. III, ch. XLV, LIII, p. 223, 234.)

ASTHME OU EMPHYSÈME PULMONAIRE (ὀρθόπνοια, δύσπνοια, *anhelitus*). — Par ces mots, les hippiatres grecs ont voulu sans doute désigner l'emphysème pulmonaire ou pousse dont Végèce parle à peine.

L'ὀρθόπνοια et la δύσπνοια semblent être deux affections distinctes, mais il est assez difficile de les différencier à la lecture des ouvrages des hippiatres grecs.

A la première, ils donnent comme symptômes : tête droite, élevée, respiration pénible, le cheval ne peut monter dans les endroits élevés sans être gêné, flancs retroussés, sifflement du nez.

Comme symptômes de la Δυσπνοια, ils signalent surtout un gonflement de la mâchoire (probablement de la région parotidienne ou de la gorge).

Pour eux, la dyspnée (Δυσπνοια, respiration pénible, embarrassée), n'était sans doute qu'un symptôme de diverses affections, basées sur la gêne de la respiration, et, cette affection présentait plus ou moins de gravité, suivant le degré d'altération.

Si on voit le cheval, dit Hiéroclès, s'incliner, pencher plus d'un côté que de l'autre, le mal est presque incurable. D'après Magon de Carthage, on pouvait formuler un diagnostic certain, en examinant l'animal pendant la marche. Si en marchant il incline du côté droit, le mal est curable; si au contraire il incline du côté gauche, il est presque impossible de le guérir.

Traitement varié. Breuvages divers, entre autres sang d'un jeune chat tout chaud. Suivant Magon, saignée aux douzes veines, de façon qu'en trois jours, quatre veines soient ouvertes par jour. (*H.* Liv. I, ch. XXVI, p. 94. — *V.* Liv. III, ch. XXXIX, p. 219.)

Nous ne savons pas au juste quelle est l'affection à laquelle les hippiatres grecs donnaient des noms différents, tels que πληθωρα κεφαλης, surabondance d'humeurs à la tête — καθαρσις, purification de la tête, de καθαιρω, je nettoie, je purge — κεφαλαλγια, mal de tête — κεφαλης πονος- ρευμα, rhume.

Heusinger (15), Postolka (30) pensent que c'est l'encéphalite; mais nous croyons plutôt qu'il s'agit là d'un simple rhume ou coryza, plutôt même de la gourme. Voici du reste les symptômes mentionnés par les auteurs grecs.

Jetage blanc, épais, inappétence, amaigrissement, tête basse, pesante et lourde, yeux gonflés, larmoyants, oreilles flasques, froides.

Traitement variable. Fumigations diverses, purgatifs, car, dit Théomneste, lès que survient la diarrhée l'animal est guéri. Saignées diverses. (*H.* Liv. II, ch. XCIV, p. 247 à 250.)

DE LA TOUX (Βηξ — *Tassis*). — La toux n'est qu'un symptôme commun aux diverses affections des voies respiratoires, mais un symptôme tellement fréquent, dit Végèce, qu'il est peu d'animaux qui en soient exempts. Les vétérinaires grecs admettaient que les poulains étaient plus sujets à la toux que les adultes, et l'explication qu'ils donnaient de cette fréquence est tout

---

30. *Postolka*, Geschichte der Thierheilkunde. Wien. 1887.

au moins bizarre. Ainsi, ils supposaient que les poulains, à l'époque où ils commencent à porter la bride, ouvraient la bouche plus fort que d'habitude, d'où, en hiver, pénétration d'air froid à l'intérieur, et en été, pénétration plus facile des poussières dans le poumon.

Les diverses espèces de toux sont assez bien décrites par les hippiatres grecs, mais elles le sont bien mieux encore par Végèce, qui indique avec le plus grand soin leurs causes et leurs différents modes de traitements. Pour lui, la difficulté dans le traitement de la toux, tiendrait à ce que ceux qui en sont chargés, ne discernent pas ou ne connaissent pas les causes qui l'ont occasionnée. Ces causes sont multiples et nous énumérerons les principales en mentionnant les différentes espèces de toux.

Toux récente (νεαρα βηξ).

Toux ancienne ou chronique (παλαια βηξ).

Toux due à la chaleur brûlante du soleil (εξ εκκαυσεος).

Toux survenue pendant le voyage (οδοιπορικα βηξ).

Toux du pharynx (εξ φαρυγγος).

Toux sèche (ξηρα βηξ).

Toux grasse (βραεια βηξ).

Toux occasionnée par des corps étrangers restés dans la gorge (poussières, épis, os, brins d'arbre, cailloux, etc., etc.). D'après Végèce, ces sortes d'accidents sont dangereux si on n'y remédie promptement.

Toux occasionnée par le froid. D'après Végèce, le cheval qui en est atteint, rend l'eau par les narines. Comme traitement de cette affection, qui n'est autre que l'angine ou la pharyngite, il conseille de mettre un instrument quelconque dans la bouche (*machina*) (x), et, la bouche étant ouverte, de crever, avec les ongles, une espèce de vésicule (*vesicula*, située dans la partie supérieure.

Toux, qui vient de l'intérieur du corps (*ab interioribus*, du poumon (βηξ εκ του πνευμονος αναδιδομενη), très grave, dit Végèce, presque incurable. Voici les moyens qu'il préconise pour la diagnostiquer des autres espèces de toux. Boucher les naseaux du cheval, de façon à ce qu'il ne puisse plus respirer, et examiner les flancs (*ilia*). Si les battements du flanc sont fréquents (*spissus*), c'est un indice que la toux est récente et provient du foie, du diaphragme. Si au contraire les battements sont lents, si le cheval retire le flanc en même temps que le ventre, la toux est interne.

Toux produite par âcreté dans les humeurs (*humorum acerbitas*).

Traitement. — Il s'en faut de beaucoup que les vétérinaires grecs aient

---

(x) *Machina*, expression que les latins appliquaient à toutes sortes d'instruments, toutes sortes d'outils, veut sans doute, dans ce cas, désigner une espèce de pas d'âne.

appliqué un traitement identique pour toutes les espèces de toux ; leurs traitements sont au contraire très variés. Cependant je n'essaierai pas de les décrire, car ils sont tous plus ou moins fantaisistes. Parmi les principaux, je citerai les purgatifs, les fomentations, les fumigations de toutes sortes. Les médicaments usités en pareil cas se comptent par centaines et les produits les plus hétéroclites entraient dans leur composition ; ingestion d'œufs de poules ramollis dans du vinaigre, de mauves cuites dans du vin ; mixtures composées de miel, graisse de cerf ou de brebis, d'origan, de marjolaine, etc.

Théomneste préconise un remède de son invention, dont il s'est bien trouvé pour combattre la plupart des toux, alors que les autres remèdes étaient restés sans effet. Il se composait de miel, marjolaine, origan, axonge, ail, le tout pulvérisé.

Pélagone, fréquemment appelé par les propriétaires des haras, afin de donner ses soins aux chevaux atteints de toux, avait également inventé un médicament dont il se servait de préférence. Faire cuire deux livres de fèves, les broyer, ajouter du beurre, de la graisse de bouc, faire fondre. (**H.** Liv. I, ch. XXII, p. 71 à 75. — **V.** Liv. III, ch. LXI à LXX, p. 241 à 254. — *Columelle*, liv. VI, ch. XXXI. — *Hiéroclès, Géoponiques*, édit. Niclas, liv. XVI, ch. XI).

3°. — MALADIES DE L'APPAREIL CIRCULATOIRE

PÉRICARDITE CHRONIQUE (ιππος καρδιακος [cheval cardiaque], καρδιος πονος, douleur du cœur, *cardiacus*). — Les maladies de cœur n'ont été réellement étudiées en France que depuis les savants travaux d'Urbain Leblanc, aussi ne devons-nous nullement nous étonner si la collection des hippiatres grecs renferme peu de matériaux de cette nature. Végèce est encore plus concis.

Les symptômes décrits par les vétérinaires grecs nous paraissent devoir se rapporter à la péricardite chronique. Ce sont les suivants: yeux larmoyants, sueurs abondantes même au repos, affaiblissement des forces, amaigrissement, ventre levretté, flancs retroussés, engorgement des testicules, marche vacillante. A un degré plus avancé l'animal ne peut plus marcher que contraint et soutenu ; alors il vacille, s'appuie au mur, les sueurs deviennent plus abondantes, puis il tombe pour ne plus se relever (**H.** L. I, ch. XXVIII, p. 98. — **V.** Liv. II, ch. IV, p. 91).

4°. — MALADIES DE L'APPAREIL DE LA DÉPURATION URINAIRE

DIFFICULTÉ D'URINER. — Apsyrte, Hiéroclès, Végèce, distinguaient trois sortes d'affections caractérisées par la difficulté dans la miction.

1° La *Dysurie* (Δυσουρια, de δυς, difficile, ουρον, urine). — Rétention d'urine, l'animal n'urine qu'avec peine.

2° La *Strangurie* (Στραγγουρία, de στραγξ, goutte et ουρον, urine), maladie qui ne permet l'écoulement de l'urine que goutte à goutte.

3° L'ischurie (ισχουρία, de ισχω, je cesse, ουρον, urine), quand l'animal ne peut plus uriner.

Pronostic. — Les hippiatres grecs et latins considéraient ces affections comme très graves, surtout la dernière. Aussi Apsyrte conseille-t-il de bien faire attention aux symptômes qu'elles présentent, afin de ne pas les confondre avec ceux des coliques intestinales. Il arrive, dit-il, que beaucoup de vétérinaires n'y attachent pas assez d'importance, et, se méprenant sur la nature du mal, donnent des médicaments inappropriés et sont ainsi cause de son aggravation.

Étiologie. — Apsyrte dit que personne jusqu'alors n'a indiqué les causes de la difficulté d'uriner, c'est pourquoi il les énumère avec un soin tout particulier.

Les principales sont :

1° Courses trop longues, sans que le cheval ait eu le temps d'uriner ;
2° Repos trop prolongé ;
3° Rudesse de l'hiver ;
4° Immersion dans l'eau profonde ;
5° Ingestion de laurier cerise, etc.

Symptômes. — Comme symptômes les hippiatres mentionnent à peu près ceux des coliques intestinales ; mais ils ajoutent qu'ils s'en différencient par les efforts constants que fait l'animal pour éliminer quelques gouttes d'urine.

Traitements. — Très nombreux et très variés. Martialis Gargilius (31), dit qu'il faut tirer un pou de la manche gauche de sa tunique et le jeter dans l'oreille gauche du malade.

Columelle recommandait les aspersions d'huile et de vin sur les reins, et, si cela ne réussissait pas, l'introduction dans la verge d'une bougie faite avec du miel bouilli et du sel (liv. VI, ch. xxx).

Magon de Carthage faisait limer la corne du sabot de devant et en entonnait la poudre par les narines. Apsyrte et Hiéroclès désapprouvent l'introduction de la main dans le rectum, car disent-ils, on ne peut atteindre la vessie, et, par ces manipulations, on s'expose à blesser l'animal. Ils préféraient mettre dans le fondement (εδρα) 5 oignons très âcres, pelés et pilés. Apsyrte dit aussi qu'il est bon de faire pratiquer le coït, car cette fonction a pour résultat de provoquer la sécrétion de l'urine.

---

(31) Gargilius Martialis. *Cura boum.* Scriptores rei rusticæ. T. V., p. 305 Mannhemii 1781.

Les Sarmates, dont la cavalerie était autrefois excellente, d'après Apsyrte et Végèce, avaient appris par l'expérience que, dans la difficulté d'uriner, on obtenait de bons résultats, en enveloppant les animaux de couvertures des pieds à la tête, et en faisant brûler du castoreum sur des charbons ardents, de façon que la fumée se dégage sous le ventre et les testicules.

Végèce, contrairement aux sages conseils émis par les hippiatres grecs, conseillait d'introduire la main dans le rectum et d'aller presser la vessie à pleines mains jusqu'à ce que l'urine commence à s'écouler.

Végèce indique aussi d'autres remèdes, tels que l'ingestion de punaises, l'introduction d'ail dans le fourreau. Cette dernière médication a beaucoup de rapports avec l'introduction d'un poireau dans la verge, ce que pratiquent encore fréquemment les empiriques et les maréchaux (*H.* Liv. I, ch. xxxiii, p. 110. — *V.* Liv. I, ch. lxi, p. 85 ; liv. III, ch. xv, p. 191. — *Théomneste.* — Géoponiques, édit. Niclas, liv. XVI, ch. xiii).

HÉMATURIE (αιμα απουροντος. — *Si jumentum sanguinem minxerit*). Par ces expressions les Grecs et les Latins devaient sans doute confondre plusieurs affections caractérisées par la présence du sang dans les urines. En effet, les cas dans lesquels ils mentionnent cet état anormal, sont nombreux et souvent tout à fait opposés. C'est ainsi qu'ils annoncent que ces extravasations sanguines se font remarquer chez les chevaux maigres, comme chez les chevaux gras; chez les chevaux pléthoriques comme chez les chevaux exténués, etc.

Les traitements consistaient en des saignées, mais seulement chez les chevaux pléthoriques. Gardez-vous bien, disent-ils, de saigner les chevaux maigres, car la saignée les acheverait (*H.* Liv. I, ch. xlii, p. 143. — *V.* Livre III, ch. x et xii, p. 188, 190. — *Théomneste.* — Géoponiques, éd. Niclas. Liv. XVI, ch. xiii).

CALCULS (*De calculoso jumentis*). — Il en est seulement fait mention dans Végèce (liv. I, ch. xlvi, p. 66), qui décrit cette affection comme dangereuse, parce que, dans les efforts violents que fait le cheval, la vessie peut se rupturer et l'urine s'écouler par l'anus. Il conseillait l'extraction d'après le mode opératoire suivant : introduire la main dans le rectum, puis aller à la recherche du calcul, situé vers le col de la vessie, au-dessous de l'anus et tourné vers l'*hippocentaurum* (?). Alors on fait pénétrer les doigts par une ouverture faite au rectum et à la vessie et on retire le calcul. Pour achever la guérison on donne des lavements et des breuvages diurétiques. Mais Végèce a le soin d'annoncer que la guérison est très rare, les malades mourant souvent des suites de l'altération de la vessie.

PROLAPSUS DE LA VESSIE (Κυστεως μετακινησις). — Aristote parle d'un déplacement de la vessie (μεταστασις) qu'il diagnostiquait à la difficulté d'uriner, affection dont nous ne pouvons préciser la nature, faute de détails complémentaires (*Hist. anim.* liv. VIII, ch. XXIII).

Chez les hippiatres grecs il est fait mention d'un accident analogue (μεταχώρεω), caractérisé par de vives douleurs, le cheval ne peut plus uriner, étend les jambes et traine les sabots.

Il est probablement ici question de la rétroflexion de la vessie.

Pour les Grecs il n'y avait aucun espoir de guérison. Végèce, tout en paraissant être de cet avis, conseille d'introduire la main dans le rectum et d'aller remettre la vessie en place, en la ramenant légèrement par des mouvements de latéralité vers l'anus (*H.* Liv. II, ch. CXI, p. 267. — *V.* Liv. I, ch. LI, p. 69).

5°. — MALADIES DU SYSTÈME NERVEUX

TÉTANOS. — Les hippiatres grecs et latins donnaient au tétanos différentes dénominations, suivant ses divers modes de manifestation. Ainsi ils paraissent avoir voulu désigner le tétanos en général par les expressions suivantes : τέτανος — *roborosus* (qui rend les animaux raides comme du bois (*ad similitudinem ligni*); tandis qu'ils réservaient les mots de ὀπισθότονος, *opisthotonicus, opistholonos* au tétanos, dont les symptômes les plus apparents se manifestaient dans le train postérieur. Ils ont même tenté d'établir des distinctions entre ces deux modus faciendi, mais leurs symptômes pathognomoniques sont tellement diffus, qu'ils nous paraissent les avoir confondus dans les chapitres nombreux qui se rattachent à cette affection ; aussi nous bornerons nous à indiquer les symptômes généraux qui sont mentionnés.

Symptômes. — Le cheval étend fortement la tête et le cou qu'il ne peut fléchir qu'avec peine, les oreilles sont droites, rigides, les yeux caves, enfoncés, les lèvres relevées, la queue droite et raide, la bouche tellement contractée qu'il ne peut l'ouvrir et par conséquent ni manger, ni boire. Par suite de la raideur générale il ne peut mouvoir les jambes de derrière et s'il tombe, on l'excite en vain à se relever, et dans ses efforts, il s'assied comme un chien sur les jambes de derrière, ne se soutenant que sur les membres antérieures, d'où le nom d'ὀπισθότονος, de ὄπισθεν, en arrière et τόνος, tension.

Étiologie. — Les causes invoquées sont nombreuses et Apsyrte a bien le soin de nous informer qu'il est le premier à les indiquer. Parmi les principales nous citerons les plaies dans le pied produites par un clou, les plaies dans l'aine, les brûlures profondes, toutes causes admises de nos jours pour justifier l'apparition du tétanos traumatique. Mais, bien entendu, les anciens l'expliquaient de tout autre façon que nous.

Ils admettaient aussi le tétanos *a frigore*, mais dans cette catégorie ils paraissaient confondre et le tétanos proprement dit et les accidents produits par la congélation. Nous en avons la preuve dans l'anecdote suivante rapportée par Théomneste :

« Après que nous eûmes passé les Alpes, dit-il, il tomba une telle quantité
« de neige que les gens de guerre mouraient tout raides de froid, de sorte
« qu'ils demeuraient roides et droits sur les chevaux morts. Si, par hasard,
« le cheval était encore en vie, il portait le corps de son maître et suivait
« l'armée, le mort tenant encore la bride de son cheval en une main et son
« écusson dans l'autre, et assis si raide sur son cheval qu'il semblait collé,
« et on ne pouvait l'en arracher, ni l'en descendre. Quand le cheval mourait,
« il demeurait fiché et tout raide. »

Théomneste fait figurer cette anecdote dans un chapitre relatif au tétanos et semble confondre sous la même dénomination toute affection caractérisée par une rigidité extraordinaire des muscles.

Pronostic. — Pour les Grecs et les Latins le tétanos était le plus souvent incurable. D'après Végèce, qui a fait de cette affection une description assez complète, quand la maladie se localise dans les reins, c'est-à-dire quand on a affaire à l'opisthotonos, on peut encore espérer la guérison. Mais, si au contraire, elle débute par le train antérieur, si les animaux ne peuvent plus ouvrir la bouche, il faut désespérer, parce que les dents étant fortement serrées, l'animal meurt faute de pouvoir manger.

Traitement. — Comme de nos jours, toute la pharmacopée en usage à cette époque a été préconisée. Enfouir le cheval dans une fosse au milieu du fumier et provoquer des sueurs abondantes; bains chauds; si l'étable est froide, dit Hiéroclès, y mettre des charbons embrasés, mais des charbons qui ne dégagent pas de fumée, car la fumée provoque des suffocations; cautérisations autour des yeux, le long du cou, sur les flancs, sur les reins, etc., etc.; enfouir l'animal dans du sable de rivière, exposé aux ardeurs du soleil de façon que la tête seule émerge. (*II.* Liv. I, chap. xxxiv, p. 119. — *V.* Liv. III, chap. xxiv, p. 204; chap. xlvi et xlvii, p. 225 et 226).

Paraplégie (νεφρῖτις, πόνος ψόας. *Paralyticus*). — Les chevaux, dit Végèce, sont sujets à la paralysie comme les hommes. Cette affection leur survient quand on les a fait trop courir; quand, trop lourdement chargés, ils tombent sous le faix; quand on leur fait traverser des lacs ou des rivières profondes.

L'animal traîne le train postérieur (ἐπισύρω), marche avec peine, en tournant (περιφέρης), (*ambulavit pravus in latere ad similitudinem cancri*) marche de travers et de côté comme un crabe, dit Végèce, chancelle, s'appuie contre les murs et entortille les quatre pieds; vacillement des reins (*lumbi vacillant*); testicules enflés; urine noire épaisse, sanguinolente; yeux gonflés.

Comme traitement, Hiéroclès parle d'étuver les reins, les fesses, de recouvrir l'animal de couvertures et de donner des lavements. Tibère recommande les saignées à l'ars. Apsyrte conseille la cautérisation en pointes de l'articulation des hanches (σύνδεσμον ἰσχίων), au-dessus de la vessie. Mettre vingt-quatre pointes au plus, douze de chaque côté, sur trois rangs, soit quatre par rangée. C'était probablement la cautérisation de la région crurale antérieure. (*H.* Liv. I, chap. xxx, p. 100. — *V.* Liv. III, chap. xli, p. 220 ; chap. iii *bis*, p. 183. Liv. IV, chap. iv *bis*, p. 184 ; chap. vii, p. 187).

Épilepsie (Ἐπιληψία. — *Epilepsia*). — Les hippiatres grecs ne donnent qu'une description fort succincte et fort incomplète de cette affection. Végèce, à qui nous empruntons la plus grande partie de cet article, mentionne les symptômes suivants qui sont bien ceux de l'épilepsie. Les animaux tombent soudainement, sont agités de tremblements, la salive coule de leur bouche, puis, au moment où on les croit à toute extrémité, ils se relèvent et cherchent à manger comme si de rien n'était.

À ce sujet, Végèce dit que si on veut savoir si ces accès seront fréquents, il suffit de toucher du doigt la pituitaire ; plus elle sera froide et plus les accès seront nombreux.

Comme moyen curatif, Végèce préconise les saignées abondantes et répétées, l'isolement dans une écurie chaude et obscure, et, si le mal persiste, la cautérisation de la tête. (*H.* Liv. II, chap. xcviii, p. 258. — *V.* Liv. III, chap. xxxiii, p. 216).

Douleurs des nerfs. Blessures des nerfs (περὶ νευριτικῶν, νευριτικά, νευρότρωτα, νεύρων πόνος). — Ces affections sont mal expliquées et par conséquent difficiles à interpréter.

Pendant longtemps, du reste, les Grecs ont confondu sous le nom de νεῦρα les organes les plus divers, tels que : piliers du cœur, certains vaisseaux, nerfs, tendons, etc. (*H.* Liv. II, chap. lxxxiv, p. 213 ; chap. lxxxv, p. 214.

Maladies du cerveau (κεφαλῆς πόνος, κεφαλαλγία, κατάκρανια. — *Capitis dolor*). — Par ces expressions, les hippiatres grecs et latins voulaient désigner diverses affections du cerveau dont la symptomatologie n'était pas bien déterminée. Mais si Eumèle, Apsyrte, Pélagone, Théomneste (*H.* Liv. II, chap. xciv, p. 248, 249, 250. — *Columelle.* Liv. VI, chap. xxx), n'ont fait, pour ainsi dire, que les mentionner, Végèce (*V.* Liv. II, chap. i, p. 90 ; chap. vi, p. 93) leur accorde plus de développement.

Chez tous les animaux, dit-il, c'est la tête qui tient le premier rang sur toutes les autres parties du corps, parce qu'étant plus élevée, elle conserve sur elles une espèce d'empire qu'elle doit à sa position. C'est dans la tête que résident l'odorat, le goût, l'ouïe, la vue, mais aussi, plus l'importance de cette position du corps est grande, plus elle est sujette à des altérations.

Nous passerons sous silence les causes invoquées, qui sont par trop fantaisistes, pour mentionner quelques affections encore indéterminées qui nous paraissent devoir être comprises dans le cadre nosologique des affections nerveuses.

VERTIGE '(*De appioso*). — Quand le mauvais sang a corrodé la membrane du cerveau, dit Végèce, et apporté un trouble d'un seul côté (*ex una parte*); quand la douleur est trop forte, l'animal devient lourd, comme atteint d'étourdissement (*appiosus*) et tourne en rond comme s'il tournait la meule (*ad molam radit in gyrum*). Bien que les lexicographes traduisent *appiosus*, par atteint d'étourdissement, nous croyons, d'après les symptômes que nous venons de décrire, que cette affection doit-être le vertige (*V.* Liv. II, chap. II, p. 91; chap. x, p. 99).

MÉNINGO-ENCÉPHALITE (*De Frenetico*). — Mais lorsque le mauvais sang (*virus corrupti sanguinis*) a infecté le milieu même du cerveau, le cheval devient *freneticus*, bondit, saute subitement (*repente saliat*) comme s'il voulait s'enfuir; se heurte contre les murs, ne peut être gouverné (*irregibilis*). Heusinger pense que c'est l'encéphalite. (*V.* Liv. II, ch, III, p. 91.)

DE RABIOSO. — Si l'animal *appiosus*, dit Végèce, est attaqué en même temps d'une maladie du thorax, il devient aussitôt *rabiosus* et se déchire lui-même à belles dents (*ut mordendo se comedat*). S'il en réchappe, une partie de son cerveau demeure lésée, il devient inepte, paresseux, s'appuie contre les murs, marche lentement comme insensible aux coups, et quand il a commencé à s'arrêter, il ne se remet plus en mouvement qu'avec lenteur. C'est probablement l'immobilité consécutive à la méningo-encéphalite (*V.* Liv. II, ch. v, p. 92).

COMMOTION CÉRÉBRALE (de *cervo commoto*) — Il arrive souvent que le cerveau d'un animal est ébranlé par diverses maladies, il marche de travers, (*ambulavit pravus et frequenter offendet*) fait fréquemment des faux-pas et, (*toto se corpore commovet*), remue tout le corps (*V.* Liv. II, ch. vii, p. 95).

DE CAPITIS DOLORE (?). — Nous ne savons dans quelle catégorie ranger cette affection que Végèce diagnostiquait aux symptômes suivants : Fluxion sur les yeux, inappétence, gonflement du palais et de la langue, devenant d'autant plus volumineux que le mal augmente d'intensité, marche vacillante. L'animal a peur de son ombre comme s'il la sentait (*umbramque suam velut odorantes expavescunt*).

Quand les symptômes s'aggravent les animaux sont abattus, les yeux sont larmoyants; les oreilles dressées; la respiration fréquente; tremblement (*V.* Liv. II, ch. viii, p. 96).

DE DISTENTIONIBUS (?). — Les lexicographes traduisent pa convulsions, contraction des muscles. Végèce l'attribuait à l'ingestion d'eau pendant que l'animal était en sueur, aux mauvaises digestions, à la privation du sommeil. Alors, dit-il, la vue s'obscurcit, se couvre d'un voile, l'animal ressent des frissons, sueurs abondantes. La membrane de la tête se distend dans cette maladie qui est regardée comme source et mère de tous les maux (*huic capitis membrana distentur*).

En effet, il ajoute que si on ne traite pas les animaux au début, pour les faire dormir comme il faut, ils deviennent *appiosus, insanus, rabiosus, freneticus, cardiacus*.

Saignées à la tête (*V*. Liv. II, ch. IX, p. 98).

DE INSANIA CAPITIS (?). — Quelques auteurs, dit Végèce, affirment que les yeux de l'animal qui est fou (*insanus*), sont injecté (*sanguinei*), qu'il s'y fait un épanchement d'humeur (*humore suffusus*). Le cheval est aussi difficile à maintenir qu'un cheval indompté ; quand il est pris il cherche à s'enfuir et se heurte contre les murs, gratte la terre avec les pieds et jette beaucoup de phlegme par la bouche (*V*. Liv. II, ch. XII, p. 101.)

6° — MALADIES DES ORGANES DES SENS

A. — *Maladies des yeux.*

Les maladies de l'appareil de la vision n'ont pas encore été étudiées avec autant de soin en médecine vétérinaire qu'en médecine humaine, aussi ne devons nous pas nous étonner, si nos prédécesseurs étaient encore bien moins avancés que nous sur la pathologie de l'œil.

Dans l'hippiatrique, dans le traité de Végèce, ces maladies sont à peine ébauchées, et, les diverses dénominations sous lesquelles elles sont désignées ne nous permettent pas d'en déterminer exactement la nature.

Tout d'abord les Grecs désignaient sous le nom de Λευκωμα (tache blanche de l'œil) diverses affections caractérisées par la teinte blanche de l'œil, qu'elles soient le résultat d'une surabondance d'humeur, d'un obscurcissement de la vue (γλαυκωμα), d'une contusion ou d'une plaie quelconque. C'est dans ce cadre nosologique qu'ils rangeaient une maladie, dont le symptôme pathognomonique était l'apparition d'une pierre blanche dans l'œil (υαλωμα, de υαλοω, convertir en verre, vitrifier ; sans doute la cataracte, qu'ils regardaient comme incurable.

Sous le nom de Λευκωμα ils désignaient probablement une grande partie des affections de l'œil, car Apsyrte, dans une lettre adressée à son contemporain Hippocrate, dit, que ces maladies sont très fréquentes chez le cheval et qu'il est nécessaire de bien connaître les moyens d'y remédier. Aussi indique-t-il des traitements nombreux, appropriés à toutes les affections de yeux, traitements les plus divers et les plus disparates ; saignées, applications sur l'œil de collyres les plus variés (os de seiche, moelle de pied de chèvre, miel, jus d'oignon, fèves noires grillées, lait de chèvre, d'ânesse, de chienne, etc., etc.), cautérisation sur le pourtour de l'œil, en ayant bien soin de défendre du feu les parties vives au moyen d'une éponge.

Ἕλκωμα (de ἑλκόω, ulcérer, déchirer), servait à désigner les ulcères, les plaies des yeux, *canchrema*, expression dont se servaient les mulo-medici, selon l'opinion rapportée par Végèce. Cependant dans l'hippiatrique nous voyons plusieurs fois les substantifs ουλή, τραυμα, employés pour désigner les cicatrices de l'œil, les blessures de cet organe. Végèce décrit encore d'autres affections du globe de l'œil qu'il ne fait du reste que mentionner : *staphy-loma* (staphylome), le larmoiement (*epiphora*). (**H.** Liv. I, ch. XI et XII, p. 43 à 50). — **V.** Liv. II, ch. XIX, XXII, p. 111, 113. — *Géoponiques*, édit. Niclas. Liv. XVI, ch. IV, V, VI (Apsyrte). — *Columelle* (l. VI, ch. XXXIII).

Végèce ne s'est pas borné à cette simple énumération, dans quelques chapitres il a consacré plusieurs pages aux affections des yeux (*suffusio oculorum* qui, dit-il, privent de la vue les animaux autant que les hommes. Il en reconnaissait trois espèces principales :

1° STENOCORIASIS.— Rétrécissement de la pupille (κόρη, *pupilla*) et diminution d'intensité de la vue.

2° PLATYCORIASIS. — Dilatation anormale de la pupille, affection incurable car les animaux perdent la vue. De même qu'un jaune d'œuf, dont l'enveloppe est rompue, ne peut plus se réunir, ni reprendre sa première forme, de même la prunelle une fois épanchée (*pupilla diffusa*), rapporte Végèce, ne peut plus reprendre l'habitude de voir. Dans cette maladie, l'œil paraît absolument sain (*incolumis*), et son mauvais état ne se manifeste, ni par les larmes, ni par l'injection, ni par aucune irritation. On ne peut avoir d'indice qu'en examinant attentivement l'œil, car, dans ce cas, on ne peut voir sa propre image dans la pupille du cheval. (Amaurose).

3° HYPOCORIASIS. — Occasionnée par un état humoral. Cette maladie commence par se manifester dans un œil pour gagner ensuite l'autre.

Parmi les *suffusio oculorum* on peut aussi ranger une affection désignée par Végèce sous le nom de *lunaticus oculus* et due à un trouble intermittent de l'œil ; cette maladie est bien certainement la fluxion périodique. En effet, tantôt l'œil est couvert d'une taie blanche, tantôt il est limpide, de là le nom de *lunaticus oculus* (œil lunatique), que lui ont donné les anciens. Comme traitement, saignées aux tempes au-dessous de l'œil, fomentations chaudes, collyres divers, cautérisation des tempes. (**V.** Liv. II, ch. XVI, p. 107; ch. XVIII, p. 110; ch. XXI, p. 112).

PARACENTÈSE DE L'ŒIL (*Paracentesis oculi*). — A la suite des maladies des yeux surviennent des membranes de couleurs diverses qui obscurcissent la vue. Végèce dit qu'il faut les examiner attentivement, car de leur couleur dépend le diagnostic.

Si elle est de couleur d'or (*aurosus*) ou trop blanche, le mal est incurable.

Si elle est épaisse, de la couleur de l'olivier (*oleagineus*), semblable à du mucus, on peut espérer obtenir la guérison par la ponction.

Voici quelle était la façon de procéder. Mettre le cheval à la diète la veille de l'opération, l'empêcher surtout de boire, et, l'abattre sur un terrain mou, la tête et le cou convenablement étendus. Cela fait, on tire les paupières de façon qu'elles ne puissent pas se refermer et on introduit un trocart (*paracenterium*) entre les membranes de l'œil, en évitant de toucher la pupille ou de léser quelque chose à l'intérieur. Puis, avec la tête du trocart (*capitellum paracenterii*), on fait descendre subtilement et avec dextérité, de la partie supérieure vers la paupière inférieure, la partie blanche où est placée l'*hypochysis* (cataracte). Il faut avoir soin de ne pas retirer le trocart avant d'avoir fomenté l'œil fermé avec une éponge chaude. Si la partie blanche venait à remonter, il faudrait recommencer et la faire descendre de façon telle qu'elle ne puisse plus bouger. Quand on voit que la pupille est claire, quand la cataracte ne fait plus obstacle à la vue, on retire l'instrument et l'animal voit.

L'opération terminée, on applique un collyre composé d'eau de roses et de blanc d'œuf et on met l'animal à la diète de peur que l'agitation des mâchoires n'occasionne des mouvements dans l'œil. (*V*. Liv. II, ch. xvii, p. 109, ch. xx, p. 112.)

Entropion. — C'est bien de cette affection dont veut parler Végèce à propos des poils qui, poussant dans les yeux (*de pilis qui nascuntur in oculis*), provoquent l'écoulement des larmes et troublent la vue. Il la désigne sous le nom de *triliacem* Cette expression ne figure dans aucun lexique; peut-être est-ce une corruption du mot *trichiasin*, de τριχίασις.

Trois modes de traitement sont indiqués dans le traité vétérinaire de Végèce :

1° Faire une incision à la partie interne des paupières, près des cils; enlever avec des ciseaux (*forpex*) un lambeau d'une longueur proportionnée à la dimension de l'œil et recoudre la paupière en dehors; appliquer ensuite sur l'œil une éponge imbibée d'huile et de saumure et recouvrir d'un bandeau. Cinq jours après, on défait la bande et on panse avec un collyre; mais il ne faut pas enlever les sutures avant cicatrisation complète. Les sutures enlevées, il faut continuer le pansement pour empêcher l'apparition des excroissances de chair;

2° Quelques personnes emploient un procédé plus simple; mais il reste toujours une certaine difformité. Il consiste à retrancher avec des ciseaux ce qui déborde dans l'œil et à fomenter avec de l'eau froide;

3° Brûler avec un cautère les paupières hypertrophiées. De cette façon, les tissus se resserrent et, la paupière se trouvant tirée en haut, l'œil se trouve préservé du contact des poils. (*V*. Liv. II, ch. xv, p. 106, ch. xvi, p. 107.)

Ptérygion (πτερύγιον, drapeau, onglet). — Sorte d'excroissance membraneuse, disent les hippiatres grecs, mince pellicule blanche d'apparence cornée (κερατοειδής) qui, située en-dessous des paupières, s'étend sur l'œil et aveugle l'animal.

Pour en obtenir la guérison, il faut recourir à la chirurgie; ouvrir les paupières, presser l'œil de façon que cette membrane se plisse, la soulever avec une érigne (ἄγκιστρον) et la couper en faisant une incision circulaire. Cette opération est très délicate et exige une grande habileté de la part de l'opérateur, car la cornée est en-dessous. (*II*. Liv. I, ch. xi, p. 43 à 50).

Μυρμηκία, sortes de verrues qui croissent autour de l'œil ou des paupières. Les fendre en trois parties et cautériser. (*II*. Liv. II, ch. lxxxii, p. 212.)

Fracture de l'orbite. — Végèce n'en fait mention que pour indiquer le manuel opératoire employé pour faire disparaître cette tumeur dure, cette espèce de cal (*ossilago*) qui survient à la suite de coups sur l'orbite.

Abattre l'animal, inciser la peau, enlever avec un instrument tranchant (*cisorium*) la *gingirula* (petite gencive), le cartilage ou l'os qui s'est développé outre mesure et l'aplanir au niveau de l'autre œil.

Est-ce le cal que Végèce conseille ainsi d'enlever?

L'opération terminée, on remplit la cavité de charpie imbibée de vinaigre et d'huile, et on continue ce pansement pendant cinq jours, jusqu'à cessation complète de l'inflammation.

Si la chair ne repousse pas, ratisser l'os jusqu'au sang tous les jours. Si, après guérison, cette tumeur reparaît, la cautériser avec des cautères en pointes. (*V*. Liv. II, ch. xxii, p. 113.)

B. — *Maladies des oreilles.*

Douleurs d'oreilles. — Les hippiatres grecs et latins sont d'accord pour soigner avec promptitude cette affection qui, à cause des douleurs qu'elle occasionne, rend les animaux furieux ou fous (μανία, *insania*). Le traitement consistait à enlever avec une petite éponge toutes les saletés de l'oreille et à instiller du sel de nitre, de l'huile, de l'eau miellée, puis boucher tout une nuit avec un tampon de feutre. Le lendemain, laver à l'eau chaude.

Agir de même s'il est entré de l'eau dans l'oreille.

PLAIES, ABCÈS, ULCÈRES DES OREILLES. — S'il s'est formé une collection purulente, la laisser mûrir et l'ouvrir ensuite. L'ulcère est ordinairement rendue apparente par la suppuration et l'accumulation d'une humeur visqueuse couleur de miel en couteau, entre la peau et le cartilage (carie de la conque). Faire une incision droite autant que possible et instiller du miel et de l'alun; traiter ensuite avec les traumatiques.

FISTULE. — Dans le cas de fistule de l'oreille, la soigner comme les fistules en général. Si, malgré le traitement, la plaie venait à gagner en profondeur, brûler les parties voisines très profondément et enfoncer dans la fistule des cautères en pointes. (*H.* Liv. I, ch. XVII, p. 62.— *V.* Liv. II, ch. XIV, p. 105).

C. — *Maladies de la peau.*

CHUTE DES POILS (φθόρα, perte — τριχῶν, poils). — Dans ce chapitre, les hippiatres grecs et latins se bornent à indiquer une foule de remèdes plus ou moins fantaisistes pour faire repousser les poils; applications d'huile, d'urine, de vin, de graisse de chien ou de renard, de décoction de guimauves, de cendres de tortue brûlée vive, additionnée de moelle de cerf, de cendres de papier mêlées de beurre. Tibère enseigne ensuite différentes compositions pour changer la couleur des poils. (*H.* Liv. I, ch. LV, p. 167. — *V.* Liv. II, ch. LXIII, LXIV, LXV, p. 152).

QUEUE DE RAT (ὀστρακίς, fouet armé de piquants, de ὀστρύξ, hérisson ou ὀστρυγξ, ὀστλαγξ, boucle de cheveux, frisures).— Queue revêtue de poils raides comme des soies de porc, démangeaisons qui forcent l'animal à se frotter contre les murs, d'où ulcérations. Pour éviter cet accident, peigner souvent la queue. (*H.* Liv. I, ch. LVIII, p. 171).

POILS HÉRISSÉS, TOUFFUS (Δασύτης, ἵππος δασύς).—Dans ce cas, le corps du cheval est couvert de poils hérissés, touffus, comme tordus. Comme traitement bonne nourriture, pois chiches, orge. Hiéroclès, qui croyait que cet état était dû à la corruption des humeurs, recommandait les saignées. (*H.* Liv. II, ch. XCIV, p. 225).

7° — MALADIES DE L'APPAREIL DE LA GÉNÉRATION.

A. — *Mâle.*

PROLAPSUS DU PÉNIS (προπτωσις του αἰδοίου). — Si le pénis (*natura*) est pendant et ne peut revenir en place, il faut faire prendre des bains dans l'eau de mer ou de rivière. Apsyrte conseille le moyen suivant qu'il a mis, dit-il, plusieurs fois en pratique. Piquer la peau du membre, à la surface seulement, avec un instrument très pointu, et arroser les piqûres de vinaigre. On peut obtenir le même résultant en frottant le pénis avec des orties. Végèce ne parle pas de ces traitements, il recommande seulement l'application d'eau froide ou les frictions contre la vessie, la main introduite dans l'anus. (*H.* Liv. I, ch. xlvii, p. 153. — *V.* Liv. III, ch. ix, p. 188).

Orchite (φλεγμονη ορχεων και αιδοιων, inflammation des testicules et des parties honteuses). — Comme causes déterminantes, les hippiatres grecs et latins reconnaissaient les plaies, coups, morsures diverses, susceptibles de déterminer une inflammation, qu'ils guérissaient par l'application d'émollients divers. En cas de persistance du mal, saignée à la saphène ou cautérisation du scrotum en ayant bien soin de ne pas blesser le testicule (Hiéroclès). (*H.* Liv. I, ch. xlviii, p. 154, liv. II, ch. lxx, p. 192. — *V.* Liv. III, ch. viii, p. 187).

Hernie inguinale (Εντεροκηλη, de εντερον, intestin — κηλη hernie). — Apsyrte, dans une lettre adressée à Dion, vétérinaire, son voisin, écrit que cette affection est fréquente chez les vieux chevaux.

Comme traitement, il conseille de malaxer les bourses et de lier assez fortement avec une corde le côté où l'intestin est descendu. Bassiner d'eau froide et bander jusqu'à guérison complète. (*H.* Liv. I, ch. l, p. 156; liv. II, ch. lxxiii, p. 190. — *V.* Liv. III, ch. vii, p. 187),

B. — Femelle.

Renversement de la matrice (προπτωσις μητρας). — Végèce n'en fait pas mention; mais pour les grecs, cet accident devait être très grave, puisque Apsyrte dit qu'il faut beaucoup féliciter celui qui a trouvé moyen d'y remédier. On abat le cheval et on le couche sur le dos (υπτιος), la tête étendue. On lave ensuite la matrice avec de l'eau tiède, on fait des scarifications avec une aiguille à coudre et on étuve avec une décoction de vin et d'huile d'olive, puis on la remet en place. On prend alors une vessie qu'on souffle et qu'on lie de façon que l'air ne puisse plus s'échapper et on l'introduit dans le vagin (τιθη, nourrice). On boucle ensuite la vulve pour que la vessie reste à l'intérieur et on ne la retire que dix jours plus tard, après l'avoir crevée au préalable.

Ce pessaire, inventé par les hippiatres grecs, nous paraît bien préférable à l'introduction d'une bouteille, comme cela se pratique encore de nos jours. (*H.* Liv. I, ch. xiv, p. 57).

Avortement. — L'avortement des juments n'est mentionné que dans Aristote, Columelle, Elien. Aristote dit que, quand un cheval a couvert une ânesse, ou qu'un âne a couvert une jument, il y a bien plus d'avortements que quand ce sont des sujets de même espèce qui s'accouplent. (7). (*H. A.* Liv. VI, ch. xxiii, § 4).

Élien prétend que les avortements sont plus fréquents dans les pays chauds que sous les climats froids, parce que la chaleur relâche les membranes, tandis que le froid les resserre. (*E*. Liv. XII, ch. XVII).

Parmi les causes favorables à l'avortement des juments, il cite l'odeur d'un lampion fumant, d'une lanterne éteinte, opinion qu'il attribue à Aristote. (Liv. IX, ch. LIV).

Enfin, Columelle conseille de donner une infusion de *felicula* (?) aux juments malades des suites d'un accouchement ou d'un avortement (*partu aut abortu*). (Liv. VI, ch. XXVII).

8°. — Maladies de l'appareil locomoteur.

A. — *Maladies de la nuque.*

Enflure de la nuque (αυχην). Pommades, onguents divers. Hiéroclès mentionne un remède indiqué par Cléomène, de Lybie. (*H*. Liv. I, ch. XXIII, p. 80).

B. — *Maladies du cou.*

Entorse cervicale (Σπονδυλου εκϐολη — σπονδυλου πονος — τραχηλου παραγωγη — τραχηλου εκπτωσις, παρακινημα — τραχηλος κεκλασμενος, —*cervix ejecta*). — Tout ce luxe d'expressions servait à désigner l'entorse cervicale que les grecs attribuaient à des causes multiples. Cet accident pouvait survenir quand on commençait à brider le cheval, quand lié à un arbre solide il faisait de violents efforts pour reprendre sa liberté en tirant en arrière ; quand le chariot se renversait, alors que le cheval se trouvait dans les limons ; quand, à cause du joug qui l'empêche de bouger, l'animal s'efforce de tourner la tête en arrière.

Apsyrte dit que ce n'est pas une luxation (εκϐολη), mais une simple déviation (παραγωγη). Aussi blâme-t-il l'habitude de suspendre des boules au cou ou de placer des éclisses qui n'aident nullement à la guérison.

Le cheval étant debout, il conseille de presser fortement sur la partie en saillie afin de la remettre en place (εις ταξις). Percer ensuite la peau avec un bistouri, mettre dans les ouvertures trois anneaux de tamaris (μυρικινος περπαξ), les coudre, les lier l'un à l'autre avec une corde et faire un nœud (κυμα), dit λυκος, laver deux fois par jour les plaies avec du vinaigre et de l'huile, jusqu'à ce que les boucles tombent.

Théomneste dit qu'il faut abattre le cheval sur le côté où le cou est excavé, puis peser sur la partie convexe jusqu'à ce que les vertèbres soient remises en place et procéder comme ci-dessus.

Pélagone recommande la saignée près de l'oreille.

Végèce prétend qu'il faut abattre le cheval, l'entraver et le tenir le cou étendu au-dessus d'un fossé jusqu'à ce que les vertèbres rentrent en place,

en ayant soin de pratiquer le taxis. La réduction opérée, entourer le cou
d'une bande imbibée d'huile et de vin, autour de laquelle on met des éclisses (*regulæ*), larges de quatre doigts, serrées et attachées avec des cordes.

51 jours après retirer les éclisses et la guérison est obtenue. Si les forces
tardent à revenir, cautériser les parties malades. (*H.* Liv. I, ch. XXIV, p. 80.
— *V.* Liv. II, ch. XLI, p. 130).

MALANDRIA. — Oter la chair (*decarno*), en évitant de toucher les nerfs et
en ayant soin de brûler les veines avec un cautère pour arrêter l'hémorrhagie. Mais il faut prendre garde de trop cautériser ce qui déterminerait une
irritation des nerfs et mettrait l'animal en danger. (*V.* Liv. II, ch. XLII,
p. 131).

MAL D'ENCOLURE (*Destillatio*). — Caractérisé par le gonflement du cou et
l'écoulement d'un liquide noir, fétide (*canceralicus*). Sonder avec soin les
ouvertures (*foramen*) afin de s'assurer s'il s'est formé des poches, des diverti-
culum, cause d'aggravation. Quand cet accident a lieu on le reconnaît, dit
Végèce, aux symptômes suivants : l'animal souffle bruyamment (*stridet*) et
des narines s'écoule un pus liquide.

Comme traitement il conseille de remplir les trous de marrube et de sel
broyé, puis de pratiquer la diérèse (*diæresis*), si la position le permet, afin
que le pus puisse trouver un écoulement au dehors (*V.* Liv. II, ch. LXIII,
p. 132).

C. — *Maladies du dos et des reins.*

POUR FORTIFIER LE DOS DES BÊTES DE SOMME. — Le dos des animaux
étant celui qui supporte le plus de charge, il faut le panser avec plus de soin
que toute autre partie. On préserve cette partie de tout mal en mettant sur
le dos des couvertures ou housses molles, propres et secouées avec soin avant
de s'en servir, afin qu'il n'y reste aucune malpropreté, ni corps étranger
pouvant la blesser. Il faut que les fardeaux et les selles soient bien propor-
tionnés. En effet, quand un animal est trop comprimé par le poids de sa
charge, quand la housse le blesse, soit parce qu'elle est trop tirée, soit
parce qu'elle le froisse, il en résulte des plaies, des abcès, du gonflement, etc., etc.

Dans ce cas faire macérer dans l'eau bouillante des tiges d'ognons et les
appliquer chaudés sur le gonflement. S'il s'est formé un clou (*clavus*) mettre
un cataplasme de farine d'orge et de feuilles de choux broyées.

Quand il y a plaie, ulcère (ελκος), brûler une tête de chien et saupoudrer
la partie malade avec la cendre, ce qui fait repousser le poil. (*V.* Liv. II,
ch. LIX, p. 149, ch. LX, p. 150; liv. Ier, ch. LXIII, p. 87. — *H.* Liv. Ier,
ch. XXVI, p. 91).

Blessure de harnachement (*Pulmunculus*). — Excroissance de chair qui se montre sur le dos. Au début, quand elle est petite, la percer avec un cautère de cuivre afin de donner écoulement au pus. Mais il est préférable de couper la tumeur en croix et de l'enlever, en ayant soin de ne pas intéresser un trop grand lambeau de peau, afin que la cicatrisation puisse se faire le mieux possible. Après l'opération, appliquer de la fiente d'animal pour arrêter l'hémorrhagie. (*V*. Liv. II, ch. LXI, p. 151).

Mal de garrot (πυρωμα — Συνωμιας. Point de jonction des deux épaules — ελχος — *distillatio scapulorum*). Abcès (*pendigo*) ou ulcère (ελχος) qui survient au point de jonction des épaules ou sur le rachis, le dos (ραχις) ou sur les côtés des épaules (περι συνωμιας).

Les vétérinaires grecs et latins, après avoir indiqué au début l'application de cataplasmes, conseillent de faire ensuite une ouverture pour donner écoulement au pus (*sanies*). Hiéroclès recommande d'employer de préférence le cautère, parce que le bistouri fait une trop large ouverture qui se cicatrise difficilement et il peut survenir un abcès suppurant (Σηπεδων), une gangrène interne qui met la vie du cheval en danger.

Dans ce dernier cas, dit Végèce, panser avec le plus grand soin, éviter de laver, recourir de préférence aux substances sèches, car l'humidité augmente la suppuration. (*H*. Liv. Iᵉʳ, ch. XXV, p. 88; liv. Iᵉʳ, ch, XXIV, p. 82. — *V*. L. II, ch. XLIV, p. 132).

Blessures des reins. — Ces blessures surviennent à la suite de chutes et se guérissent facilement, si on y remédie à temps. Douches d'eau froide, saignées. (*V*. Liv. III, ch. V, p. 185).

D. — *Maladies des membres en général.*

Bouleture. — Effort du boulet (Στρεμμα). — Cette affection, fort bien décrite dans l'*Hippiatrique*, est localisée au paturon (μεσοκυνιον), dans l'endroit appelé κυνοπλον.

En voici les symptômes mentionnés par Eumèle et Hippocrate. Douleur à la pression dans la région. Le pied ne peut rester en position normale, l'articulation (Συμβολη) dite : Χοναχος, se renverse (υποφευγω) et les parties proches de l'ongle deviennent saillantes (μεταωρα). Le cheval se pose alors sur le bout de l'ongle et l'articulation remonte en marchant.

Comme traitement les hippiatres grecs indiquaient la saignée autour de la couronne, dans l'endroit appelé : περισφαχυτη. puis le bandage du pied jusqu'aux genoux avec des bandes imbibées d'huile et de vinaigre.

Hippocrate recommandait l'emploi des éclisses de pin et des éponges trempées dans du vinaigre.

Dans les vieilles luxations, la cautérisation en raies autour de la région malade était indiquée.

Quand ces traitements n'apportaient aucune amélioration, les vétérinaires grecs conseillaient de couper la corne jusqu'au vif, sur une largeur double d'une pièce de monnaie, en ayant bien soin de ne pas attaquer l'os (Saignée en pince).

S'il coule trop de sang, appliquer un linge imbibé d'huile et de fiente de cheval et envelopper le pied. Si la chair repousse trop vite, mettre des astringents. Nettoyer la corne et la rogner souvent de façon à l'égaliser. En cas d'insuccès cautériser. (*H.* Liv. II, ch, CVI, p. 263).

PRISE DE LONGE. — Il arrive souvent que le paturon est blessé par l'entrave (ιπποπεδη) ou corde (δεσμος) et que la peau est mise à nu. Cet accident, d'après Apsyrte, est dangereux, surtout quand il survient aux deux pieds.

Panser la plaie avec du vin, de la saumure ou du vinaigre. (*H.* Liv. II, ch. XCVI, p. 256).

IMPETIGO. — Affection, qui d'après Végèce, est localisée dans les articulations et détermine une plaie semblable au *rhagadium*. Difficile à guérir. (*V.* Liv. II, ch. LI, p. 141).

PLAIES. — Qui surviennent quand les membres ont été froissés par le contact de la roue ou de l'essieu. Si la plaie est récente, appliquer de la laine grasse imbibée de vinaigre et d'huile. (*V.* Liv. III, ch. XXI, p. 201).

Παρπρισμα. — Tumeurs de la grosseur d'une graine de moutarde et plus, qui naissent en grand nombre et à la suite au bout du χυς (osselet), probablement des métacarpiens latéraux. Ce sont probablement des suros. (*H.* Liv. II, ch. LXXVI, p. 208).

FRACTURES (Καταγμα). — 1° *Fractures des membres antérieurs et postérieurs au-dessous du genou et du jarret* (υπο κατω του γονατος).

Réduire la fracture par le taxis, puis l'envelopper de laine (εριον) de dégraisseur (ρυπτειρα), de bandes d'étoffes trempées dans de l'huile et du vinaigre. Les bandes doivent être d'égale largeur, non tordues et les plis bien distants l'un de l'autre. Par dessus ces bandes mettre de la laine imbibée d'huile et de vinaigre et appliquer sur le tout trois éclisses (πλαστιγξ), entourées d'un bandage dit (λυκος). On tient la jambe droite et au repos pendant quarante jours.

Pendant ce temps il suffit de défaire le bandage trois fois en vingt jours pour le renouveler. Tous les jours, sans toucher au bandage, arroser d'huile et de vinaigre; cependant il est quelquefois nécessaire de relâcher un peu les bandes trop serrées. S'il y a plaie, supprimer le bandage de crainte d'enfermer le pus. Au bout de quarante jours le cal est formé en entier.

2° — *Fractures des membres antérieurs et postérieurs au-dessus du genou et du jarret* (επανω γονατος).

Incurables disent les hippiatres. Il ne faut pas y toucher.

(*H*. Liv. Ier, ch. LVI. p. 170 ; liv. II, ch. LXXIV, p. 197. — *V*. Liv. II, ch. XLVII, p. 135; liv. III, ch. XX, p. 200).

AFFECTIONS DES ARTICULATIONS (γονυ). — Ces affections sont à peine mentionnées par les grecs, qui n'en connaissaient qu'une seule espèce (ρευματισμος εν γονατι), tandis que Végèce en distingue trois sortes :

1° La première, désignée sous le nom de *phlegmone*, caractérisée par le gonflement de l'articulation, la formation d'une tumeur molle, douloureuse à la pression, l'amas d'humeur dans les articulations, représente bien l'hydarthrose. Au début, cette affection est bénigne, dit Végèce, si on applique dessus de la laine imbibée d'huile et de vinaigre, et si on expose l'animal à un courant d'eau froide. Plus tard la cautérisation en pointes était tout indiquée. Les uns préconisaient l'application de cinq pointes de feu sur l'hydarthrose du membre antérieur, et la cautérisation en raies pour l'hydarthrose du membre postérieur (vessigon tendineux du jarret) ; d'autres disent qu'il faut percer cette tumeur de deux pointes de feu avec un cautère de cuivre, laisser suppurer, puis mettre dans les trous de la charpie imbibée de vieux sang, de vinaigre et d'huile. Ils ajoutent même qu'il faut introduire dans les trous du linge roulé pour faire sortir l'humeur.

D'autres enfin, conseillent l'ouverture au bistouri et l'introduction dans la plaie de laine imbibée de vinaigre et de laser, mode opératoire contre-indiqué par Apsyrte, qui dit qu'après cicatrisation, l'articulation se couvre de rides ;

2° Quel est le *marmor*, sinon une tumeur osseuse, dure, qui d'après les hippiatres, fait beaucoup boiter l'animal et empêche le jeu des articulations. Cautérisation légère, ce qui, d'après Végèce, rend la santé, mais ne fait pas passer la tumeur.

3° *Mallo* (μαλλος), tumeur dure, indolente qui, négligée, augmente, durcit de plus en plus et se convertit en *marmor*. Faire une ouverture à droite et à gauche avec un bistouri ou un cautère. Mettre ensuite des cataplasmes jusqu'à disparition de l'inflammation. (*H*. Liv. I, ch. LI, p. 156. — *V*. Liv. II, ch. XLVIII, p. 136).

Par *Lichen*, Pline désigne certains durillons qui se forment autour du genou et au-dessus du sabot du cheval. (Liv. XXVIII. ch. XLIX).

Luxation des articulations en général. — Si les articulations se trouvent luxées par suite du choc d'une roue, remettre les parties luxées en place et envelopper la partie malade de laine grasse imbibée d'huile et de vinaigre, détacher ce bandage trois jours après et fomenter ou appliquer de la résine ou de la poix. (*V*. Liv. II, ch. XLVI, p. 135).

E. — *Maladies des membres antérieurs, affections des épaules.*

BLESSURE, MEURTRISSURE DES ÉPAULES (ὤμος θλαστός, *armus læsus*, ἐχέδερμια, *coriago*). — S'il y a meurtrissure, dit Hiérôme, saigner à l'ars et bassiner la partie malade d'eau froide en été, d'eau tiède en hiver. Saignées abondantes, d'après Végèce, frictions, bains de rivière.

Si la douleur est vive, perforer l'épaule, insuffler de l'air par une ouverture faite à huit doigts en-dessous de l'extrémité de la crinière (*juba*), en ayant bien soin de ne pas léser le cartilage. Quand l'épaule est gonflée, fouetter avec une baguette flexible et frictionner avec du sel et de l'huile.

Les hippiatres grecs conseillaient le traitement suivant, pour combattre un mal invétéré, dont les chevaux souffraient depuis longtemps.

Abattre le cheval et avec une palette mince ou une sandale (Σανδάλιον), enveloppée d'un linge bien doux, battre l'épaule jusqu'à ce qu'elle enfle, puis percer la peau avec un bistouri auprès de l'articulation, à quatre doigts de la pointe de l'épaule (ἀκρωμία), introduire par l'ouverture un tuyau (αὐλίσκος), et insuffler de l'air jusqu'à formation d'un emphysème qui environne toute l'épaule. Alors retirer le tube, boucher avec un tampon de laine et percer comme ci-dessus.

Si cette affection, que les grecs désignent encore sous le nom de Συνωμιασις, Συνωμια, ἐχέδερμια, existe aux deux épaules, agir de même. (*H*. Liv. I, ch. XXV, p. 84. — *V*. Liv. II, ch. XLV, p. 133. *Columelle*, liv. VI, ch. XXX).

FISTULE DE L'ÉPAULE (Σύριγξ). — Ouvrir la fistule (Διαιρέω) et appliquer un emplâtre de chaux. Si par ce moyen on ne réussit pas, cautériser. (*H*. Liv. II, ch. CXVII, p. 270).

LUXATION DES ÉPAULES, DES BRAS, DE LA CHEVILLE (ἐκβολή ὤμου καὶ κοτύλης, *lœsio scapularum*). — Ces luxations, très détaillées par les hippiatres grecs, sont à peine ébauchées dans le traité de Végèce. Les grecs admettaient deux sortes de luxations :

1° Luxation qui survient par suite de la rupture du ligament (νεῦρον) qui réunit la cavité (κοτύλη) et le condyle (κόνδυλος). Incurable, car dans ce cas, ajoutent-ils, il est impossible de remettre en place les parties disjointes ;

2° Luxation par suite de la distension, de l'extension (ἔκτασις) du ligament. Curable. Dans ce cas, l'animal traîne le sabot en marchant, tient la jambe raide et l'articulation (κρόσσον) fait saillie en haut et en bas.

Traitement. — Saignée aux épaules. Remettre les parties luxées en place. Hippocrate recommande d'abattre l'animal et de presser fortement sur les parties démises jusqu'à ce qu'elles rentrent en place, ou bien de lier le pied à un arbre et l'étendre jusqu'à ce que la réduction s'opère. On applique ensuite des éclisses ou une toison de brebis. Après guérison, Apsyrte conseille la cautérisation en cercle sur la partie malade. (*H*. Liv. I, ch. xxv, p. 88. — *V*. Liv. II, ch. xlv, p. 175).

F. — *Maladies des membres postérieurs.*

Vessigon tendineux (*aquatilia, lacca gambarum*). — Tumeurs aqueuses qui, d'après Végèce, font leur apparition au jarret (*gamba*). Il conseille de ne pas les fendre complètement, de peur que l'évacuation trop abondante du liquide ne soit nuisible à l'animal. Il recommande de préférence les scarifications légères et les saignées, et, si l'effet du traitement se fait trop longtemps attendre, la cautérisation. (*V*. Liv. II, ch. xlix, p. 139 ; liv. III, ch. xix, xx, p. 200).

Maladies de la hanche (ισχίον, ισχιαδικοι). — Les lexicographes traduisent ισχιαδικοι par « ceux qui ont la goutte sciatique », or, en admettant que cette affection soit connue chez le cheval, il nous serait bien difficile de la reconnaître dans la brève énumération des symptômes mentionnés dans l'hippiatrique, « le cheval qui souffre de cette affection traîne les pieds de derrière comme s'ils étaient liés. »

Les Grecs conseillaient la saignée, et, en cas d'insuccès, la cautérisation en rond des deux hanches. (*H*. Liv. I, ch. xxix, p. 103, 104).

Végèce, à propos des maladies occasionnées par une douleur de la hanche (*coxa*), dit aussi qu'il faut saigner et frotter la partie malade à rebrousse poils avec le sang auquel on ajoute de la fleur de soufre et des baies de laurier broyées.

Plus loin il dit qu'il faut chausser les pieds sains avec un appareil de fer (*glante ferreo*), ou à son défaut, avec une chaussure de genêt d'Espagne, à laquelle on attache des bandes qu'on réunit et qu'on enroule ensuite jusqu'à la partie malade, de façon que le cheval puisse poser le sabot à plat.

Si la guérison tarde à se manifester, Végèce recommande de percer avec un cautère en pointe, quatre trous près de la hanche, et, d'introduire dans ces trous, pendant trois jours, des morceaux d'étoffe ou de linge roulé (*pannos vel lemniscos*), imbibés de vinaigre et d'huile. (*V*. Liv. III, ch. xviii, p. 198).

Accrochement de la rotule. — Quand la rotule (*coxa*) est sortie de sa cavité (*ejicere et emovere*), l'animal (*jumentum*), en sortant de l'écurie, traîne le membre en arrière, et, en appuyant le sabot sur le sol, pose le pied obliquement à la couronne (*transversum ungulam inflexis coronis terræ superimponens*). Végèce désigne cette affection sous le nom de *syrmaticum*, qui tire son étymologie du mot *syrma*, en grec σύρμα, servant à désigner les robes traînantes des acteurs tragiques. D'après Végèce les *mulo-medici* auraient désigné cet accident par l'expression suivante, *filius læcisse*.

Dans son Traité vétérinaire, Végèce nous apprend que la rotule, bien que dérangée de place, peut reprendre sa position aussitôt que le cheval commence à marcher. Sinon quelqu'un fait trotter légèrement l'animal, pendant qu'une autre personne le suit, armée d'un fouet et levant l'extrémité d'une corde fixée au paturon, qu'elle tire brusquement et de côté au moment du trot. Aussitôt on entend un craquement (*sonuerit*), signe que la rotule est rentrée en place. (*V.* Liv. III, ch. xviii, p. 198 ; ch. xxii, p. 201).

Ραγάς. — Fentes, crevasses, qui naissent en arrière sur les cuisses, aux fesses (liv. II, ch. cxii, p. 267).

Chevaux pinçards, nerférure. — C'est probablement cette affection que Végèce décrit sous le nom d'*orthocolus* et de *stillosus* et non pas la fourbure comme le prétendent certains lexicographes. D'après Végèce les chevaux qui sont atteints de ce mal, ont les tendons contractés, marchent du bout des pinces (*de capitibus ungularum calcant*) et ne peuvent poser complètement le sabot à terre (*plenas ungulas*). (V. L. II, ch. liv, p. 143).

Uligo. — Affection assez semblable à la gale (*scabies*) qui apparaît aux jambes ou dans quelque autre endroit, et à laquelle certaines personnes ont donné le nom de *dulcedines*. Les pieds s'ulcèrent comme dans la lèpre et des demangeaisons vives sollicitent les animaux à se gratter. Ils se rongent, se blessent en se frottant les pieds les uns contre les autres. Cette affection, d'après Végèce, serait occasionnée par une humeur putride. L'uligo (humidité) désigne probablement les eaux aux jambes. (V. Liv. II, ch. lii, p. 141).

G. — *Maladies du pied.*

Hygiène du pied, — Dans le livre II, ch. xcv, p. 252 de l'*Hippiatrique*, Apsyrte indique le moyen de reconnaître la bonne qualité et la défectuosité des pieds des solipèdes. Il les répartit en deux classes distinctes.

1° *Pieds mous, tendres, délicats* (μαλακόπους, μαλακοι, *mauvais* (πονηροι).

1° Pieds à corne blanche et à χελιδών (1) longue ;

---

1) Χελιδών hirondelle. — Cette expression d'après Alexandre, Chassaing, Planche, Stephanus, servirait aussi à désigner le creux situé sous la corne du pied des chevaux, probablement la sole.

2° Pieds à corne sèche et fendillée ;

3° Pieds plats en dessous, à χελιδών longue, mais pouvant être classés parmi les bons, si la χελιδών est petite ;

4° Pieds arrondis, serrés ou durs ;

5° Pieds à corne noire et longue ;

6° Pieds à corne compacte et à χελιδών, petite ;

7° Pieds à talons gros en dehors (Σκαυροί) ;

8° Pieds à talons bas en arrière et à χελιδών épaisse ;

9° Pieds plats comme un tesson de pot et à χελιδών petite ;

10° Les chevaux qui ont les pieds excavés en dessous (κοίλα), la corne grossière (παχύς), et font du bruit en marchant, sont lourds et deviennent méchants et dangereux.

11° Ceux qui ont les pieds blancs, des taches blanches sur les jambes et le front, sont peu estimés.

12° Il en est de même de ceux qui ont les lèvres et les naseaux blancs, surtout s'ils sont de robe rouge.

Bons pieds (Εὔπους) :

1° Pieds concaves (κοίλα) à X... petite ;

2° Pieds à corne noire ;

3° Pieds à corne striée, à raies noires ;

4° Pieds bien serrés en dessous, à X... petite ;

5° Pieds à corne carrée, noire, pas trop élevée et à X... petite ;

6° Pieds à corne arrondie, noire, excavée en-dessous ;

7° Pieds à corne jaune, longue, haute et creuse ;

8° Les chevaux qui ont les talons gros en dedans sont tantôt bons, tantôt défectueux ;

9° Ceux qui ont des sabots noirs, striés de raies blanches, sont bons et meilleurs que ceux qui ont des sabots blancs, striés de noir.

Xénophon, dans son traité de l'équitation, nous apprend que les pieds étant ce qu'il importe le plus de former chez le jeune cheval, il est nécessaire de veiller à ce que le sol de l'écurie soit bien approprié. *Columelle* (liv. VI, ch. xxv) dit qu'il faut avoir soin que les pieds ne pourrissent pas dans l'humidité, ce qu'on évite en planchéiant l'écurie de chêne, en nettoyant de temps en temps et en mettant souvent de la paille fraîche.

Usure du pied. — *Des pieds mous, usés en dessous* (μαλακόποδες, πόδες ὑποτετριμμένοι, ποδῶν ὑποτρίψις, *subtratus*). — Sous ces dénominations diverses, les hippiatres désignent les chevaux qui usent beaucoup la corne en marchant et qui perdent en un jour ce qu'ils ne peuvent réparer pendant le repos de la nuit. Alors le pied s'échauffe, la corne éclate, se fendille, et, les pieds étant usés par dessous (ὑποτρίβω), l'animal boite (ἑτεροποδέω).

Pour rendre le cheval utilisable et éviter le retour de cet accident, voici ce qu'ils conseillaient. Dans les cas de peu de gravité, bassiner le pied avec une décoction de fleurs de cyprès, d'absinthe ou de guimauve, et enduire, en hiver, la corne d'huile ou de vieux saindoux. D'autres recommandent l'application de cataplasmes de mauve sauvage jusqu'à ce que les pieds deviennent plus mous.

Dans les cas plus graves, les hippiatres grecs et latins recommandaient de renouveler la corne en brûlant la surface de la sole (ἐπικαίω) avec une lame de métal ardent (σίδηρος), puis pendant trois jours avec une lame de métal rougie au feu (*lamina caudens*) et trempée dans une égale quantité d'huile et de soufre broyé. Mais Apsyrte prétend qu'il est préférable de couler du bitume (ασφαλτος) (sans doute dans les fissures de la corne).

Théomneste conseille de râcler (ὑπιζέω) la corne malade, de la mettre à nu en profondeur (εν βαθυς) et de l'entourer d'un vieux chiffon d'étoffe sur lequel on applique du vieux saindoux et une gousse d'ail.

Si le cheval boite parce que le sabot de devant est trop court et le fait souffrir comme si on le piquait, il est nécessaire de rogner et couper la corne jusqu'au vif.

Pour fortifier le sabot des chevaux en bonne santé, notamment des poulains, **Xénophon**, dans son traité d'équitation, indique le moyen suivant. Verser à l'endroit où on panse l'animal quatre à cinq tombereaux de pierres grosses comme le poing, et entourées d'un grillage de fer pour les empêcher de se répandre en tous sens. De cette façon, dit-il, le cheval piétinera sur ces pierres mobiles et roulantes qui affermiront la fourchette.

Mais quand il s'agit de fortifier la corne des pieds usés (*attritus*) ou mous (*mollis*), il est nécessaire de recourir à la thérapeutique. Mais, dit Végèce, il est préférable de prévenir ces accidents, car il vaut bien mieux, ajoute-t-il, maintenir les pieds en bonne santé que d'essayer de les guérir quand ils sont malades. Comme soins préventifs, il recommande surtout de tenir l'écurie dans un état de propreté, sans crottins, sans humidité, et, de la parqueter de chêne rouvre.

Comme moyen de traitement, il vante les bons effets de l'application, pendant plusieurs jours, de graine de lierre et d'alun sur les pieds préalablement chaussés (*calceo*). (**H.** Liv. II, ch. xcv, p. 253, ch. c, p. 258, ch. cxiii, p. 267. — **V.** Liv. II, ch. lv, p. 144, ch. lviii, p. 148.)

BLESSURES DU PIED. — Dans le cas où le pied se trouve blessé par le contact d'une roue, appliquer dessus un emplâtre composé d'échalottes, d'oignons ou d'encens ou un cataplasme de fiente de vache, en cas de suppuration.

Si le sabot est seulement contusionné, fomenter avec eau chaude et tirer du sang de la couronne. Végèce recommande l'application de crottes de brebis imbibées de vinaigre. D'autres croient que les crottes de chèvres sont plus efficaces. *H.* Liv. II, ch. CXVIII, p. 289. — *V.* L. II, ch. LV, p. 144.)

CORPS ÉTRANGERS DANS LE PIED. — CLOU DE RUE. — C'est bien du clou de rue dont il s'agit quand les hippiatres grecs mentionnent les accidents qui sont la conséquence de l'introduction dans la corne d'une épine, d'un bout de bois, d'une pierre, d'un tesson de pot, d'un clou. Retirer aussitôt ces corps étrangers, et, si la plaie est superficielle, saupoudrer de sulfate de cuivre. Mais si le corps étranger est entré profondément, il faut faire une plus large ouverture, brûler avec un cautère et chausser le pied d'un sabot fait de genêt d'Espagne ou autre selon le pays.

S'il y a dessous quelque ulcère ou abcès, mettre des cataplasmes et bander le pied afin que rien n'entre dans la plaie. (*H.* Liv. II, ch. LXXVII, p. 299.)

BLEIME SUPPURÉE. — La défectuosité et la longueur des routes, dit Végèce, use le sabot des animaux et les met hors d'état de marcher. Il survient aussi des irritations causées par des contusions, conséquence de marches forcées dans les chemins rudes et pierreux. Enfin, il arrive quelquefois que, tout en restant dans l'écurie, l'humeur s'amasse sous la corne et fait boiter l'animal.

Voici les symptômes mentionnés par les Grecs et les Latins :

Chaleur intense aux sabots ; le cheval se tient à peine sur la pince (*pedem priorem planum ponet*) et lève le pied en l'air. La douleur est produite par le pus qui s'amasse, tantôt en haut. près du lieu où la corne prend naissance souffle aux poils', tantôt en dessous du pied, en pince, tantôt enfin près du petit os (ὀστράκιον) peut-être la fourchette , de la cavité (χελιδών).

Comme traitements généraux, les Grecs conseillaient l'application de cataplasmes et l'amincissement (ἀπογράσσειν) pour donner écoulement au pus.

Végèce est plus explicite, il recommande d'ouvrir promptement le dessous du sabot afin que l'humeur s'écoule en bas et ne fasse pas irruption au-dessus de la couronne *super coronulas*, ce qui serait une aggravation.

Dès que le cheval lève le pied en l'air, en chercher rapidement la cause, renetter (*subrado*, râcler en dessous) la corne et comprimer avec les doigts la partie la plus noire. Si elle cède sous la pression, en occasionnant quelque douleur, c'est un indice que l'abcès est à maturation et qu'il faut l'ouvrir pour donner écoulement au pus. Couper (*circumcido*) jusqu'au vif et mettre sur les parties vives des linges imbibés d'eau de rose, de vinaigre, de fiente d'animal et chausser le pied (*calceo*).

Le troisième jour, on délie la chaussure pour panser la plaie.

Si la chair noircit (*nigresco*), examiner avec attention s'il n'y a pas fracture ou s'il n'est pas entré dans le sabot un clou, une pierre aiguë, une épine.

Si l'abcès est trop profond, fomenter pour aider à la maturation. Mais dans les cas graves, les vétérinaires latins mettaient en pratique une opération spéciale, la dessolure, dont nous parlerons dans le paragraphe suivant. (***H***. Liv. II, ch. XCI, p. 240. — ***V***. Liv. II, ch. LV, p. 144.)

DESSOLURE. — Cette opération, dont nous voyons pour la première fois la description dans le traité vétérinaire de Végèce, peut être accidentelle ou la conséquence d'une maladie du sabot due à l'accumulation du pus sous la sole.

ARRACHEMENT DU SABOT. — Quand le cheval s'est dessolé (*exungulo*), écrit Végèce, la guérison est difficile; mais on peut cependant y apporter remède si on est actif. Retirer, détacher avec soin le papyrus purifié (*purgatum*) des flambeaux (*candela*), le tremper dans du blanc d'œuf, entourer le pied à nu et mettre par dessus un lambeau d'étoffe ou une bande. Au bout de trois jours, on défait la bande pour panser la plaie. Si elle n'est pas complètement nettoyée, on lave avec du vin tiède et on applique un emplâtre de miel et vinaigre. (***V***. Liv. II, ch. LVII, p. 147.)

OPÉRATION DE LA DESSOLURE. — Abattre le cheval, serrer la jambe (*suffrago*) avec une corde, creuser (*scalpo*) la sole (*solum*) dans tout son pourtour (*in circuitu*) et faire une incision circulaire (*circumgyro*), de façon que la sole (*ungula*) se détache en partie de la paroi (*a corona*). Insérer ensuite le *circumcisorium* (ciseau pour faire des incisions circulaires) entre l'ongle et la sole. Arrêter l'hémorrhagie et avoir bien soin de chausser l'animal de genêt d'Espagne afin que la corne puisse se refaire.

Végèce a bien soin d'ajouter qu'il ne faut faire cette opération qu'à un seul pied à la fois afin que le cheval puisse supporter cette vive douleur. Si elle est nécessaire aux deux pieds, n'opérer le deuxième pied qu'après la guérison du premier. (***V***. Liv. I, ch. XXVI, p. 42.)

FLUXION DU PIED (Σαρα, longe, Χφρομτα, *suffragines*, ρευμα εν ποσιν). — Quelles sont ces diverses affections dont Apsyrte décrit à Apolloniades, vétérinaire, trois types différents. C'est ce qu'en l'absence de symptômes il nous st impossible de préciser. (***H***. Liv. I, ch. LI, p. 158. — ***V***. Liv. II, ch. L, p. 141.)

CRAPAUD (*ozæna, de* ὄζαινα, ὄζω, puer). — L'ozène, à proprement parler, est une affection des cavités nasales; mais les anciens donnaient également ce nom aux ulcères fétides du pied. (***V***. Liv. II, ch. XLIX, p. 139.)

Παχοπληξία. — Maladie des animaux qui ont les pieds gelés. Talons brûlés, enflés. Fomenter avec l'huile tiède, frotter auparavant avec un linge rude et bander s'il y a gonflement. (*H*. Liv. II, ch. cxv, p. 268).

Tumeurs. — Végèce fait à peine mention des diverses tumeurs qui peuvent survenir au sabot; nous ne trouvons des détails à ce sujet que dans l'*Hippiatrique*.

Σύκον (fic, figue), μυρμηκία (verrues qui causent des démangeaisons), sont des tumeurs qui naissent sur la couronne (στεφάνην). Sprengel croit à tort que ces expressions se rapportent à la crapaudine. Pour Heusinger, ce sont des ulcères de la couronne; enfin Postolka les range parmi les condylomes de la corne.

Σύκη, tumeur qui survient au talon (πτέρνα), à la partie postérieure du pied, auprès de la χελιδών. Cette tumeur gêne beaucoup le cheval, car la douleur très vive qu'il éprouve le fait boiter et il ne peut endurer qu'on le touche à cet endroit. On doit, disent les hippiatres grecs, y porter rapidement remède, car si le mal dure trop longtemps, il s'aggrave et le cheval reste à jamais boiteux. Cette affection serait, paraît-il, plus fréquente chez l'âne et le mulet.

Comme traitement, extraction de cette tumeur en la coupant, la rasant le plus près possible avec du verre (ὕαλος); mais ne pas cautériser, dit Apsyrte, surtout quand ces tumeurs naissent au pourtour de la couronne, car la cicatrisation serait difficile à obtenir. (*H*. Liv. II, ch. lxxxii, p. 211).

Μάρμαρος (Marbre ou toute pierre dure). — Sprengel pense que c'est l'éparvin, mais il est facile de voir que cette expression désigne les formes. Apsyrte dit, en effet, que cette tumeur dure, osseuse, qui fait boiter le cheval, survient au pied de devant, à l'endroit où la corne commence à pousser, à la couronne. D'après ce même auteur, cette affection serait inconnue chez l'âne et plus fréquente chez le mulet que chez le cheval. (*H*. Liv. I, ch. liii, p. 163).

Σκλήρωμα, endurcissement, espèce de squirrhe sur la couronne, nommé πῶρος, qui d'après Apsyrte, survient rarement au pied de devant. Cette affection fréquente se manifeste sous forme d'un gros durillon qui rend le pied difforme. Traitement insignifiant. (*H*. Liv. II, ch. ciii, p. 259).

Φοῖνιξ (*palmier, dattier, couleur rouge ou pourpre*). — Tumeurs qui surviennent après les opérations du pied, notamment après la dessolure. Ce sont les cerises. (*H*. Liv. II, ch. xci, p. 240).

Javart de la fourchette?? (*Pulmunculus*). — Excroissance de chair au pied des bêtes de somme à l'ouverture (*apertura*). Renetter la sole en dessous,

faire une incision circulaire (*in circuitu*) à la commissure du talon (*calx*)
et de l'*assis* (ais, planche tranche) (?). Soulever la partie antérieure et enlever la sole. Râcler, gratter (*rado*) jusqu'au vif (*ad vivum*), faire un pansement
et chausser. (*V*. Liv. II, ch. LVI, p. 146).

Κιρσος (varice). — Tumeur qui vient au talon, autour du sabot. Fréquente
en hiver, grave. Tendre la peau et cautériser. (*H*. Liv. II, ch. LXXVI, p. 205).

Παρασφυρια. — Enflure douloureuse des talons, à la suite de courses trop
longues. (*H*. L. II, ch. XCVI, p. 228).

PODAGRE (Ποδαγρα [de πους pied, αργεω je prends], *podagra*).—Aristote a le
premier signalé cette affection qui, dit-il, fait tellement souffrir les animaux
que parfois ils en perdent la sole, qui du reste, a-t-il soin d'ajouter, se refait
assez vite. Comme symptômes, il signale un tressaillement du testicule droit
ou bien une sorte de ride qui se forme un peu au-dessous du milieu des
naseaux, symptômes qui n'ont rien de commun avec l'affection qui nous
occupe, et qui sont, sans doute, dus à une addition, une interpolation faite
au texte grec par une main étrangère.

Les vétérinaires grecs et latins donnent plus de détails. Apsyrte, dans une
lettre adressée à αρτεμα, le châtreur dit que l'animal ne peut ni marcher, ni
se soutenir, il est comme atteint de fourbure. Si on le force à marcher, il
projette son corps en avant et boite; d'ordinaire il se tient couché. Inappétence, bouche chaude et sèche, gonflement du palais, corps brûlant, membre
pendant, vaisseaux gorgés de sang.

Comme traitement, empêcher le cheval de se coucher et le promener à
petits pas dans un terrain sec jusqu'à ce qu'il sue. Saignées au palais, aux
talons, mais tirer peu de sang. Fomentations, purgatifs.

Si cette médication ne fait pas d'effet, châtrer (ορχεις εκτεμνειν), attendu,
disent les hippiatres, que ce mal atteint rarement les châtrés (*eunuchus*).
(*H*. Liv. I, ch. LIII, p. 164. — *V*. Liv. II, ch. LIII, 142).

FOURBURE (κριθιασις, de κριθιαω manger de l'orge, avoir une indigestion d'orge).
— Cette affection, assez bien décrite par les grecs, n'est pour ainsi dire que
mentionnée dans le traité vétérinaire de Végèce. Il en est fait pour la première fois mention dans Xénophon (traité d'Équitation).

Les hippiatres l'attribuaient à l'ingestion d'orge (κριθη) en trop grande
quantité ou d'orge de mauvaise qualité; à l'absorption d'eau en abondance
après une longue course. Mais dans ce dernier cas, dit Apsyrte, la guérison
est plus facile que quand cette affection survient à la suite de l'ingestion
d'eau froide, ce qui permettrait de supposer qu'il confondait l'indigestion
par surcharge avec la fourbure. Du reste, voici les symptômes mentionnés
dans l'*Hippiatrique*. Le cheval n'a plus de force et ne peut ni marcher, ni

mouvoir les membres. Il n'urine qu'avec beaucoup de peine, se couche et ne peut se relever, même quand il s'y trouve contraint. Le sabot tombe à la période ultime du mal, et, après guérison, les animaux font corne neuve. Sueurs abondantes aux cuisses, frissons, tremblements, vaisseaux gorgés de sang. Le cheval même, après guérison, ne reprend jamais ses forces primitives. Les auteurs grecs signalent aussi l'apparition de boutons puants (βατραχοι) sur la langue.

Pour obtenir la guérison, suppression d'orge pendant quatorze jours ; saignées abondantes aux veines du paturon ; frictions vinaigrées sur les épaules. Quand une amélioration commence à se manifester, faire sortir le cheval et le promener un peu, le faire courir légèrement, ce qu'il faut surtout éviter au début. Frictions de haut en bas sur les jambes. (*H.* Liv. I, ch. VIII, p. 33. — *V.* Liv. III, ch. LXXIII, p. 259).

<h3 align="center">9° — MALADIES DIVERSES</h3>

Sous cette rubrique nous pouvons ranger plusieurs affections d'ordre général ou divers symptômes que les hippiatres grecs ou latins ont élevés au rang même de maladies. La plupart sont insignifiantes et à peine ébauchées, aussi ne ferons-nous que les mentionner.

1° FIÈVRE (πυρετος, *febriens jumentum*). — Apsyrte et Hiéroclès prétendent qu'il est impossible de reconnaître la fièvre chez le cheval, au seul toucher des oreilles ou des côtes, au niveau du coude, comme cela se pratiquait sans doute à leur époque. Le meilleur moyen de la diagnostiquer, consistait à présenter des aliments à l'animal, s'il les refuse c'est qu'il est en état de fièvre, s'il les ingère, c'est qu'il est seulement fatigué. (*H.* Liv. Iᵉʳ, ch. Iᵉʳ, p. 1. — (*V.* Liv. Iᵉʳ, ch. XXIX à XXXVI, p. 46 à 52. — *Géoponiques,* Ed. Niklas, Liv. XVI, ch. XIV.

2° FATIGUE (Κοπος, *lassitudo, coactio*). — Probablement la courbature. (*H.* Liv. II, ch. LXII, p. 175. — *V.* Liv. Iᵉʳ, ch. XXX, p. 48 ; ch. XXXVII, p. 52, ch. XXXVIII, p. 66).

3° AMAIGRISSEMENT (ιππου ισχναινομενου, *consomptio*). — Sans cause connue. Maladie produite, disent les hippiatres, par un mal caché, occulte (κρυπτος παθος). (*H.* Liv. II, ch. LXVII, p. 183. — *V.* Liv. III, ch. LV, p. 235.

4° SUEURS ABONDANTES. — Même au repos. *H.* Liv. II, ch. XCV, p. 256).

5° REFROIDISSEMENT. — (*H.* Liv. II, ch. XCVII, p. 257).

6° BRULURES DIVERSES. — (*H.* Liv. II, ch. LXV, p. 179).

7° BLESSURES INTERNES À LA SUITE DE CHUTES dans un lieu escarpé, dans un fossé, ainsi que cela arrive assez fréquemment dans les campements. (*H.* Liv. II, ch. , p. 195).

8° MORSURES, — (*H.* Liv. II, ch. LXXIII, p. 196.

9° SIDERATUS. — Cheval frappé de l'influence maligne des astres. (*V.* Liv. II, ch. XXXIX, p. 128).

10° COUP DE CHALEUR (*Syncopatus, suffusus*). — (*V.* Liv, Ier, ch. LIII, p. 89; liv, III, ch. XL, p. 219.

11° FASCINIUM. — Charme sortilège, etc., etc.

12° ABCÈS (ἀπόστημα). — Columelle enseigne qu'il est préférable de les ponctionner avec un cautère. (*H.* Liv. II, ch. LXXVIII, p. 210. — *Columelle*, Liv. VI, ch. XXXIV).

13° TUMEURS (ὄγκος-ὀγκώματα).

Μελικηρίς. — Nom donné aux tumeurs qui renferment du pus couleur de miel. Probablement tumeurs farcineuses. Hiérome conseille de les ponctionner avec un cautère en pointe. D'autres recommandent les cautères de bronze ou d'airain. (*H.* Liv. II, ch. LXXVI, p. 205. — *V.* Liv. II, ch. XXX, p. 122).

Καρκίνωμα. — Carcinome, tumeur cancéreuse. Les uns veulent l'ablation de la tumeur, les autres préfèrent la cautérisation. (*H.* Liv. II, ch. LXXV, p. 204).

Ὑδατίς. — Hydatides. (*H.* Liv. II, ch. LXXVI, p. 208).

Κηρίς. — (*H.* Liv. II, ch. LXXX, p. 210).

Συκάμινον. — (Mûre). (*H.* Liv. II, ch. CXVI, p. 269).

Οἴδημα. — Tumeurs sanguines. (*H.* Liv. Ier, ch. XXIV, p. 82).

Végèce signale les tumeurs suivantes :

STEATOMA. — Tumeur d'apparence graisseuse.

MELICERIS. — Tumeur dans laquelle on trouve de la chair serrée comme dans les verrues.

ANEURYSMA. — Anévrisme.

ATHEROMA. — Tumeur dans laquelle on trouve un amas farineux.

GANGLIO.

VERRUCA. — Les lier avec un fil fin et appliquer dessus un caustique violent jusqu'à ce qu'elles tombent. (*V.* Liv. II, ch. XXX, p. 122; liv. III, ch. XVII, p. 197).

Maladies contagieuses et infectieuses

1° — Μάλις. — MALLEUS

Sous le nom de μάλις, *malleus*, les grecs et les latins désignaient diverses sortes de maladies (*diversæ sunt speciæ*) de nature contagieuse ou infectieuse ; ou bien faisaient rentrer dans ce cadre nosologique diverses affections se manifestant avec une certaine gravité sur plusieurs animaux d'une même écurie, d'un même troupeau. Bien que la description des formes de μάλις par les hippiatres grecs et latins soit un peu confuse, il nous est cependant permis d'affirmer que plusieurs n'ont rien de commun avec les maladies contagieuses ou infectieuses, telles que nous les comprenons de nos jours.

En tout cas, la μάλις était considérée par Apsyrte et Hiéroclès comme le plus grand mal dont puissent être affligés les chevaux, ânes, mulets ; mal dont ils ne pouvaient être guéris qu'avec la plus grande difficulté. Végèce même lui donne le nom de *malleus execrabilis* tant sa violence est terrible (*tanta vis ipsius morbi est*).

Les causes auxquelles ils l'attribuaient sont multiples et nullement bien déterminées. Végèce dit que toutes peuvent occasionner des maladies dangereuses ; mais pour lui, la principale était la corruption de l'air (*aeris corruptio*). D'après Apsyrte et Hiéroclès ce mal n'attaquait les chevaux que parce qu'ils n'ont pas de vésicule biliaire.

Les hippiatres grecs reconnaissent quatre formes de μάλις. Végèce en mentionne sept espèces.

1° — Μάλις υγρα. — MALLEUS HUMIDUS. — Par ces expressions, les hippiatres de l'antiquité désignaient toute maladie grave, caractérisée par un jetage persistant, tantôt clair, fluide comme de l'eau ; tantôt blanchâtre, glaireux (φλεγματωδης) ; tantôt de couleur pâle, fétide ; tantôt sanguinolent, semblable à du safran ; tantôt, enfin, verdâtre, s'écoulant par l'une ou l'autre narine ou par les deux à la fois. Les symptômes de cette espèce de μάλις sont assez confus et semblent se rapporter à diverses affections morbides, telles que : morve, collection des poches gutturales, collection des sinus, gourme, angines, pharyngite, pneumonie, gangrène pulmonaire. En principe, il est probable que Μάλις υγρα servait à désigner la morve, et que cette confusion dans la symptomatologie n'était due qu'à des erreurs de diagnostic.

Aristote (7), dans son histoire des animaux (liv. VIII, ch. XXIV), avait déjà signalé cette maladie qu'il désignait sous le nom de μάλις et qu'il considérait comme particulière à l'âne. « Elle se déclare, dit-il, d'abord à la tête « de l'animal, et il lui sort par les naseaux un liquide épais et roussâtre. Si

« le mal tombe sur le poumon, la bête en meurt. Mais quand l'affection n'est
« qu'à la tête, elle n'est pas tout d'abord mortelle. »

2° — Μάλις ξηρα.— MALLEUS ARIDUS.— Dans cette affection, pas de jetage,
mais un amaigrissement rapide bien que l'animal boive et mange comme
d'habitude. Respiration difficile, naseaux dilatés, flancs retroussés, haleine
fétide, décubitus et marche difficiles, dureté des reins, testicules ratatinés,
grande appétence pour les boissons, yeux hagards.

Apsyrte, Eumèle, attribuaient cette maladie, que certains désignaient sous
le nom de *suspiriosus* — *suspirium* (asthme), à une altération des poumons.
Certains ont dit qu'elle était incurable à cause de sa ressemblance avec la
phthisie (*phthisis*) mortelle pour l'espèce humaine.

Il est probable que c'était une pleurésie avec épanchement.

3° — Μάλις υποδερματιτις. — MALLEUS SUBTERCUTANEUS. — Est-ce la
gale ou le farcin ? Il est probable que cette entité morbide se rapporte
principalement au farcin, car Végèce a soin de différencier ces deux affections. Il y a des personnes, dit-il, qui ont voulu donner à la gale le nom
de *morbus subtercutaneus*, parce qu'elle paraît avoir des symptômes à peu
près identiques à ceux que nous venons d'indiquer. Mais, ajoute-t-il, comme
les animaux ne meurent pas facilement de la gale, comme elle ne met jamais
la vie d'un troupeau en danger, il faut la différencier du *malleus* qui est
pestilentiel. Voici les principaux symptômes du *malleus* : pas de jetage, apparition d'ulcères (*vulnera*) sur le corps, desquels s'écoule une humeur liquide
de couleur d'or ou de safran.

4° — Μάλις αρθριτις. — MALLEUS ARTICULARIS. — L'animal atteint de cette
affection boite tantôt d'une jambe, tantôt de l'autre. On dirait qu'il a reçu
un coup de pied, ou qu'il s'est heurté la jambe, ou qu'il a été frappé dans
cette partie par une pierre ou un bâton. Mais il y a cette différence, qu'au
lieu d'être localisée, cette boiterie est alternante et passe subitement d'un
membre dans l'autre. Comme symptôme pathognomonique on constate de
la tuméfaction autour des articulations. Ce *malleus* est bien certainement
l'arthrite rhumatismale.

5° — MALLEUS FARCIMINOSUS. — Végèce fait dériver ce mal de *farcire*,
parce que le corps de l'animal se trouve farci d'abcès. Plus loin, il dit que
cette affection porte ce nom à cause de sa ressemblance avec le *farcimen*
(saucisse, boudin, andouille), parce que, dit-il, l'humeur virulente qui coule
entre cuir et chair, comme dans des canaux, donne naissance à plusieurs
abcès, de sorte que, quand quelques-uns disparaissent, d'autres font leur
apparition. Il est probable qu'il veut parler des cordes farcineuses.

Les animaux boivent et mangent comme d'habitude, et cependant ils maigrissent. Ils paraissent gais et bien portants pour ceux qui ne sont pas instruits dans l'art vétérinaire (*ars mulo medicinæ*). Aussi, Végèce dit que les artistes (*artifex*) s'empressent de saigner, ce qui est contre-indiqué, car la saignée enlève les forces; il recommande de préférence la cautérisation des abcès.

Il serait difficile de voir dans cette affection autre chose que le farcin, aussi ne nous expliquons-nous pas pourquoi il se trouve déjà décrit sous le nom de Μάλις ὑποδερματιτις, *Morbus subtercutaneus*. Peut-être sont-ce deux affections différentes.

6° MALLEUS SUBRENALIS. — Faiblesse du train postérieur comme si le cheval avait les reins lésés : peau dure au toucher, toux grave, aspect horrible, peu d'appétence pour les aliments et les boissons, tels sont les symptômes mentionnés par Végèce.

En présence de ce laconisme et de cette confusion, il nous est impossible de déterminer la nature de cette affection qui devait avoir son siège dans les reins ainsi que l'indique son nom.

7° MALLEUS ELEPHANTIASIS. — Végèce range cette maladie parmi les *malleus*; les hippiatres grecs en font une maladie spéciale qu'ils désignent sous le nom d'ἐλεφαντιασις. Ce nom, d'après Végèce, viendrait de ce que le cheval qui en est atteint présente une certaine ressemblance avec l'éléphant, dont la peau est naturellement dure et rude.

Les symptômes de l'éléphantiasis, mentionnés par les hippiatres, sont assez confus et peuvent se rattacher aussi bien à la gourme, à l'anasarque, qu'à d'autres affections; aussi est-il difficile d'en préciser la nature.

Apsyrte signale : gonflements ou boutons (ἔπαρμα) sur le cou; gonflement des veines de la face; naseaux dilatés; jetage écumeux, sanguinolent; flancs retroussés; respiration bruyante; inappétence due à la difficulté de boire ou de manger; oreilles, narines, lèvres couvertes d'ulcères; langue tirée, informe.

D'après Végèce, les symptômes de l'éléphantiasis seraient les suivants : démangeaisons principalement sur le dos; squames semblables à de l'écorce d'arbre; dartres brûlantes dans les narines (*papillarum fervor*); toux forte; yeux hébétés; bouche et langue brûlantes; amaigrissement.

D'après Hiéron, il est facile de diagnostiquer cette maladie qui est si dangereuse et si connue, qu'il est inutile d'en indiquer les symptômes.

Végèce la considère comme contagieuse et plus fréquente sur les poulains sevrés. (*H*. Liv. I, ch. II, III, p. 10 à 22. — *V*. Liv. I, ch. II à XIX, p. 10 à 34.)

2° — Peste (Λοιμος)

Cette maladie n'est qu'indiquée dans l'hippiatrique, et, en l'absence des symptômes, il nous est impossible d'en indiquer la nature. Heusinger (1) pense que c'est la fièvre maligne, et Sprengel (4) croit qu'il s'agit de la fièvre gangréneuse; mais ce ne sont là que des suppositions purement hypothétiques. Les Hippiatres regardaient cette affection comme très contagieuse, car ils prescrivaient les mesures les plus énergiques pour arrêter la contagion, telles que : changement d'air; division du troupeau; isolement des malades; séquestration, etc. Columelle (Liv. VI, ch. xxxj) décrit préalablement cette maladie sous le nom de *lubes*, maladie pestilentielle qui, dit-il, fait maigrir en peu de jours les animaux et se termine par la mort. (*H.* Liv. I, ch. iv, p. 23 à 26.)

3° — Lèpre (Λεπρα).

Rien qu'une indication de traitement dans l'*Hippiatrique*. Lavages, onguents divers à l'extérieur. Il est sans doute question d'une maladie de peau. (*H.* Liv. II, ch. cvi, p. 265.)

4° — Gale (Ψωρα, *Scabies*).

Ψωρα est le terme général sous lequel la gale se trouve le plus communément désignée. Cependant, sous le nom de Λιμοψωρα, les anciens désignaient une sorte de gale consécutive à la faim et à la misère. Cette dénomination a été donnée par Hiéroclès à une sorte de gale qui se résout en crasse farineuse (πιτυρον, son). Peut-être s'agit-il de l'herpès?

Les hippiatres, qui ne pouvaient connaître la nature parasitaire de la gale, l'attribuaient soit à la misère, soit à la corruption de la bile et du sang; et, la plupart des traitements ayant échoué, la considéraient comme dangereuse, mortelle même si on n'y remédiait promptement.

L'accord était loin d'exister au point de vue du traitement. Les uns conseillaient de traiter le mal à son début; les autres, tels qu'Apsyrte, Hiéroclès, Végèce, aimaient mieux attendre que la maladie fut généralisée.

Les uns prétendaient qu'il fallait appliquer les remèdes, et ils étaient nombreux, directement sur le mal; d'autres conseillaient de laver auparavant avec de la lessive et de l'eau chaude. Plusieurs, comme Théomneste, Eumèle, recommandaient les frictions avec une tuile, une brique (*testes*) ou une étrille, et cela jusqu'au sang, jusqu'à ce que les croûtes tombent et que les plaies soient à découvert. Enfin, dans un article non signé, il est indiqué de couper avec un rasoir les boutons jusqu'au vif. La saignée était aussi indiquée.

Le traitement, dit Théomneste, est facile à l'artiste (τεχνίτας); mais si un ignorant essaie de l'entreprendre, non seulement il ne réussira pas, mais, en appliquant des remèdes inappropriés, il aggravera le mal. (*H.* Liv. II, ch. LVIII, p. 186 à 191. — *V.* Liv. III, ch. LXXI. — *Columelle*, Liv. VI, ch. XXXII. — *Géoponiques*, éd. Niclas, Liv. XVI, ch. XVIII.)

5° — RAGE (Μανίας, Λυσσα, *Rabies*).

Les hippiatres grecs et latins distinguaient deux sortes d'affections ayant des symptômes à peu près identiques.

La première (Μανίας, *insanus*) caractérisée par des symptômes rabiformes survenant à la suite de maladies aiguës très douloureuses, ou consécutifs à l'insolation (méningite) ou à l'ingestion d'ers ou vesce noire (ορέβος) en trop grande quantité (vertige). En un mot, μανίας n'est pas, à proprement parler, une maladie, ce n'est que l'expression morbide de diverses affections comportant des phases d'excitation, telles que méningite, vertige, etc., etc.

La seconde (Λυσσα) est la rage véritable. Mais les descriptions des auteurs grecs et latins sont parfois tellement obscures qu'il est difficile, dans bien des cas, de savoir si les affections qu'ils décrivent se rapportent à la rage ou aux maladies rabiformes se manifestant par des symptômes de fureur, de méchanceté et la tendance à mordre. Aristote, dans son *Histoire des Animaux*, liv. VIII, ch. XXIII, décrit, sous le nom de Λυσσητας, une affection qui peut se rapporter aussi bien à la fureur qu'à la rage. Les symptômes suivants : tête basse, oreilles s'abaissant et se relevant alternativement, défaillances, sueurs, ne sont pas suffisants pour nous permettre de reconnaître la rage.

Nous ne trouvons que dans Végèce des indications précises par rapport à la contagion de la rage du cheval. L'animal, dit-il, mord les autres animaux et les fait devenir enragés par contagion (*facit ipsa contagione rabiosa*). On les dit hydrophobes (*hydrophobia*) parce qu'il arrive quelquefois qu'ils craignent l'eau.

Si les hippiatres grecs ne parlent pas de contagion, ils connaissaient du moins la rage, les symptômes suivants, décrits dans l'*Hippiatrique*, en sont la preuve :

Hennissements répétés (χρεμετισμος). Le cheval cherche à attaquer et à fondre (επιτρεπω) sur l'homme et à le mordre (δακνω). Il mord le râtelier, se dévore (κατεσθιω) lui-même et remue incessamment les oreilles. Son regard est fixe, furieux (δεινος), étincelant (λαμπρος), ensanglanté. La salive est abondante, les veines sont gonflées, les muqueuses injectées et le corps tout en sueur. Tremblements, grincements de dents.

Traitements divers. Mettre l'animal dans l'obscurité et l'attacher de façon qu'il ne voie pas l'eau. Cautériser la partie mordue. Faire manger au cheval le foie bouilli du chien qui l'a mordu. Appliquer sur la plaie de la racine de cynorrhodon (*rosa canina*). Saignées. (*H*. Liv. II, ch. xcii, p. 243 à 246. — *V*. Liv. II, ch. xi, xii, p. 100 ; liv. III, ch. xxxi, xliii, lxxxiv, p. 214, 221, 266.)

6° — Gourmes (χοιρας, Struma, Glandula).

Les gourmes, d'après les hippiatres grecs, qui en ont donné une bonne description, sont fréquentes chez les poulains avant leur deuxième dentition et surtout chez les poulains qui n'ont pas six mois passés. Apsyrte dit que les chevaux hongres y sont moins sujets.

Pour les hippiatres, le symptôme pathognomonique était l'apparition de tumeurs (*struma, scrophula, glandula*) de grosseurs variables dans l'auge. Comme symptômes généraux, ils signalent les suivants : yeux enflés, tête lourde, veines distendues, extrémité des lèvres tuméfiée, tuméfaction de la gorge, difficulté dans la déglutition, toux.

Les traitements préconisés sont nombreux et tantôt du domaine de la thérapeutique, tantôt du ressort de la chirurgie. Dans le premier cas, on appliquait des cataplasmes ; mais, le plus souvent, on avait recours à des procédés chirurgicaux dont le manuel opératoire était assez varié. Tantôt on fendait la glande avec le bistouri, tantôt on y mettait une pointe de feu ; mais le procédé chirurgical le plus recommandé par Apsyrte et Végèce était l'extirpation.

Pour cela, on abat le cheval, on l'entrave, puis, saisissant la glande (χοιρας) avec des pinces (Σαρκολαβις) (pince de chirurgien propre à saisir les chairs), on coupe la peau en rond avec le bistouri ou la lancette de manière à faire une ouverture suffisamment grande. Saisissant ensuite la membrane d'enveloppe (χιτων) avec les pinces, on la détache de façon à circonscrire la tumeur. Puis, quand celle-ci est à nu (γυμνωσαντα), on passe une petite spatule (σπαθιον) sous la membrane et on soulève la peau. Il ne reste plus qu'à introduire le doigt en dessous et à soulever la partie circonscrite ; alors, saisissant la tumeur ou glande avec les doigts, on l'arrache vivement. Il faut avoir soin de tout enlever, car s'il restait une portion de glande, tout serait à recommencer.

Pour arrêter l'hémorrhagie Végèce conseille de brûler la plaie ; mais les hippiatres grecs préfèrent mettre de la charpie imbibée de sel et de vinaigre. Trois jours après, on lave avec de l'eau chaude et on renouvelle le pansement. (*H*. Liv, I, ch. xx, p. 65. — *V*. Liv. II, ch. xxiii, xxiv, p. 116.)

B. — Pathologie des bovidés.

Bien qu'Hippocrate ait établi un parallèle entre les luxations de l'épaule chez l'homme et chez les bovidés ; bien qu'Aristote ait décrit, dans son Histoire des animaux, deux maladies chez les bœufs (π
ο
δ
α
γ
ρ
α et κ
ρ
α
υ
ρ
α) ; on ne peut citer ces deux illustres savants de l'antiquité comme s'étant véritablement occupé de pathologie bovine. Il nous faut arriver à des époques beaucoup plus rapprochées de la nôtre avant de trouver un ouvrage traitant de cette branche si importante de la pathologie animale.

Caton, le premier des écrivains agronomes latins (234 à 179), ne donne que des indications générales sur les mesures propres à prévenir les maladies des bovidés.

Varron (114 à 27) garde à peu près le même silence. Il se borne à exposer en quelques lignes les effets de la piqûre des taons, le manuel opératoire de la castration.

Columelle (40 à partir de notre ère) est le premier qui se soit longuement occupé de la pathologie bovine, ou tout au moins son traité est-il le premier qui nous soit parvenu. Le sixième livre du *de re rustica* est exclusivement consacré à l'élevage des animaux de l'espèce bovine, et à la description de leurs maladies. Columelle s'est sans doute appliqué à les décrire avec le plus grand soin, car les notions médicales dont il a fait preuve dans ce sixième livre sont beaucoup plus exactes, beaucoup plus détaillées que dans les autres livres qui traitent des maladies des autres animaux domestiques.

Gargilius Martialis (iii
e siècle de notre ère), avait composé un travail intitulé : *De curae boum;* mais il ne nous en reste qu'un petit fragment de 135 lignes au plus, à peu près sans valeur.

Sanctus Severus Endeleichus a laissé un poème *(de Mortibus Boum)* sur une épizootie désastreuse qui sévissait avec intensité sur les bœufs.

Végèce (iv
e siècle), dans son traité vétérinaire Liv. III), s'est quelque peu occupé des maladies des bovidés. « Poussé, dit-il, par les plaintes incessantes de mes concitoyens, qui m'ont fait interrompre mon travail pour traiter « des maladies et morts désastreuses des bœufs ». Mais si la pathologie des solipèdes est faite avec le plus grand soin, avec un luxe de détails qui la rendent aussi complète que possible pour l'époque ; il n'en est pas de même de la pathologie bovine qu'il n'a fait qu'ébaucher. Il a cependant, dit-il, recueilli avec soin tout ce qui avait trait à cette question dans les auteurs différents. Mais si nous comparons le traité de Columelle et celui de Végèce, il nous sera facile de voir que Végèce s'est borné à copier presque textuellement le travail

de Columelle, auquel il n'a fait que quelques rares additions sans valeur, notamment en ce qui concerne les maladies proprement dites.

Tels sont les écrivains qui, dans la période antique, se sont occupé des affections des bovidés, dont la collection de l'*Hippiatrique* ne fait aucunement mention. On trouve dans les *Géoponiques* 18 articles environ de Sotion, African, Paxamos, Florentinus, traitant des diverses affections des animaux de l'espèce bovine, mais ils ne comportent guère que l'indication de traitements plus ou moins fantaisistes.

1° — MALADIES DE L'APPAREIL DIGESTIF.

DÉGOUT, INAPPÉTENCE, occasionnés, dit Végèce, par diverses affections. Cautérisation du front, incision des oreilles. (*V*. Liv. III, ch. III).

INFLAMMATION DU PALAIS (*tumor palati*). — Saignée au palais, aliments de facile digestion. (*V*. Liv. III, ch. IV. — *Columelle*. Liv. VI, ch. XIV).

GRENOUILLETTES. — Excroissances de la langue que les vétérinaires, dit Columelle, appellent *ranœ*. Les scarifier ou les couper, puis frotter la plaie d'ail et de sel jusqu'à ce que l'humeur s'écoule (*lacessitu pituita secedit*). Végèce dit qu'il est préférable de les exciser avec un roseau tranchant (*acuta canna*). Heusinger croit que c'est la glossite ou tumeur de la langue. Il est plus rationnel de croire que ce paragraphe traite de l'ablation des barbillons. (*V*. Liv. III, ch. III. — *Columelle*. Liv. VI, ch. VIII).

INDIGESTION (*cruditas*), caractérisée par des rots fréquents (*crebri ructus*), des borborygmes (*ventri sonitus*), de l'inappétence, de l'inrumination ; affection dangereuse qui peut, d'après les hippiatres, se compliquer de tympanite. Saignée à la queue ou en pince. (*V*. Liv. III, ch. III, p. 166. — *Columelle*. Liv. VI, ch. VI, ch. VII. — *Géoponiques*, édit. Niclas, liv. XVII, ch. XVII-XIX. — *Martialis Gargilius*).

TYMPANITE (*inflatio ventris*). — Gonflement du ventre. Vives coliques. Saignée à la queue. Promenade au pas. Exploration rectale pour retirer les excréments. (*V*. Liv. III, ch. III. — *Columelle*, liv. VI, ch. VI-VII).

DIARRHÉE (*profluvies ventris*). (*V*. Liv. III, ch. II-III, p. 158). — *Géoponiques*, édit. Niclas, liv. XVII, ch. XVI).

DYSENTERIE (*torminium vitium*) dont le symptôme principal consiste dans l'évacuation par l'anus d'un liquide glaireux, sanguinolent, ce qui affaiblit l'animal et le rend impropre à tout travail. Remèdes divers. Cautérisation du front, incision des oreilles. (*V*. Liv. III, ch. III.— *Columelle*. Liv. VI, ch. VII).

COLIQUES VERMINEUSES. — Fréquentes, dit Columelle, chez les veaux, qui sont souvent incommodés le vers (*lumbrici*). (*Columelle*. Liv. VI, ch. XXV. — *Géoponiques*, édit. Niclas, liv. XVII, ch. XXVII).

2° — MALADIES DE L'APPAREIL RESPIRATOIRE

TOUX. — Toux aiguë (*recens tussis*). — Toux chronique (*veteres tussis*) (*V. L.* III, chap. IV, p. 163. — *Columelle*, liv. VI, ch. X. — *Géoponiques*, édit. Niclas, liv. XVII, ch. XXI. — *Martialis Gargilius*).

AFFECTIONS DE POITRINE. — Est-ce la pneumonie, la péripneumonie ou la gangrène pulmonaire dont veut parler Aristote (*Histoire des animaux*, liv. V, ch. XXV, § 5) ? Il la désigne sous le nom de κραυρα et se borne à mentionner les symptômes suivants : inappétence, respiration chaude et fréquente, fièvre. La mort, ajoute-t-il, arrive rapidement et à l'autopsie on trouve le poumon putréfié. Est-ce la péripneumonie ou la tuberculose dont parlent Végèce et Columelle, qui prétendent que c'est une affection très grave dégénérant rapidement en phthisie (*phthisis*) ?. D'après eux les symptômes principaux seraient la toux, la maigreur et une ulcération des poumons (*cum pulmones exulcerantur*). (*V. L.* III, ch. IV. — *Columelle*, liv. VI, ch. XIV).

KYSTES HYDATIQUES DES POUMONS, signalés par Hippocrate (460 avant notre ère). (Traduction Littré, t. VII, p. 225).

3° — MALADIES DES YEUX

Peu détaillées. — Columelle et Végèce signalent seulement la taie (*album*) et l'*epiphora*, fluxion des yeux. (*V. L.* III, ch. IV, p. 163. — *Columelle*, liv. VI, ch. XVII).

4° — MALADIES DE L'APPAREIL LOCOMOTEUR

A. — *Maladies de la tête — du cou — de la nuque.*

FRACTURE DES CORNES. — Envelopper les cornes brisées de linges imbibés d'huile, de vinaigre et de sel. Le quatrième jour fomenter avec de la graisse de porc, de la poix fondue et de l'écorce de pin pulvérisée. (*V. L.* III, ch. IV, — *Columelle*, liv. VI, ch. XVI).

CONTUSION DU COU. — Saignée à l'oreille.

LUXATION DU COU. — Si le cou est ébranlé (*si cervix mota et dejecta est*) et déjeté, disent Columelle et Végèce, saigner à l'oreille du côté où le cou penche. Mais auparavant il faut battre l'oreille à coups de sarments pour faire gonfler la veine et l'ouvrir avec un couteau (*cultellus*).

Gonflement du cou. — Saignée aux deux oreilles. Si on négligeait cette médication, le cou deviendrait volumineux et il se formerait une tumeur dure qui empêcherait l'animal de supporter le joug.

Clous *(clavæ)*. — Ils sont fréquents, paraît-il, et faciles à guérir. Faire couler dessus goutte à goutte de l'huile d'une lampe allumée.

Calvitie de la nuque. — Pour empêcher cet accident qui survient quand le chignon a été souillé par la sueur et la pluie pendant le travail, Végèce conseille de saupoudrer le cou, avant de dételer l'animal, avec de la poussière de tuile broyée. (*Columelle,* liv. VI, ch. xiv. — *V.,* liv. III, ch. iv. — *Martialis Gargilius*).

B. — *Maladies des membres.*

Blessure. — Membre blessé par le soc de la charrue. (*V. L. III,* ch. iv).

Luxation de l'épaule. — Hippocrate, le célèbre médecin de Cos, dit que les luxations sont plus fréquentes chez les bovidés à la fin de l'hiver, parce qu'ils sont plus amaigris. (Traduction Littré, t. IV, p. 99).

Végèce, Columelle, attribuent cet accident à la fatigue, aux violents efforts auxquels sont assujettis les animaux qui labourent dans un terrain trop dur, ou qui sont brusquement arrêtés quand la charrue rencontre une racine sur son passage. (*Columelle,* liv. VI, ch. xvi. — *Végèce,* liv. III, ch. iv. — *Galien.*

Douleurs des tendons. — Boiterie qui se déclare à la suite d'une affection des tendons (*si dolore nervorum claudicat*). (*Columelle,* liv. VI, ch. xii. — *V.,* liv. III, ch. iv).

Hydarthrose des articulations. — Genoux enflés (*si genua intumuerint*). Bassiner avec du vinaigre chaud ou de l'eau bouillante. S'il y a de l'humeur attendre, dit Végèce, que l'abcès soit mûr pour le percer. (*Columelle,* liv. VI, ch. xii. — *V.,* liv. III, ch. iv).

C. — *Maladies du pied.*

Les bœufs, étant exclusivement employés aux durs travaux des champs, il en résultait qu'ils étaient fréquemment sujets aux diverses maladies de pied, que de tout temps on a cherché à prévenir. Ainsi Caton dit que pour empêcher le retour d'accidents trop fréquents, il est nécessaire que l'intendant veille avec soin à ce que les pieds soient bien nettoyés (*De re rustica,* ch. v).

Pour prévenir l'usure de la corne (*boves ne pedes subterant*), il recommandait d'enduire le dessous de la corne de poix liquide (ch. lxxii). — Pour guérir les pieds usés en dessous (*pedes subtriti*), Columelle et Végèce conseillent de laver les pieds avec de l'urine de bœuf chauffée, puis de forcer les animaux à marcher sur la cendre chaude et enfin d'enduire la corne d'un mélange de poix, d'huile et de graisse de porc. (*Caton*, ch. v-LXXII. — *Columelle*, liv. VI, ch. xv. — *V.*, liv. III, ch. iv).

BOITERIES. — D'après Columelle et Végèce les boiteries sont bien moins fréquentes, si on a soin, après avoir dételé les bœufs, de leur laver la corne des sabots avec de l'eau froide, et de frotter avec de la vieille graisse la couronne (*corona*), les paturons (*suffragines*) et l'intervalle des deux sabots (*ac discrimen ipsum quo divisa est boris ungula*). (*Columelle*, liv. VI, ch. xv. — *V.*, liv. III, ch. iv).

Ils attribuaient les boiteries à l'action du sang qui descend dans les sabots. Aussi conseillaient-ils d'explorer les sabots afin de s'assurer s'il y avait de la chaleur dans ces parties.

Quant au traitement il variait suivant le degré d'acuité des boiteries et suivant la localisation du mal.

Frictions, scarifications, quand la boiterie a son siège dans les membres.

Incision entre les deux ongles *inter duas ungulas*, quand la corne est le siège du mal. Appliquer ensuite de la charpie imbibée de vinaigre et de sel et chausser le sabot avec une bottine de genêt d'Espagne (*solea spartea*).

Si l'affection se trouve localisée à la partie inférieure du sabot, couper au vif l'extrémité inférieure de l'ongle (*extrema pars ipsius unguis ad vivum resecatur*); probablement la saignée en pince. Ne pas faire l'incision dans le milieu de la sole (*mediam ungulam ab inferiore parte non expedit aperire*), à moins qu'elle ne soit le siège d'un foyer purulent. (*Columelle*, liv. VI, ch. XII. — *V.*, liv. III, ch. iv.— *Géoponiques*, édit. Niclas, liv. XVII, ch. XXIII).

PLAIES. — Si le soc de la charrue a blessé le bœuf au talon ou à la corne; si l'animal a marché sur une racine, une tuile ou une pierre aiguë, faire fondre sur la plaie de la poix, de la graisse et du soufre.

Si la plaie est profonde, limiter les parties atteintes avec le fer (*latus ferro circumditur et ita inuritur*), cautériser et chausser le pied. (*Columelle*, Liv. VI, ch. xv, p. 321. — *V.*, Liv. III, ch. iv).

Ποδάγρα. — Quelle est cette affection qu'Aristote identifie à celle que nous avons déjà décrite chez le cheval? En l'absence de détails, il nous est impossible de rien préciser. Aristote se borne à dire qu'elle est moins grave chez le bœuf, qui, dans certains cas, n'en perdrait pas moins les sabots. (*Hist. anim.*, Liv. V, ch. XXV, § 5).

5° — MALADIES GÉNÉRALES

FIÈVRE. — Saignée à la queue. (*Columelle*, Liv. VI, ch. IX. — *V.*, Liv. III, ch. IV. — *Géoponiques*, édit. Niclas, Liv. XVII, ch. XX).

CORIAGO. — Affection des plus dangereuses pour les bœufs, d'après Columelle et Végèce. En voici les symptômes. La peau tient si fort au dos (*cum pellis ita tergori adhæret*) qu'en la prenant avec la main on ne peut la séparer des côtes. Cet accident n'arrive que quand les bœufs sont devenus maigres à la suite de quelque maladie ou quand il y a eu refroidissement. Quelle est cette affection? Peut-être est-ce la tuberculose. (*Columelle*, Liv. VI, ch. XIII. — *V.*, Liv. III, ch. IV).

ABCÈS (*suppuratio*). — Columelle et Végèce recommandent la ponction de préférence aux médicaments maturatifs (*suppuratio melius ferro rescinditur quam medicamento*). (*Columelle*, Liv. VI, ch. XI. — *V.*, Liv, III, ch. IV. — *Géoponiques*, Liv. XVII, ch. XXI, XXII).

PLAIES. — Toute plaie négligée, dit Columelle, engendre des vers (*vermes*). Pour les tuer, il suffit ordinairement de nettoyer les plaies à l'eau froide. Si ce moyen ne réussit pas, appliquer du jus de marrube blanc ou de porreau broyé avec du sel. Frotter ensuite les bords de la plaie avec de la poix et de l'huile pour que les mouches n'y viennent pas déposer leurs œufs. (*Columelle*, Liv. VI, ch. XVI).

PEDICULOSUS. — Renverser le bœuf sur le dos et regarder si la langue n'a pas de vésicules. S'il y en a, les brûler avec un cautère en pointe. Quelle est cette affection? Est-ce la fièvre aphtheuse? S'il s'agissait du porc, on serait tenté de croire à la présence de cysticerques ladriques sous la langue. Mais la ladrerie bovine est encore si peu connue de nos jours que nous hésitons à la reconnaître dans cette brève indication mentionnée dans les *Géoponiques*, édit. Niclas, Liv. XVII, ch. XXIX.

6° — MALADIES CONTAGIEUSES

Columelle n'a fait que les mentionner; mais nous trouvons dans Végèce de plus amples détails. Tous deux paraissent avoir décrit, Columelle sous le nom de *pestilentia* et Végèce sous celui de *malleus*, diverses affections graves du bœuf, que le vulgaire désignait communément sous le nom d'*achanus* de αχανης (stupide).

Suivant la classification adoptée pour le *malleus* des équidés, Végèce reconnaît les mêmes variétés chez les bovidés. Mais s'il nous a été possible de les différencier chez les solipèdes, il n'en sera pas de même à propos des bovidés, car l'énumération des symptômes est confuse et par trop concise.

Serait-ce le farcin du bœuf, ce *malleus farciminosus* se traduisant par l'apparition de tubercules qui se percent, guérissent et reparaissent ailleurs? Qu'est-ce que la *mania* caractérisée par une sorte de coma et qui fait périr promptement les animaux alors qu'ils sont très gras et bien portants? Serait-ce le charbon ou la peste bovine?

Bien que Végèce et Columelle aient, en général, attribué les diverses espèces de *malleus* à l'ingestion d'excréments de porc mêlés aux aliments, ils reconnaissaient néanmoins le caractère contagieux de ces affections, si redoutables pour les bovidés. Ils supposaient même que les animaux sains, ayant été en contact avec les malades pouvaient, à un moment donné, tomber malades eux-mêmes et transmettre le germe de la maladie aux autres. En effet, disent-ils, ils corrompent les herbes en paissant, les fontaines en buvant, les crèches en se tenant à l'étable, et les plus sains même périssent en respirant l'odeur qu'exhalent les malades.

Aussi mettaient-ils en pratique les mesures sanitaires les plus énergiques : séparation des malades, séquestration, isolement, enfouissement des cadavres très profondément et en dehors des limites de la métairie. Agir promptement, dit Végèce, et ne pas imputer à la colère divine ce qui est le fait de la négligence du propriétaire.

Traitements les plus divers. Les trochisques dans la conque auriculaire étaient le plus communément employés. (*V.*, Liv. III, ch. ii, p. 158. — *Columelle,* Liv. VI, ch. v).

GALE. — Mentionnée seulement par : Columelle, Liv. VI, ch. xiii; — Végèce, Liv. III, ch. iv ; — Martialis Gargilius; — *Géoponiques*, Liv. XVII, ch. xxiv.

RAGE. — Columelle ne fait que l'indiquer. Il dit qu'on peut préserver le bœuf des effets de la morsure des chiens enragés (*canis rabiosus*) ou des loups en appliquant sur la plaie de l'ail ou de vieilles salaisons (*vetus salsamentum. (Columelle*, Liv. VI, ch. xiii. — *V.*, Liv. III, ch. iv).

FIÈVRE CHARBONNEUSE. — Voir ch. v, Épizootie.

CHARBON SYMPTOMATIQUE.—Voir ch. vii, Animaux nuisibles : Musaraigne.

TYPHUS. — Voir ch. v, Épizootie, année 376.

7° — AFFECTIONS CHIRURGICALES

Voir Chirurgie : Castration, Saignée, Cautérisation.

C. — **Pathologie des ovidés**.

Les travaux sur les maladies des moutons et des chèvres sont encore moins nombreux et moins importants que ceux qui ont trait à la pathologie des bovidés. A part quelques brèves indications rapportées dans les œuvres d'Hippocrate et d'Aristote, nous ne trouvons des documents que dans les traités de Varron, Columelle, Pline, et encore Columelle est-il, pour ainsi dire, le seul qui ait consacré un chapitre spécial à l'élevage et à la pathologie des ovidés.

A propos des chèvres, on trouve dans Varron cette singulière assertion : « Affirmer que les chèvres sont saines, c'est ce que nulle personne d'esprit « sain ne peut affirmer, puisque cet animal n'est jamais sans fièvre (*quœ* « *numquam sunt sanœ*) », affirmation rapportée par Pline. (Liv. VIII, ch. LXXVI), qui l'attribue à Archelaüs.

En parlant des maladies du mouton et de la chèvre, Columelle dit qu'il y a peu de différences au point de vue des maladies chez ces deux espèces, la constitution du corps étant presque la même dans les grands et petits quadrupèdes. Il ajoute que chez les chèvres les maladies sont diverses et analogues à celles des brebis.

Rien dans l'*Hippiatrique;* 4 ou 5 articles dans les *Géoponiques*, et c'est avec les indications précitées, tout ce qui constitue la pathologie ovine dans l'antiquité.

1° — Maladies de l'appareil digestif

Météorisation, signalée par Anatolius (*Géoponiques*, édit. Niclas, Liv. XVIII, ch. XVII).

2° — Maladies de l'appareil respiratoire

Maladie des poumons, considérée comme fréquente en été, surtout quand l'eau vient à manquer. De là le conseil, donné par Columelle, de mettre les brebis à même de boire copieusement pendant les chaleurs. (Liv. VII, ch. v).

Difficulté de respirer, toux, mentionnées par Anatolius. (*Géoponiques*, édit. Niclas, liv. XVIII, ch. XVII).

3° — Maladies du cerveau

Kystes (probablement cœnures), dont Hippocrate, le célèbre médecin de Cos, signale la présence dans le cerveau des chèvres. Mais dans la description de la maladie que ces kystes déterminent, Hippocrate semble avoir confondu l'épilepsie avec le tournis. (Trad. Littré, t. VII, p. 225).

Encéphalite ou insolation, signalée par Anatolius. (*Géoponiques*, liv. XVIII, ch. XVII).

4° — MALADIES DE L'OEIL

A ce propos, le naïf Élien, dans son histoire des animaux (Liv. VII, ch. XII), rapporte que les chèvres savent se guérir de l'ὑπόχυσις (obscurcissement des yeux par l'humidité qui s'y répand), en se piquant l'œil avec les épines des buissons.

5° — MALADIES DE L'APPAREIL URINAIRE

Pour Aristote, la maladie la plus fréquente chez les moutons et les chèvres, serait la maladie des reins, à cause de la quantité de graisse qui les entoure. (*Hist. anim.*, Liv. VIII, ch. XXIII. — Liv. III, ch. XIII).

6° MALADIES DE L'APPAREIL GÉNITAL

EXTRACTION DU FŒTUS. — C'est en parlant des maladies des moutons, que (*Columelle*, Liv. VII, ch. III), dit que le berger doit être expert dans la médecine vétérinaire (*veterinariæ medicinæ prudens esse debet*), afin d'être en état d'extraire le fœtus, quand il est en présentation transversale (*transversus hæret locis genitalibus*), et cela sans mettre la mère en danger de mort. Pour y arriver, il faut, dit-il, disséquer le fœtus et pratiquer l'opération que les grecs désignent sous le nom d'ἐμβρυοτομία (embryotomie).

RÉTENTION DE L'ARRIÈRE-FAIX qui survient chez les chèvres après la mise-bas. (*Columelle*, Liv. VII, ch. VII).

7° — MALADIES DE L'APPAREIL LOCOMOTEUR

FRACTURE DE LA JAMBE (*fracta crura*). Envelopper les parties lésées de laine imbibée d'huile et de vin et appliquer des éclisses. (*Columelle*, Liv. VII, ch. V).

8° — MALADIES DIVERSES

CACHEXIE. — C'est probablement de la cachexie dont il est question à à propos de ce gonflement du cou qui survient chez les chèvres; maladie grave, dit (*Columelle*, liv. VII, ch. VII), que les grecs désignent sous le nom d'ὑδρωψ.

OSTIGO (*dartre*), maladie dartreuse, mortelle aux jeunes brebis qui tettent. Survient aussi chez les boucs qui ont brouté l'herbe couverte de rosée. Apparition d'ulcères sur les lèvres qui sont sales et paraissent atteintes de pustules. Serait-ce le noir-museau ? (*Columelle*, Liv. VII, ch. V).

PITUITE (*pitula*). (*Columelle*, Liv. VII, ch. V).

JAUNISSE (*pecus arquatum*). (*Columelle*, Liv. VII, ch. V).

9° MALADIES CONTAGIEUSES ET INFECTIEUSES

Bien que *Columelle* ait dit que les brebis étaient peu sujettes aux maladies pestilentielles, il indique néanmoins les mesures à prendre en cas de contagion dans un troupeau. Changer de pâturage et quand le troupeau arrive à destination, le partager en petits pelotons qu'on distribue à plusieurs colons. Si on ne peut venir à bout de la maladie, ni se défaire du troupeau, égorger les animaux et les saler, mais ne refaire un autre troupeau que quand le mauvais temps de l'année est passé ; au printemps, si l'épizootie a eu lieu en été ; en automme, si elle s'est manifestée en hiver.

Rien de plus facile que de prévenir la contagion : « Si tu vois, dit Vir-« gile (31), (*Géorgiques*, Liv. III, vers 478), quelqu'une de tes brebis se reti-« rer souvent sous les doux ombrages, brouter nonchalamment la pointe des « herbes, aller toujours la dernière ou bien tomber languissante au milieu « des pâturages et la nuit revenir en son bercail seule et attardée, coupe à « l'instant le mal à la racine avant que l'horrible contagion ne se répande « insensiblement sur tout le troupeau ».

D'après *Columelle*, lorsqu'une maladie contagieuse commence à sévir sur un troupeau, on voit auparavant les animaux maigrir de langueur et de malaise. Il n'en est pas de même, dit-il, chez les chèvres qui tombent tout d'un coup sans prodrôme et dans le moment même qu'elles sont très grasses et très gaies. (*Columelle*, Liv. II, ch. VII; Liv. II, ch. V et VII. — *Géoponiques*, éd. Niclas, Liv. XVIII, ch. XIII).

GALE (*scabies*). — Caton est le premier agronome qui fasse mention de la gale du mouton et il ne fait que l'indiquer.

Celse, Galien, Calpurnius en font également mention. Mais pour l'étude de cette affection, il faut nous reporter aux *Géorgiques* de Virgile, Liv. III, vers 440 à 463. Là nous trouvons une description très détaillée de cette mala-die, à laquelle Columelle, s'inspirant des travaux de Virgile, a consacré un chapitre spécial.

Etiologie. — Les anciens l'attribuaient à l'humidité, aux intempéries de l'air, au défaut de nourriture, en un mot à la misère physiologique. D'autres causes étaient encore invoquées : défaut de propreté, plaies produites par les épines des buissons, séjour dans des écuries ayant précédemment servi à des mulets, des chevaux ou des ânes. Calpurnius, dans ses *Bucoliques*, églogue V, parle de la transmission possible par la tonte et c'est là sans doute un indice de contagion produite par les forces. « Après la tonte, dit-il,

---

(31) *Virgile*. Collection des auteurs latins. Ed. Nisard.

« prends garde que sous quelque plaie cachée, il ne se forme une tumeur
« empoisonnée qui dévore tout le corps et le ronge jusqu'aux os. »

Symptômes. — Les moutons se grattent, se mordent les parties atteintes,
y portent la corne du pied ou se frottent contre les arbres, les murs. Aussitôt
qu'on voit une brebis ainsi occupée, il faut écarter la laine et examiner attentivement la peau, on verra alors qu'elle est rude et couverte de dartres
(*porrigo*).

Traitement. — Columelle, Celse prétendent qu'en prenant certaines précautions on peut éviter la gale. Leur traitement curatif est basé sur des
soins de propreté. Virgile, dans ses *Géorgiques*, nous apprend que les bergers
tâchent de préserver leurs animaux de cette maladie en baignant leurs troupeaux dans l'eau des rivières.

Les mélanges les plus disparates, les mixtures les plus diverses ont été
employés pour combattre la gale. Mais « le remède le meilleur et le plus
« prompt, dit l'auteur des *Géorgiques*, c'est de couper avec un bistouri la
« tête même des ulcères (*si quis ferro potuit rescindere summum ulceris os*).
« Plus le mal est caché, plus il s'entretient et s'envenime, surtout si le ber-
« ger (*pastor*) néglige d'y porter remède et s'il ne sait, dans sa piété stérile,
« qu'implorer l'assistance des dieux.

« Quand la douleur est trop forte, ajoute Virgile, quand les brebis devien-
« nent furieuses, quand la fièvre dessèche et ronge leurs membres, on sai-
« gne à la veine du pied (*pedis vena*). C'est la coutume des *Bisaltes* (peuples
« de Macédoine), et des *Gélons* (habitants de la Sarmatie), peuples qui tou-
« jours fuient à travers les déserts gétiques (aujourd'hui Bessarabie), et sur
« le mont Rhodope (en Thrace). » (*Virgile. Géorgiques*, Liv. III, vers 299.
— 440 à 463. — *Columelle*, Liv. VII, ch. v. — *Caton*, 5. — *Géoponiques*,
éd. Niclas. — Liv. XVIII, ch. xv.)

CLAVELÉE. — Columelle (*de re rustica*, Liv. VII, ch. ii et v) mentionne
sous le nom d'*Ignis sacer*, une affection qu'il décrit comme contagieuse,
incurable et extrèmement dangereuse pour les brebis. Si on ne l'arrête pas,
dès qu'une brebis du troupeau est atteinte, la contagion gagne tout le troupeau et le fait périr en entier. Le nom de *pusula* (pustule), sous lequel la
désignaient les pâtres, indique que cette maladie était de nature pustuleuse,
et, cette assertion se trouve confirmée par cette remarque d'un auteur égyptien, Bolus Mendesius, qui conseillait de regarder souvent et avec soin le
dos des brebis pour voir si elles n'étaient pas atteintes de ce mal. Comme
jamais le charbon ne se manifeste sous forme de pustules sur les ovidés il
nous semble plus rationnel de rattacher cette épizootie à la clavelée.

Pour arrêter les progrès du mal, Columelle conseille de creuser une fosse sur le seuil de la bergerie, d'y enfouir vivant un des animaux atteints, et de faire passer au-dessus tout le troupeau. (*Columelle*, Liv. VII, ch. v.)

Piétin (*clavus*). — Cette maladie, désignée par Columelle sous le nom de *clavus* (clou, plaie, excoriation), semble bien être le piétin. Elle peut, dit-il, se présenter sous deux formes distinctes :

1º Par l'apparition d'une plaie suppurante (*subluvies*) ou d'une excoriation (*intertrigo*) dans l'espace interdigité ;

2º Par la formation, dans ce même endroit, d'une petite tumeur (*tuberculum*), d'où sort un poil semblable à un poil de chien et sous lequel se trouve un petit ver (*vermiculus*).

Comme traitement, application de poix fondue, de poudre d'alun, de vert-de-gris ou de noix de galle brûlée. Si cela ne réussit pas, inciser le pourtour de la tumeur, tout en ayant bien soin de ne pas inciser trop profondément, car il se répandrait sur la plaie un pus sanieux, venimeux, qui la rendrait incurable. Il n'y aurait plus alors qu'une ressource, ce serait de couper le pied de la brebis. (*Columelle*, Liv. VII, ch. v.)

D. — Pathologie des suidés.

Aristote, Varron, Columelle, Pline, mentionnent quelques maladies du porc, mais elles sont peu nombreuses et peu facile à déterminer. Didyme, dans les Géoponiques, liv. XIX, ch. VII, signale un singulier moyen pour s'assurer de l'état de santé du cochon. Si le poil arraché est net, l'animal est bien portant. S'il est ensanglanté ou entouré d'une ordure épaisse c'est un signe certain de maladie. C'est du reste en grande partie sur ce signe que se base Aristote pour diagnostiquer la ladrerie chez le porc.

Fièvre, dont voici les principaux symptômes : tête de travers, inclinée vers la terre. Après avoir couru quelques instants, les truies s'arrêtent tout d'un coup au milieu des pâturages et tombent à terre, étourdies par une espèce de vertige.

Saignée aux veines de l'oreille, de la queue. (*Varron, Columelle*. Liv. VII, ch. x. — *Géoponiques*. Liv. XIX, ch. VII.)

Envie de vomir, signalée par Columelle. (Liv. VII, ch. x.)

Douleur de la rate. (*Splenis dolor*). — A propos de cette affection, dont on ne peut préciser la nature, Didyme dit qu'elle est très fréquente chez les porcs.

On les guérit facilement, dit Columelle, en leur faisant boire de l'eau dans laquelle on a plongé des charbons ardents ou de l'eau ayant séjourné dans des auges faites avec du bois de tamaris et de houx.

Ces bois auraient, paraît-il, la propriété d'arrêter les gonflements. — (*Columelle*. Liv. VII, ch. X. — *Géoponiques*. Liv. XIX, ch. VII.)

AVORTEMENT, signalé par Pline comme fréquent chez les truies (Liv. VIII, ch. LXXVII.)

KYSTES HYDATIQUES DES POUMONS, mentionnés par Hippocrate. (T. VII. p. 225.)

DIARRHÉE, signalée par Aristote et Varron.

STRUMA (scrofule, écrouelles) mentionnée par Columelle. (Liv. VII, ch. X.) Probablement une tuméfaction des glandes du cou (angine).

Plutarque, répète à plusieurs reprises que le porc est couvert sous le ventre de lèpre et d'efflorescences dartreuses (ἐπιλευκια, taches sur la peau, και λεπρα.)

Des quatre affections, dont parle Aristote (*Hist. anim.* Liv. VIII, ch. XXII) la première est désignée sous le nom de βραγχος (enrouement). Cette maladie était ordinairement caractérisée par la tuméfaction de la région du cou et des parties avoisinantes de la gorge et des mâchoires ; mais elle pouvait encore se manifester sur d'autres parties du corps, notamment sur le pied et les oreilles.

« L'organe attaqué et tout ce qui l'avoisine, dit Aristote, se sèche et se
« pourrit, jusqu'à ce que l'inflammation soit parvenue au poumon ; et alors
« l'animal meurt. Les progrès de la maladie sont rapides ; et le porc cesse
« de manger dès qu'elle commence, quelque faible qu'elle soit au début.
« Dès que les porchers s'en aperçoivent au moindre symptôme, ils n'ont pas
« d'autre remède que d'amputer l'organe entier qui est atteint. C'est surtout
« quand l'été est prospère et fécond et que les animaux sont très gras qu'elle
« éclate. Il est bon alors de leur donner des mûres et de les faire baigner à
« grande eau et à l'eau chaude ; il est bon aussi de les saigner sous la langue. »

Le Dr GUARDIA dans une savante étude sur les maladies du porc dans l'antiquité, dit qu'il s'agit probablement de la pustule maligne ou du charbon ; mais le charbon spontané du porc étant une maladie encore assez rare de nos jours, il serait, je crois, plus juste d'attribuer cette tuméfaction des parties latérales du cou à une angine gangréneuse (soie ou soyon). Il est probable aussi qu'Aristote en signalant la gangrène des autres parties du corps a décrit sous le nom de βραγχος plusieurs affections fort différentes, se traduisant par de la tuméfaction et de la sphacèle.

Il est assez difficile de déterminer exactement la nature des deux maladies qu'Aristote décrit sous le terme commun de κραυρα et que les lexicographes

traduisent à tort par gourme ou scrofule. Cette expression servait sans doute
à désigner une maladie aiguë, à marche rapide et mortelle, car Aristote
l'emploie également pour dénommer une maladie de poitrine chez les bovidés.
Mais les symptômes qu'il donne de la κραυρα chez les porcs sont par trop
succincts pour nous permettre d'en préciser la nature. Dans la première de ces
deux affections on constatait de la douleur et une pesanteur de tête, auxquelles les porcs succombaient presque toujours, en moins de 3 ou 4 jours.

Sous le nom de κραυρα, il désigne également un flux diarrhéique presque
toujours incurable, qui n'était bien certainement que le symptôme pathognomonique d'une affection dont la nature nous échappe.

D'après GUARDIA, κραυρα serait synonyme de *struma* dont le sens est le
même que celui de scrofule; mais, nous ne saurions trop le répéter, l'étymologie des termes ne suffit pas toujours pour déterminer les affections qu'ils
caractérisent. En fait d'interprétation médicale le moindre symptôme pathognomonique ferait bien mieux notre affaire.

Si les trois affections dont nous venons de donner un aperçu restent encore inconnues pour nous, il n'en est pas de même de la quatrième qui
se rapporte bien à la ladrerie du porc qu'Aristote décrit sous le nom de
Χάλαζα (grêle, grain).

« Les porcs, dont la chair est aqueuse, ont comme des grêlons aux jambes,
« au cou et aux épaules ; ces sortes de grêlons viennent surtout dans ces
« parties. Tant qu'il y en a peu, la chair reste douce et bonne ; quand les
« grêlons se multiplient, elle devient huileuse et perd son goût. On reconnait
« sans peine que les porcs ont ces grêlons, parce qu'ils se produisent plus
« particulièrement au bas de la langue ; et quand on arrache à l'animal quel-
« ques soies sur le front, ces poils viennent avec un peu de sang. Lorsque les
« grêlons se produisent aux pieds de derrière, l'animal ne peut rester un
« instant tranquille. Les porcs d'ailleurs n'ont pas de grêlons, tant qu'ils ne
« se nourrissent que de lait. On guérit le grêlon en donnant de la tipha, qui
« est, en même temps, pour les porcs un très bon aliment.... Le porc est,
« d'ailleurs, à notre connaissance, le seul animal qui ait le grêlon. » (Aristote,
Hist. des animaux. Traduction Barthélemy Saint-Hilaire. [Liv. VIII, ch. XXI
§§ 4 et 5.)

Voilà certes pour l'époque une bonne description de la ladrerie qui ne
laisse plus subsister aucune incertitude dans notre esprit. Non seulement les
Anciens connaissaient la ladrerie du porc, mais ils connaissaient aussi ce
signe extérieur de la vésicule ladrique décélé chez l'animal vivant par la
présence de grains de ladre sous la langue ; mais Aristote ne fait que mentionner les lieux d'élection de la ladrerie, et ne parle nullement du lan-
gueyage, dont nous trouvons une description figurée dans la comédie des
Chevaliers d'Aristophane.

Au fort d'une discussion orageuse entre Cléon, un charcutier et Démosthène, ce dernier, qu'il ne faut pas confondre avec le grand orateur, dit, en s'adressant au charcutier qui parlait de lui crever le jabot : « Par « Jupiter, introduisons-lui, comme font les cuisiniers, un levier dans la « bouche, puis, attirant sa langue en dehors, nous regarderons bien en « conscience, par ses mâchoires béantes jusqu'à son derrière, s'il est ladre. » (Delpech. *De la ladrerie du porc au point de vue de l'hygiène*. (Annales d'hygiène, 1864. 2ᵉ série. T. XXI, p. 5 et 241.)

Cette dernière phrase, où il est question de regarder jusqu'au fondement pour voir si l'animal est ladre a soulevé bien des discussions. Elle nous paraît cependant assez facile à interpréter. Rien n'indique dans la pensée de l'auteur qu'il soit nécessaire de regarder à l'anus du porc pour constater la ladrerie ; mais, quand le charcutier Agoracite vient de menacer Cléon de lui remuer son boyau culier comme un intestin d'andouille, quoi de plus naturel que la réponse de Démosthène. Tout ceci n'est que métaphore. Quand nous disons d'une personne dont nous voulons connaître les sentiments intimes, « nous saurons bien ce qu'elle a dans le ventre », rien n'indique que notre intention soit d'en faire l'autopsie.

Nous aurions encore beaucoup à dire au sujet de la ladrerie d'Aristote, mais après la savante étude du Dᵣ Guardia, il ne nous reste plus qu'à garder le silence. Nous y renvoyons le lecteur désireux d'interpréter les textes d'une façon plus approfondie. (32).

Affections chirurgicales. — Voir chapitre VI. (Castration.)

E. — Pathologie des chiens.

L'antiquité ne nous a légué aucun traité de pathologie canine, et cependant ce ne sont pas les matériaux qui ont dû manquer, si l'on en croit Gratius Faliscus. « Mille fléaux, dit-il, s'apesantissent sur les meutes. Crois-moi (car « il ne faut pas avoir tant de confiance dans l'art des hommes), renonce aux « médicaments et implore les dieux, Diane surtout. »

Xénophon, Columelle, Gratius Faliscus, Aurélianus Olympius Nemesianus, tout en mentionnant quelques maladies spéciales, ont plutôt eu en vue de traiter de la chasse et de l'élevage des chiens destinés à ce service que de faire œuvre de pathologie. Aussi les maladies que nous aurons à mentionner sont-elles relativement peu nombreuses.

---

(32) Guardia. *La ladrerie du porc dans l'Antiquité*. (*Recueil de médecine vétérinaire.* 1865, p. 994. — 1866, p. 34.)

Kystes hydatiques des poumons, mentionnés par Hippocrate, le célèbre médecin de Cos (t. VII, p. 99).

Esquinancie (κυναγχη), signalée pour la première fois par Aristote (*Hist. anim.*, Liv. IX, ch. VII, § 6), qui la considère comme mortelle.

Goutte (ποδαγρα), dont il est bien rare que les chiens réchappent, dit Aristote (*Hist. anim.*, Liv. IX, ch. VII, § 6); mentionnée aussi par Gratius Faliscus.

Toux (*tussis*). — Gratius Faliscus.

Léthargie. — Somnolence désignée par Gratius Faliscus sous le nom de *mœstus veternus* et sans aucune indication. Serait-ce la maladie des chiens?

Plaies, Éventration. — Gratius Faliscus décrit assez bien les blessures auxquelles les chiens sont si souvent exposés dans leurs luttes contre les animaux sauvages. Il démontre l'inutilité de s'occuper des blessures légères, les chiens y remédiant d'eux-mêmes en les léchant. A propos des hémorrhagies consécutives aux plaies d'une certaine gravité, comme hémostatique, il conseille d'appliquer sur la plaie de l'urine de l'animal cause de la blessure. Le sang du chien se coagulant avec facilité, rien d'étonnant que les anciens, ignorant cette propriété, aient cru aux bons effets de l'urine pour arrêter l'effusion du sang. En cas de plaies étendues, Gratius recommande de les recoudre avec un fil léger.

Maladies diverses. — On trouve l'indication d'autres affections du chien dans l'*Histoire des animaux* d'Élien à propos de la propriété curative de certaines herbes et dont les chiens ont, dit-il, parfaitement connaissance. Ingestion de barbes d'épis de blés contre les vers, ingestion du fruit du chêne contre les douleurs des membres, ingestion d'une certaine herbe qui croît sur les murailles et qui détermine des vomissements. (Plénitude de l'estomac.)

Insectes nuisibles aux chiens. — Mouches qui déterminent des ulcérations aux oreilles, que les chiens finissent par perdre complètement. Il est probable que Columelle veut parler du chancre des oreilles, dont les plaies ulcéreuses attirent les mouches. Pour les empêcher de pénétrer sur la plaie, il conseille de frotter les oreilles avec des amandes amères pilées ou bien de les enduire de poix. (*Columelle*, L. VII, ch. XIII.)

Ricins (*Ricinus*). — (*Columelle*, Liv. VII, ch. XIII.)

Puces. — S'en débarrasser par des frictions avec de la poudre de cumin et de l'ellébore blanc, de concombre sauvage et des lavages avec l'eau de mer ou la saumure. (*Columelle*, Liv. VII, ch. XIII; *Géoponiques*, éd. Niclas Liv. XIX, ch. III.)

ABLATION DE LA QUEUE. — Columelle recommande de couper (*castrare*) la queue des petits chiens, quarante jours après la naissance. Cette opération chirurgicale était recommandée comme préservatif de la rage et aussi pour empêcher cet appendice de prendre une extension désagréable : « On prend avec les dents, dit Columelle, le nerf qui parcourt l'épine dorsale jusqu'à l'extrémité de la queue (*nervus est qui per articulos spinæ prorepit usque ad ultimam partem caudæ*) et on le rompt après l'avoir un peu tiré à soi. (*Columelle*, Liv. VII, ch. XII.)

MALADIES CONTAGIEUSES. — GALE. — La gale (*scabies*) serait, d'après Faliscus, une des maladies les plus puissantes, une de celles qui conduisent le plus fatalement à la mort (vers 464) :

> . . . . *qui robore pestes*
> *Acrior, aut leto proprior via?*

Aussi, pour empêcher sa propagation et préserver les meutes, conseille-t-il d'abattre le premier animal atteint, dès que la maladie s'est déclarée.

Quand la maladie s'est propagée aux autres animaux, il faut recourir aux applications de pommades diverses, qui, le plus souvent, restent sans effet.

Il paraît qu'en Sicile il existait une caverne immense, considérée comme la demeure de Vulcain, et où on allait baigner les chiens galeux en implorant pour leur guérison le secours de la divinité. Mais, sans doute, l'intervention de Vulcain n'était pas toujours efficace, car Columelle s'exprime ainsi :

« Si le secours du dieu ne répond pas immédiatement à ton attente,
« étreins les narines, coupe avec le fer le ligament qui les unit et fais couler
« autant de sang que tu pourras, le sang étant le germe et la source de la
« contagion. »

> *Stringendæ nares, scindenda ligamina ferro*
> *Armorum, geminasque cruor descendus ab aure.*

RAGE (λύσσα, *rabies*). — Il est probable que la rage du chien était connue de toute antiquité; mais, avant Aristote, nous manquons de données à son égard. A plusieurs reprises, dans les poèmes homériques, Teucer, en parlant d'Hector, lui inflige l'épithète de chien enragé et compare sa fureur à la rage (κύων λυσσητήρ). Dans une comédie d'Aristophane (*Lysistrata*), un vieillard se plaint de la fumée qui lui mord les yeux comme ferait un chien enragé. Nous pourrions multiplier les citations sans résoudre le problème de la première apparition de la rage chez les peuples helléniques. Il ne faut pas oublier que λύσσα, λυσσητήρ sont des expressions qui s'appliquent aussi bien à la rage qu'à la fureur, synonymie que nous avons conservée. De nos jours, quand nous disons d'une personne qu'elle est enragée, qu'elle a la rage de vouloir faire telle ou telle chose, n'implique pas dans notre esprit qu'elle est atteinte de rage véritable. Donc, en l'absence de symptômes caractéristiques, nous devons rejeter tout ce qui serait motif à suspicion et n'admettre comme rage que toute affection dont le diagnostic est réellement justifié.

Tout en admettant que la rage a dû être connue depuis les temps les plus reculés où l'homme s'est associé le chien, nous déclarons, qu'au point de vue historique, Aristote est le premier qui fasse mention de la rage canine. Dans son *Histoire des animaux*, Liv. VIII, ch. xxii, il dit que la rage est une maladie mortelle pour les chiens, et que tous les animaux qu'ils mordent contractent la rage, *excepté l'homme*. Nous nous expliquons d'autant moins cette singulière restriction que des faits de transmission de la rage à l'espèce humaine par les morsures de chiens enragés ont certainement été observés de son temps bien qu'il n'en soit aucunement fait mention dans la littérature de cette époque.

Celse est le premier qui signale cette transmission du virus rabique, bien que cependant elle ait été connue bien longtemps auparavant par les anciens Indiens et mentionnée dans les *Susrutas ayurvedas* (33) (t. II, ch. vi, p. 233). Celse est aussi le premier qui signale ce symptôme d'hydrophobie (ὑδροφοβία) qui a été si longtemps signalée comme propre à la rage. Enfin, il indique un mode de traitement si complet et si rationnel que, pendant longtemps, il nous a servi de guide. Extraction du virus à l'aide de ventouses, débridement et cautérisation des morsures, sudation prolongée, telle est la médication indiquée dans le *De re medica*, Liv. V, ch. xxvii, § 2.

Gratius Faliscus, dans son *Cynegeticon*, vers 383, renchérit sur la gravité de la rage, dont il reconnaît plusieurs espèces sans les mentionner (*plurima per catulos rabies*). C'est lui qui, pour la première fois, mentionne la présence, à la base même de la langue, à l'endroit où elle est adhérente au gosier, d'un petit ver (*vermiculus*, Λύσσα) qu'il considère comme cause de la rage et dont il conseille l'ablation. Influence des lysses rabiques sur lesquelles Auzias Turenne a de nouveau appelé l'attention. C'est encore Gratius Faliscus qui conseille pour guérir la rage d'attacher au cou des animaux des poils de blaireau, des colliers en coquillages sacrés, etc., etc. Peut-être devons-nous faire remonter à cette pratique superstitieuse les amulettes, les

---

(33) *Susrutas ayurvedas.* Erlangæ apud Ferdinandum Enke, 1844.

colliers d'ambre qu'on attache au cou des nouveau-nés, les colliers de bouchons dont on affuble les chattes pour leur faire passer le lait.

Dioscoride est peut-être le seul qui ait donné la meilleure description des symptômes de la rage, symptômes qui ne dépareraient pas un de nos meilleurs traités de pathologie (Liv. VI, ch. xxxv).

Le chien enragé, dit-il, ne veut ni manger ni boire, — il écume par la bouche et les naseaux, — les yeux sont hagards, l'attitude mélancolique ; à un moment donné, il saute sur les personnes sans aboyer et mord hommes et bêtes, aussi bien ses maîtres que les étrangers ; il fuit la lumière ; quelques-uns aboient, mais leur voix est affaiblie.

Bien qu'il admette que la guérison de la rage soit impossible, il conseille néanmoins la cautérisation et le débridement des morsures. Les égratignures sont, en effet, dit-il, plus à craindre que les grandes morsures, car, dans les grandes, il y a perte plus abondante du sang, qui entraine les éléments virulents.

Columelle, *De re rustica*, Liv. VII, ch. xiii, parle de l'ablation de la dernière articulation de la queue pour préserver les chiens de la rage, mesure prophylactique que nous retrouvons dans Pline et qui a malheureusement encore cours de nos jours dans le public peu au courant des notions médicales. C'est encore dans Pline que nous retrouvons cette assertion erronée encore en vigueur et qui consiste à croire que les chiens deviennent plus facilement enragés pendant les jours caniculaires (Liv. VIII, ch. lxiii). Il mentionne ensuite comme cause de la rage le prétendu ver de la langue, et comme symptôme pathognomonique la peur de l'eau (*pavor aquæ*).

Nous laissons de côté, bien entendu, les nombreuses fables dont Pline a émaillé son récit, selon sa funeste habitude (Liv. VII, p. 13 ; Liv. VIII, p. 63, Liv. XXII, p. 17 ; Liv. XXVIII, p. 43 ; Liv. XXIX, p. 32 ; Liv. XXXIV, p. 44)

Galien (*De loco aff.*, Liv. VI, p. 5), Élien (Liv. IX, ch. xv), Aurelianus Olympius Nemesianus ont également parlé de la rage chez les chiens ; mais leurs descriptions ne viennent rien ajouter aux indications pour la plupart si précises de leurs devanciers.

Quelle que soit la cause de la rage, dit Aurelianus Nemesianus, elle souffle dans la gueule du chien une écume d'un noir venin qui leur commande des morsures mortelles (vers 210).

Inque feros rictus, nigro spumante veneno
Prosilit, insanos cogens infigere morsus.

F. — Maladies de volailles.

Quelques articles dans les traités agricoles de Columelle, de Pline, de Palladius Rutilius Taurus Æmilianus, dans les Géoponiques, et c'est à peu près tout ce qui constitue la pathologie des volailles dans l'antiquité.

DIPHTHÉRIE (*pituita*). — Pour tous ceux qui se sont occupés des maladies de nos oiseaux de basses-cours, la diphthérie était une maladie très funeste, se manifestant par divers symptômes, dont le principal était l'apparition d'une pellicule blanche à l'extrémité de la langue.

Deux sortes de traitement étaient indiqués : l'un que l'on peut appeller préventif et l'autre curatif. Les anciens pensaient qu'il suffisait, pour empêcher l'apparition de cette redoutable maladie, d'exposer les poussins sur un crible à l'action directe de la fumée de menthe. Il est peu probable que la menthe soit douée de cette propriété que lui attribuaient les agronomes latins; mais il faut ajouter qu'ils combinaient son action avec les plus grands soins de propreté, tels que nettoyage à fond du poulailler, des vases, ustensiles à l'usage des volailles. On recommandait aussi de leur donner de l'eau très pure.

Comme traitement curatif, plusieurs remèdes plus ou moins fantaisistes étaient préconisés : gousses d'ail dans le gosier, urine tiède d'homme dans le bec, crème en boissons, etc. Mais quand l'affection avait pris plus d'extension, quand les pellicules avaient envahi les parties extérieures du bec, de l'œil même, quand les poules refusaient toute nourriture, on leur fendait les joues (*genæ*), pour donner écoulement à la sanie. Pline conseille de leur passer dans les narines une plume à laquelle on imprime plusieurs mouvements par jour. Palladius recommande d'arracher les pellicules avec les ongles. (*Columelle*, Liv., VIII, ch. I à VII. — *Pline*, Liv. X, ch. LXXVIII. — *Géoponiques*, Liv. XIV, ch. XII. — *Palladius Taurus Æmilianus*, Liv. I, ch. XXVII).

MALADIES DES YEUX. — Palladius Taurus Æmilianus (Liv. I, ch. XXVII), prétend que quand les poules mangent des lupins amers, on en voit apparaître aussitôt la graine autour des yeux. Elles en mourraient, paraît-il, si on ne les retirait pas, en perçant légèrement la peau avec une aiguille. Il n'est guère possible d'indiquer quelle est cette affection dont il est ici question. Berytius (*Géoponiques*, Liv. XIV, ch. XIII) mentionne un traitement insignifiant pour empêcher que les poules ne perdent la vue.

POUX. — Pour en débarrasser les poules, Palladius Taurus Æmilianus

(Liv. I, ch. xxvii), indique le traitement suivant : frictions, jusqu'à ce que le liquide pénètre à la base des plumes, avec un mélange de vin et d'eau dans lequel on a fait bouillir de l'herbe à poux, du cumin grillé, des lupins amers.

Maladies des Pigeons, Tourterelles, Paons, Oies, Canards , Faisans. — Mêmes que celles des poules. (*Columelle*, Liv. VIII, ch. i à vii. — *Palladius Taurus Æmilianus*, Liv. I, ch. xxviii).

Crise du rouge. — Palladius est le premier qui ait fait mention de la crise du rouge qu'on observe assez fréquemment de nos jours sur les couvées de dindons, de paons.

« C'est un temps de crise pour eux, dit-il, quand la crête commence à « pousser ; ils tombent alors en langueur comme les enfants au moment de « la pousse des dents. » (Liv. I, ch. xxviii).

Maladies diverses. — Paxamos (*Géoponiques*, Liv. XIV, ch. xvii) indique plusieurs remèdes insignifiants pour diverses maladies des poules.

Castration des coqs. — Voir chirurgie.

G. — Maladies de divers animaux domestiques.

Les anciens ne se bornaient pas à l'élevage des animaux dont nous venons de passer en revue les maladies ; ils avaient aussi domestiqué plusieurs autres espèces animales, dont ils ont indiqué en quelques mots les principales affections. Ce sont ces maladies que nous vous demandons la permission de décrire le plus succinctement possible, pour ne pas donner trop d'étendue à notre travail. Du reste, il nous serait fort difficile d'agir autrement, car les maladies de l'éléphant, des chameaux, des cerfs, des poissons, des insectes, ne sont qu'ébauchées dans les ouvrages de l'antiquité et encore n'en est-il guère fait mention que dans les œuvres d'Aristote.

Maladies des éléphants

Aristote (*Hist. anim.*, Liv. VIII, ch. xxii et xxv), dit que les éléphants n'ont que des maladies qui consistent en des vents, dont ils souffrent beaucoup et qui s'opposent au cours naturel des matières excrémentitielles. Cependant il mentionne aussi la diarrhée qu'on guérissait en donnant de l'eau chaude en boissons, et comme aliments du foin aspergé de miel. Il indique aussi des remèdes fantaisistes, tels que les frictions avec un mélange d'huile, de sel et d'eau chaude pour combattre la fatigue causée par des insomnies ; applications de chair de porc rôtie dans les douleurs des épaules.

Elien (Liv. XIII, ch. vii), parle des plaies légères dont les indiens obtiennent la guérison par des ablutions d'eau tiède ; des plaies profondes dont on calme l'inflammation au moyen d'applications de viande et de sang de porc encore tiède. Il est aussi question des ophthalmies guéries par les instillations de lait de vache tiède.

MALADIES DES CHAMEAUX

Aristote ne cite que la rage. Est-ce la rage ou la fureur génésique au moment du rut ? (*Hist. anim.*, Liv. VIII, ch. XXII).

CASTRATION (Voir chirurgie).

MALADIES DES CERFS

Aristote (.*Hist anim.*, Liv. II, ch. XI, § 8), prétend que les cerfs ont dans la tête des vers vivants, au nombre d'une vingtaine et plus gros que les asticots.

CASTRATION (Voir chirurgie).

MALADIES DES POISSONS

Aristote (Liv. V, ch. XXV. — Liv. VIII, ch. XX), mentionne les affections suivantes : Maladies d'yeux qui sévissent sur les poissons, dont les yeux deviennent tout blancs.

Parasites de la grosseur d'une araignée qui se placent près des nageoires des thons et des espadons. Ces parasites, qu'Aristote désigne sous le nom d'œstre, seraient probablement, d'après le traducteur d'Aristote, M. Barthélemy Saint-Hilaire, la *pennatula filosa*.

« Il ne semble pas, dit Aristote, que les poissons soient exposés à des « maladies contagieuses......., cependant ils sont aussi malades à leur « manière; et la preuve qu'en donnent les pêcheurs, c'est qu'on en prend quelquefois de très maigres et absolument décolorés. »

Telles sont les maladies qu'Aristote signale sur les poissons de mer. Quant aux poissons d'étangs et de rivières, tout en reconnaissant l'absence de maladies contagieuses, il cite des maladies spéciales dont voici les principales.

Étourdissements produits par les rayons du soleil, coups de tonnerre. Vers qui se produisent chez deux poissons de nature inconnue et les rendent malades. Parasites qui se développent en nombre considérable sous les branchies. Empoisonnement des rivières pour faire une pêche plus fructueuse, etc.

MALADIES DES INSECTES

Κληρος produisant une larve grosse comme une petite araignée, qui attaque l'essaim tout entier des abeilles. Il y a aussi dans les essaims des chenilles, puis de petites bêtes qui ressemblent aux papillons qui volent autour des lampes. (*Aristote, Hist. anim.*, Liv. VIII, ch. XXVI).

V. — Maladies contagieuses.
Épizooties.

« Combien de fois une cruelle épizootie n'a-t-elle pas désolé les troupeaux les mieux soignés. » (Xénophon. *Économique*).

« O Diane ! Malheur à ceux que poursuit ton courroux ! Leurs troupeaux sont dévorés par la peste, leurs champs dévastés par la grêle. » (Callimaque.)

Ces citations suffiraient à nous prouver que de tous temps de cruelles épizooties ont dévasté les troupeaux, si nous n'en trouvions de nombreux exemples dans les œuvres des écrivains de l'antiquité. Mais combien de passées sous silence par rapport aux nombreuses épizooties qui ont dû sévir, à cette époque, avec d'autant plus de force et de fréquence, que les anciens étaient peu ou point armés pour s'en préserver. Qu'importaient du reste aux historiens ces maladies contagieuses pour ainsi dire locales qui n'exerçaient leurs ravages que dans un cercle très restreint ! A peu d'exceptions près, ils n'ont signalé que celles qui sévissaient en même temps et sur l'homme e les animaux. Les épidémies ont sauvé de l'oubli les épizooties, qui sans elles, seraient pour la plupart, restées inconnues.

ÉPIZOOTIES AVANT NOTRE ÈRE.

1700 (?)

Dans l'*Exode* (chapitre IX, versets 3, 6, 9, 10) il est question d'une maladie épizootique qui porta de grands ravages parmi le bétail des Égyptiens. « Je m'en vais, dit le Seigneur à Moïse, étendre ma main sur les champs « des Égyptiens, et les chevaux, les ânes, les chameaux, les bœufs, les brebis, « seront frappés d'une peste très dangereuse. » Cette menace fut suivie d'exécution, car tous les animaux des Égyptiens moururent.

Plus tard il frappa le bétail des Pharaons d'une nouvelle calamité consistant en ulcères se communiquant aux hommes et aux animaux. En présence d'un tel laconisme il nous est impossible de préciser la nature de ces deux affections.

1200

Il en est de même de la peste qui ravagea l'armée des Grecs campés devant Troie et qui attaqua d'abord les chiens et les mulets avant de se manifester sur l'espèce humaine. Homère *Iliade*. Chant I, vers 50) ne fait que la mentionner. Sénèque (*OEdipe*, vers 132 à 205) décrit une peste identique qu'il place à Thèbes.

753

Plutarque (*Vie de Romulus*) nous apprend simplement qu'il y eut à Rome une grande mortalité parmi les hommes et les animaux, mortalité qu'il attribue à une extrême sécheresse qui eût pour conséquence une grande disette d'aliments.

488

« Les hommes étaient atteints d'une espèce de maladie **pestilentielle** qui « enlevait aussi une grande quantité de bestiaux. » C'est tout ce que Denys d'Halicarnasse (*Antiq. Rom.*, Liv. VII, ch. XII) dit au sujet de cette épidémie exerçant simultanément ses ravages sur tous les êtres animés.

461

« Cette année, dit Tite-Live (*Hist. Rom.* Liv. III, chap. VI), la chaleur était « accablante et il régnait, dans la ville (Rome) et dans la campagne, un mal « pestilentiel également funeste aux hommes et aux animaux. La violence de « la maladie trouva un aliment dans ces troupeaux et ces campagnards que « la crainte du pillage avait fait recevoir dans les murs. » Denys d'Halicarnasse (*Antiq. Rom.* Liv. IX, ch. XIX) est tout aussi laconique, il ajoute seulement : « qu'elle se jeta d'abord sur les haras et sur les troupeaux de bœufs, de là « elle passa aux chèvres et aux moutons ; elle emporta presque toute la tota- « lité des bêtes à quatre pieds. »

453

Famine et peste également funestes aux hommes et aux animaux (Tite-Live. *Hist. Rom.* Liv. III, ch. XXXII). — Denys d'Halicarnasse. (*Antiq. Rom.* Liv. X, ch. X), ajoute que « les paysans en souffraient beaucoup plus que les bour- « geois, à cause de l'infection du bétail et des troupeaux parmi lesquels ils « étaient obligés d'être tous les jours ».

431

Tite-Live (*Hist. Rom.* Liv. IV, ch. XXV) mentionne une maladie contagieuse qui exerça ses ravages sur les hommes et les animaux. « Les décemvirs, dit- « il, pour apaiser le courroux des dieux et détourner le fléau, eurent recours « à toutes les pratiques indiquées dans les livres, et cependant la ville et la « campagne éprouvèrent une perte immense d'hommes et de bétail. »

428

Tite-Live (Liv. IV, ch. XXX) parle d'une épidémie et d'une épizootie qui eurent lieu simultanément à Rome, à la suite d'une extrême sécheresse.

« Partout l'épuisement des eaux entassa aux environs des fontaines et des
« ruisseaux, les troupeaux morts de soif ; d'autres furent emportés par
« la gale (*scabies*) ; la contagion de cette maladie attaqua ensuite les
« hommes. »

396

« Après un hiver rigoureux, l'intempérie du ciel et les brusques variations
« de l'atmosphère, ou toute autre cause, amenèrent un été pestilentiel et
« funeste à tous les êtres vivants. » (Tite-Liv. *Hist. Rom.* Liv. V. ch. xiii,)

212

Au siège de Syracuse, les Romains se préparaient à fondre sans retard
sur la ville, quand une maladie pestilentielle (*lues-pestis*) s'éleva en Sicile
et fit périr indistinctement un grand nombre d'hommes et d'animaux.

« Les chiens furent les premiers atteints par le mal. Bientôt l'oiseau dé-
« faillant ne peut plus se soutenir dans les airs, et tombe ; les cadavres des
« bêtes fauves gisent dans les bois, l'horrible fléau, qui va sans cesse en se
« propageant, attaque enfin les armées où il sème la mort. » (Thucydide.
Liv. XXV, ch, xxvi).

Tite-Live (*Hist. Rom.* Liv. XXV. ch. xxvi) ne parle que d'une épidémie et
ne fait nullement mention de l'épizootie.

178

Cette année fut souillée par une contagion qui toutefois ne s'attaqua qu'aux
bestiaux. (Tite-Live. *Hist. Rom.* Liv. XII, ch. xviii).

Julius Obsequens (*Prodiges*. Ch. lxiv) rapporte que les victimes immolées
par les Consuls donnèrent un foie qui se pourrissait aussitôt.

175

En l'an de Rome 577 une épizootie (*morbus, pestilentia*) fit une horrible
destruction de bovidés. (Tite-Live. *Hist. Rom.* Liv. XL, ch. xviii-xxi. — Julius Obsequens. *Prodiges*. ch. lxv).

127

« L'Afrique fut infestée d'une innombrable armée de sauterelles, qui exha-
« lèrent une intolérable odeur, des miasmes mortels et engendrèrent à
« Cyrénée une horrible épidémie d'animaux. » (Julius Obsequens. *Prodiges*.
Ch. xc).

PREMIER SIÈCLE

L'Épizootie décrite par Lucrèce (*de natura rerum.* Liv. VI, vers 1125), par
Virgile (*Géorgiques.* Liv. III, vers 478 à 556), par Ovide (*Métamorphoses*

Liv. VII, vers 517 à 660) est certainement la même, bien que pour les besoins de l'action, elle ait été mentionnée à des époques et des endroits entièrement différents.

La description qu'en a donnée Virgile est de beaucoup la meilleure, bien qu'il paraisse avoir confondu plusieurs affections de nature tout à fait différentes.

« Les tempêtes qui fondent sur les mers et les bouleversent, ne sont pas plus fréquentes que les fléaux divers (*pestes*) qui assaillent les animaux. Encore les maladies ne les prennent pas un à un, mais elles envahissent les pacages entiers et ruinent tout, pères, mères, enfants, tout jusqu'aux dernières espérances des bergers. Allez plutôt voir les Alpes Juliennes, les bourgs fortifiés de la Noricie et les champs Japydiens arrosés par le Timave (*x*), cet empire des pasteurs depuis si longtemps déserté, devenus aujourd'hui d'immenses et profondes solitudes. »

« Là, sous l'influence pestilentielle de l'air, éclata jadis une affreuse contagion que l'automne vint embraser de ses feux excessifs. Tout périt, les troupeaux, l'espèce entière des bêtes sauvages ; la maladie empoisonna les eaux, infecta les étables (*corrupitque lacus, infecit pabula tabo*). »

« Les animaux ne mouraient pas d'une mort ordinaire ; d'abord une soif ardente leur courant de veine en veine retirait leurs membres appauvris ; bientôt s'y épanchait une âcre liqueur qui absorbait peu à peu les os minés et ramollis. »

> *Sed ubi ignea venis*
> *Omnibus acta sitis miseros adduxerat artus*
> *Rursus abundabat fluidus liquor, omniaque in se*
> *Ossa minutatim morbo conlapsa trahebat.*

« Souvent la victime amenée devant les autels, tombait mourante entre
« les mains des sacrificateurs, trop lents à la frapper ; à peine si les couteaux
« se teignaient de sang.

> *Ac vix suppositi tinguuntur sanguine cultri.*

« Quelques gouttes seulement d'une liqueur livide souillaient l'arène. »

« Les jeunes taureaux meurent partout dans les riants pâturages et vien-
« nent rendre le doux souffle de la vie sur leur crèche pleine d'herbes. »

> *Hinc lætis vituli volgo moriuntur in herbis.*
> *Et dulcis omnia plena ad præsepia reddunt.*

(*x*) La Noricie est une partie de la Bavière, la Japidie est le Frioul ou la Carniole, le Timave est un petit fleuve du Frioul qui se jette dans l'Adriatique.

« Le chien si carressant est pris de la rage (*rabies*), une toux haletante
secoue les flancs du porc exténué. »

Hinc canibus blandis rabies venit, et quatit ægros
Tussis anhela sues ac faucibus angit obesis.

« Le cheval tombe aussi, frappe à tout moment la terre du pied, baisse les
« oreilles, une sueur intermittente (*sudor incertus*) coule sur ses membres,
« froide quand il va mourir, sa peau sèche et dure résiste à la main qui le
« touche. »

« Tels sont les symptômes qui paraissent dès les premiers jours et avant
« la mort. Mais si le mal s'accroît et empire, les yeux de l'animal s'enflam-
« ment (*ardentes*), son haleine est comme tirée du fond de sa poitrine (*atque*
« *attractus ab illo spiritus*), entrecoupée de sourds gémissements ; ses flancs
« se tendent et palpitent avec de sanglants efforts ; un sang noir coule de
« ses narines et sa langue desséchée, raboteuse, presse et assiège son
« gosier. »

« Le taureau tombe sous le joug et vomit un sang mêlé d'écume. »

« Ce fut alors, dit-on, qu'on chercha dans ces tristes contrées deux bœufs
« pareils, pour conduire au temple de Junon le chariot chargé d'offrandes.
« On vit des hommes réduits à creuser péniblement la terre avec des hoyaux,
« y enfouir la semence avec leurs ongles, à traîner jusqu'au haut des
« montagnes des chariots pesants. »

« C'est en vain qu'on fait changer de pâturages aux troupeaux, l'art même
« se tourne contre eux et le mal a vaincu la science des maîtres, celle de
« Chiron, de Mélampe. Echappée du tombeau des Styx, la pâle Tisiphone étale
« ses fureurs, entasse morts sur morts, comble les étables de cadavres
« infects. »

« On ne pouvait les dépouiller, ni faire usage de leurs peaux, car on ne
« pouvait les purifier par l'air, ni en dompter l'infection par le feu. Il n'y
« avait pas moyen de tondre les brebis malades, d'enlever leurs toisons
« pénétrées du venin rongeur et de toucher à leurs laines putréfiées. »

Ne tondere quidam morbo illuvieque peresa
Vellera.

« Malheur à celui qui osait revêtir ces dépouilles impures. Soudain i
« voyait son corps, baigné d'une sueur immonde, se couvrir de pustule
« ardentes et bientôt il périssait consumé de feu invisible. »

Verum etiam, invisus si quis tentarat amictus;
Ardentes papulæ atque immundus olentia sudor
Membra sequebatur; nec longo deinde moranti
Tempore contactos artus sacer ignis edebat.

(*Géorgiques*. Liv. III, vers 478 à 566).

ÉPIZOOTIES A PARTIR DE NOTRE ÈRE

130

« Toute l'Italie fut affligée d'une peste très violente, surtout Rome. Le
« mal croissait tous les jours et cette peste emporta une multitude effroyable
« d'hommes et d'animaux. » (Hérodien. *Hist. Rom.* Liv. 1).

216

Grande peste en Italie (Frari, I. 2. 262). *Pestis romam italiamque corripuit,
brutis etiam infesta.* (Hel. Cavriol. *Hist. Brix.* — Heusinger. T. II. p. 135).

376

Epizootie décrite, sous le titre de : *De mortis boum*, par Severus Sanctus
Endeleichus, poëte chrétien, né à Bordeaux. Ce poème fut composé à l'occasion d'une maladie contagieuse qui causa de grands ravages, en Turquie,
Illyrie, Flandre. Le thème roule sur une discussion à propos de la maladie
régnante, entre un chevrier (*caprarius*), un bouvier (*armentarius*) et un
berger (*aries ductarius*).

BUCULUS

Tu sais, Aegon, combien j'étais riche en troupeaux, à tel point que mes
animaux, errants sur les bords des fleuves, couvraient les vallées, les plaines,
et les défilés des montagnes. Maintenant tout espoir d'accroître mes richesses
est anéanti. Tout ce qu'un long travail de tous les instants de ma vie avait
produit, je l'ai perdu en deux jours, tant sont rapides les progrès du mal.

AEGON

On a déjà signalé les ravages de cette funeste peste (*lues*). Récemment elle
dévastait la Pannonie, l'Illyrie, la Belgique ; maintenant, dans sa course impie,
elle vient nous assaillir. Mais toi, qui es expert dans l'art de combattre le
fléau pernicieux au moyen des sucs salutaires, pourquoi, pour prévenir le
danger, ne prêtes-tu pas le secours de ta main médicale (*medica manus*).

BUCULUS

Il n'y a point de signes précurseurs d'un tel mal. Celui qu'il a touché, la
maladie l'accable. La mort même ne le fait pas languir, elle ne souffre aucun
retard et devance même la contagion. Au chariot, j'attelais deux bœufs ro-
bustes, choisis avec soin, d'un âge absolument semblable, de même robe,
de douceur égale, de même force, de même origine ; au milieu des champs
tous deux succombaient au même mal. J'ensemençai la terre profondément

remuée, d'abondantes pluies avaient rendu le sol friable, la charrue avait aisément creus² les sillons et nulle part le soc n'avait rencontré d'obstacles. Tout d'un coup le bœuf de gauche tombe subitement frappé, lui qu'une seconde saison voyait attelé. Je détache aussitôt son triste compagnon de joug, le croyant à tout jamais hors des atteintes du mal, lorsque, plus prompt que la parole, la peste le frappe alors qu'il était encore sain et robuste. Et celui-ci les flancs vivement secoués, baisse la tête et demeure hébété.

AEGON

L'angoisse et la douleur me saisissent, je gémis et me lamente. J'ai le cœur brisé de tes maux, comme s'ils étaient miens. Cependant je pense que tes troupeaux sont restés indemnes.

BUCULUS

Malheureux que je suis, je ne t'ai pas encore dit ce qui m'accable le plus.

La réparation serait encore au dessous du mal dont je suis frappé, alors même que les accouplements futurs me rendraient ce que la peste m'enlève aujourd'hui. Mais qui le croirait? L'espoir même de la race est perdu! J'ai vu mourir la génisse en état de gestation, j'ai vu mourir deux vies dans un même corps.

Ici, abandonnant les sources, oubliant la nourriture, la génisse erre d'un pas vacillant, mais elle ne s'éloigne guère et tombe lourdement, chancelant sous l'entrave de la mort.

Ailleurs, le veau folâtre qui naguère parcourait les sentiers, lorsqu'il approche de sa mère, contracte la peste au contact de la mamelle.

La mère, atteinte d'un mal terrible, dès qu'elle voit son veau privé de vie, pousse des mugissements réitérés, gémit misérablement, se laisse tomber et attend la mort. Alors, comme si elle craignait que la soif ne contracte la gorge desséchée de son produit, alors même qu'il gît inanimé, en mourrant elle lui présente ses mamelles. Même au seuil de la mort, l'amour maternelle est dans toute sa force.

Le taureau, chef et père du troupeau, au cou puissant, au front élevé, joyeux et par trop fier de lui-même, tombe mort dans le pré herbu.

Aussi nombreuses tombent les feuilles qui dénudent les forêts touchées par les froids de l'aquilon, aussi serrés tombent les flocons de neige, aussi nombreux sont les cadavres des troupeaux. Toute la surface du sol en est couverte; les corps aux ventres tuméfiés sont gonflés, les yeux blanchissent et se couvrent de taies livides, les jambes et les pieds deviennent rigides. Déjà voltige autour la triste bande des oiseaux de mauvais augure; déjà les troupeaux de chiens s'apprêtent à dévorer les viscères déchirés. Hélas, que n'est-ce les miens!

Buculus demande ensuite pourquoi la contagion épargne les uns pour affliger les autres.

Tityre, dont les troupeaux sont restés indemnes, lui apprend qu'il le doit à a religion chrétienne qu'il a embrassée, et Buculus se déclare prêt à abjurer ses anciennes croyances.

Si j'ai décrit avec autant de soin les épizooties de l'antiquité, si j'ai transcrit, le plus possible intégralement, ce qu'en ont rapporté les écrivains grecs et romains, c'est que je désire ardemment mettre fin à ces discussions nombreuses que l'étude des maladies contagieuses de l'antiquité a soulevées.

Tous ceux qui se sont occupés de l'histoire des épizooties dans les temps antiques (34) se sont borné à commenter les descriptions qu'en ont données les auteurs anciens, tout en s'efforçant de les rattacher à telle ou telle entité morbide. Or, en lisant attentivement ce qui précède, il est facile de voir que dans la plupart des cas, pour ne pas dire dans tous, il est impossible de déterminer, même approximativement, la nature de ces maladies. Non seulement cette interprétation est rendue difficile par le laconisme des descriptions, la confusion des symptômes, l'imagination des poètes, mais aussi par la diversité des espèces animales atteintes.

En effet, presque toujours les historiens, les poètes, nous montrent le terrible fléau exerçant simultanément ses ravages sur l'espèce humaine, les troupeaux, les chiens, les oiseaux, les serpents, les hôtes même de la mer.

Aussi, de ce que la plupart de ces épizooties sévissaient en même temps sur l'espèce humaine et animale, beaucoup en ont conclu au charbon. Cependant cette mortalité effrayante, ces monceaux de cadavres, dont parlent les auteurs grecs et latins, auraient dû leur inspirer plus de réserve. Jamais, en aucun temps, la pustule maligne n'a causé tant d'hécatombes humaines, jamais le charbon n'a décimé avec autant d'intensité les troupeaux.

J'ai déjà démontré, dans un article publié dans le *Bulletin de la Société*

(34 LAUBENDER. — *Seuchengeschichte der Landwirthschaften Hausthiere von den ältesten Zeiten bis 1811.*

DUPUY. — *Traité historique et pratique sur les maladies épizootiques des bêtes à cornes et à laine.* Paris 1836.

HEUSINGER. — *Recherches de pathologie comparée,* tome II. — *Chronologie diplomatique des épizooties.* Cassel 1853.

PAULET. — *Recherches historiques et physiques sur les maladies épizootiques* 2 vol. Paris 1775. In-8.

STRAUS. — *Le charbon des animaux et de l'homme,* Paris, Delahaye 1887.

HEUSINGER. — *Die Milzbrand Krankheiten der thiere und des Menschens.* — *Histor. géogr. path. untersuchungen.* Erlangen 1850.

centrale de médecine vétérinaire (35), la part qui revenait aux maladies charbonneuses.

Bien que dans quelques cas, les grecs et les romains aient remarqué que
les sacrificateurs, les augures qui dépeçaient les victimes, en fouillaient les
entrailles, succombaient plus fréquemment que d'autres aux coups de la
contagion sévissant sur les troupeaux, il ne faut pas trop se hâter de conclure
au charbon. « En effet, dit M. Arloing (36), il est impossible de dire si ces
« maladies consistaient en des tumeurs vraiment charbonneuses ou si elles
« n'étaient pas plutôt le résultat d'inoculation de matières septiques ou
« putrides, de manipulations de viandes et de débris cadavériques, sous un
« climat chaud et probablement dans des locaux imparfaitement nettoyés. »

De toutes les épizooties que nous venons de signaler, une seule pourrait
être déterminée, c'est de celle de l'année 376 de notre ère, chantée par le
poète Severus Sanctus. Son point de départ, la rapidité de sa marche en
Hongrie, Italie, Germanie, sa pénétration dans les Gaules, à la suite des
hordes des huns, son mode de propagation et ses ravages, tout fait présumer
que nous devons avoir affaire au typhus.

MESURES GÉNÉRALES DE POLICE SANITAIRE

ISOLEMENT. — Conseillé par Varron, Columelle, Végèce. Tous sont d'avis
de séparer l'animal malade du troupeau pour que les sains ne contractent
pas le mal dont il est atteint. « Séparer, dit Végèce, les malades des ani-
« maux sains, de peur qu'ils ne soient contaminés, ce que les sots imputent
« à la colère divine, alors que cette contamination n'est que le résultat de
« la négligence du propriétaire. »

CANTONNEMENT. — Tout animal malade ou suspect était ensuite envoyé
dans un endroit quelconque où on ne faisait paître aucun autre animal, de
façon à éviter toute contagion. Pour conduire les animaux au cantonnement
on prenait sans doute une foule de précautions pour éviter tout risque de
contamination, car Végèce recommande même d'éviter de faire passer le
corps de ceux qui sont morts près des pâturages.

ÉMIGRATION. — On divisait ensuite les animaux sains en plusieurs lots et
on les changeait de pâturages, de contrées même. Ordinairement cette division en lots se faisait au lieu de destination et ces lots étaient répartis entre
plusieurs propriétaires. « Le troupeau se portera mieux ainsi divisé que s'il

---

(35) MOULÉ. — *Histoire des maladies charbonneuses.* (*Bull. Soc. cent. de méd.
vét. 1890*).

(36) ARLOING, CORNEVIN, THOMAS. — *Le charbon symptomatique*, 2ᵉ édit., Paris-
Asselin 1887.

« était entier, parce que l'air de la maladie sera moins contagieux dans un
« plus petit nombre de bêtes. » *Columelle*. Liv. VII, ch. v.

INTERDICTION DES PÂTURAGES. — Dans le cas de λοιμός, de μάλις, il était
recommandé d'éviter de faire paître les animaux sains dans les prairies où
avaient séjourné des malades. On devait même éviter avec le plus grand soin
de faire passer des cadavres près des pâturages où paissent des animaux.

RENOUVELLEMENT DES TROUPEAUX. — Quand il s'agit de la gale, Columelle
(liv. VII, ch. VII) dit qu'il faut attendre que le mauvais temps de l'année soit
passé, avant de refaire un autre troupeau.

ABATAGE. — Ordonné par Columelle pour arrêter les progrès envahissants
de la gale, de la clavelée, et par Gratius Faliscus, pour éviter la contagion
de la gale du chien.

ENFOUISSEMENT. — Végèce recommande d'enfouir profondément sous terre
les cadavres, de peur que l'odeur ne contamine les animaux sains; il dit
même qu'il faut avoir la précaution de les enfouir hors des limites de la
métairie.

Cependant ces précautions n'étaient pas toujours suivies, car dans le cas
de clavelée, Columelle prétend qu'il faut enfouir le cadavre à la porte de
l'étable, dans une fosse au-dessus de laquelle on fait passer tout le restant
du troupeau.

CONTAGION. — La contagion était pour ainsi dire admise sous toutes ses
formes :

Contagion par virus fixe, par virus volatil.

Dans le *malleus* du cheval, Végèce dit que la contagion fait périr les troupeaux au milieu des pâturages, tue une foule considérable d'animaux dans
les écuries.

A propos des *malleus* du bœuf, il dit que les malades corrompent les
herbes en paissant, les fontaines en buvant, les crèches en se tenant à l'étable et les plus sains même périssent par l'odeur qu'ils exhalent.

Les anciens attribuaient aussi la contagion à la corruption de l'air.

La transmission possible d'animal à animal était également admise,
comme dans la gale par contact, dans la rage par morsure de chien enragé.

Du reste, nous renvoyons pour plus de détails aux maladies contagieuses
spéciales à chaque espèce animale. (Voir Pathologie, ch. IV.)

VI. — Chirurgie.

La chirurgie a suivi à peu près la même évolution que la médecine vétérinaire proprement dite. Comme elle, elle remonte à la plus haute antiquité, mais ses origines, comme celles de toutes les sciences, sont encore peu connues. « En Grèce, dit M. Gourdon (37), la chirurgie vétérinaire fut confondue « avec la chirurgie humaine pendant tout le temps que dura la civilisation « grecque, c'est-à-dire pendant près de douze siècles. » C'est une erreur malheureusement trop accréditée de croire que pendant longtemps les deux médecines furent exercées par les mêmes personnes. Rien ne justifie une pareille allégation. Je dirai même plus, tout la contredit. Si les médecins de l'antiquité s'étaient occupés de médecine vétérinaire, leurs ouvrages fourmilleraient d'aperçus sur la pathologie des animaux domestiques. Or, à part quelques rares indications, nous ne trouvons absolument rien de relatif à la vétérinaire dans les œuvres d'Hippocrate, de Galien et autres sommités médicales qui ont laissé sur la médecine des œuvres grandioses et impérissables.

1° — Moyens d'assujettissement.

TRAVAIL. — Columelle, Végèce seuls font mention du travail (*machina*), dans lequel on plaçait les animaux pour qu'ils ne puissent se débattre pendant les opérations, et, afin que ceux qui étaient chargés de les soigner puissent les approcher sans danger.

Ce travail était composé d'un plancher de chêne de 3 mètres de longueur, et d'une largeur de près d'un mètre en avant et d'environ un mètre trente en arrière. A chacun des angles, on adaptait un montant de deux mètres de hauteur, soit en tout quatre poteaux (*vaccrra*), qu'on réunissait les uns aux autres au moyen de six traverses transversales. Ces traverses devaient être posées de façon à laisser libre la partie postérieure du travail, par où on faisait pénétrer l'animal, qui ne pouvait sortir qu'en rétrogradant. Cette construction, dit Végèce, doit être telle que l'animal ne puisse en sortir, à moins qu'on ne l'en tire par la queue.

Entre les poteaux antérieurs on fixait un joug solide auquel on assujettissait les bœufs par les cornes. On pouvait aussi y adapter un carcan (*numella*)

---

(37) GOURDON. *Éléments de chirurgie vétérinaire.* Paris, 1854, p. xix.

destiné à emprisonner l'encolure de l'animal. Le reste du corps était maintenu en place au moyen de cordes fixées aux barres transversales (*Columelle*. Liv. VI, ch. XIX. — *Végèce*. Liv. III, ch. IV.)

ABATAGE (καταβάλλω). — Nous ne trouvons, dans les œuvres des vétérinaires de l'antiquité, aucune indication relative au mode opératoire de ce moyen de contention des grands animaux domestiques. Nous savons seulement que dans plusieurs cas (prolapsus du pénis, renversement de la matrice, luxation des épaules, opérations du pied, castration, maladies de l'épaule, arrachement des glandes), ils avaient recours à l'abatage, après avoir eu soin d'entraver les membres et d'assujettir la tête.

———

2° — Généralités sur les opérations.

HÉMOSTASE CHIRURGICALE. — Dans les opérations de pied, constriction des membres avec une corde pour éviter l'effusion du sang.

Dans le cas d'hémorrhagies consécutives aux opérations, aux accidents de toutes natures, application d'agents hémostatiques, tels que : éponge d'Afrique, pollen du Liban, coriandre ou cautérisation. Dans le cas d'hémoptysie brûler du carton ou de la laine et en souffler les cendres dans les narines.

INCISIONS. — DIÉRÈSE. — SCARIFICATIONS. — Scarifications de la muqueuse rectale et nasale, du pénis, de la matrice, des paupières, des plaies produites par les morsures de serpents, d'animaux enragés, des joues dans la diphthérie des poules, des oreilles, des cuisses, des polypes du nez, des glandes, de la matrice (renversement), des narines, etc., etc.

INSTRUMENTS DE CHIRURGIE.

αγκιστρον. (Crochet, harpon). — Sans doute une espèce d'érigne dont on se servait pour saisir le ptérygion. (*H*. I. XI.)

ACUS, ῥαφίς (aiguille à coudre). On l'utilisait pour percer des trous dans l'oreille, pour pratiquer des scarifications.

ACULEUS (aiguillon, pointe). — Instrument pour retirer les calculs de la vessie après incision de l'organe. (*V*. I, XLVI.)

αμμα-κυμα λυκος — αμμα βροχος. Diverses espèces de nœuds dans les bandages.

ασκιον (petite outre). — Pour donner des lavements, on se servait d'une petite outre, à laquelle on adaptait un tuyau en roseau qu'on introduisait dans l'anus après l'avoir préalablement graissé. (*H*. II. LXXV). Les latins employaient la seringue (*clyster*).

αὐλίσκος. Petit tuyau pour insuffler de l'air dans le tissu cellulaire des épaules. (*H*. I. XXV.)

CAUTÈRES (καυτήρ — καυτήριον, *cauter*, *cauterium*). — Cautères de fer *(cauter ferreus)*, de cuivre *(cuprinus)*, de bronze (χαλκός), de plomb *(plumbeum quadratum)*; baguette de fer (ῥαβδίον), cautères droits (καυτήριον ὀρθόν), instrument de fer quelconque (σιδήριον), clous ou pointes (γόμφος, *punctum*), lame de fer rougie *(ignea lamina)*, poterie chauffée *(testa candens)* — (μανδάκη, μανδάκηδον) marque qu'on imprimait sur la croupe des chevaux.

CANNA ACUTA. — Roseau tranchant avec lequel on coupait les barbillons chez les bovidés. (*V*. III. XLVII.)

CANTERIUS. — Appareil pour soutenir en l'air le pied des chevaux qui s'étaient fracturé la jambe et destiné à éloigner le pied du sol pendant la consolidation de la fracture. (*V*. III. XLVII.)

CENTEMALIS FISTULA. — Sonde percée d'une multitude de petits trous (espèce de drain) destinée à l'écoulement du pus. Employée par Végèce, dans l'ascite, après la ponction de l'abdomen.

CIRCUMCISORIUM. — Instrument pour faire des incisions circulaires. Employé dans les opérations de pied, la dessolure. Peut-être est-ce le boutoir. (*V*. I. Ch. XXVI, p. 42.)

CISORIUM. — Instrument aigu et tranchant avec lequel on ratissait l'os. Fracture de l'orbite. (*V*. II. XXII.)

CORBIS. — Panier ou corbeille quelconque dans lequel on emprisonnait la bouche de l'animal, pour éviter la déviation des lèvres et des dents dans les cas de fracture du maxillaire. (*V*. II. XXXIII.)

CORNU — κέρας. — Corne dont on servait pour entonner les médicaments, soit par la bouche, soit par les narines.

CULTELLUS. — Petit couteau, sans doute couteau de poche, qu'on employait au besoin pour faire des incisions entre les deux onglons des bovidés. (*V*. III. IV.)

FASCIA. — Bandes.

FIBULA (ἀγκτήρ). — Appareil dont se servaient les chirurgiens grecs pour fermer les blessures, rapprocher les deux lèvres de la plaie. Employé par les hippiatres pour fermer les saignées, remplacer les points de suture.

AENEA FIBULA. — Pointe employée pour percer l'oreille afin d'y introduire un trochisque.

FORPEX. — Forces. Grands ciseaux.

λαϐὶς. — Tenaille, pince.

LEMNISCUS, PANNUS. — Bandelettes pour bandages.

MACHINA. — Travail. Végèce (Liv. 1, ch. XXII, p. 71) donne aussi ce nom à un instrument destiné à maintenir ouverte la bouche des chevaux. C'est sans doute le pas-d'âne.

Μανδάκη. — Marque pour marquer les chevaux sur la croupe.

NUMELLA. — Carcan pour assujettir l'encolure dans le travail.

PAPYRUS. — Tige de roseau qu'on introduisait dans les trajets fistuleux.

PESSAIRES. — Vessie gonflée qu'on place dans le vagin en cas de renversement de la matrice et qu'on maintient en place en bouclant les lèvres de la vulve. (*H*. 1 XIII.) — Éponge placée entre le rectum et la queue pour empêcher le renversement du rectum. (*V*. III. VI.)

PARACENTERIUM. — Trocart pour opérer la cataracte. Instrument pourvu d'une pointe et d'une petite tête. (*V*. II. XVII.)

πλαστιγξ. Regula. — Éclisses pour consolider les luxations, les fractures.

πόρπαξ. — μυρίκινος πόρπαξ. — Anneau de tamaris pour bandages.

SAGITTA. — Lancette ou flamme servant à la saignée. Instrument qui devait avoir la forme d'une flèche grecque ou romaine. On s'en servait aussi pour les ponctions, les incisions.

Σαρκολαϐὶς. — Pince pour saisir les chairs. Employée pour saisir les glandes de l'auge. (*H*. I. XX.)

SCALPER-SCALPELLUM. — Σμίλη — Σμίλον. — Σχαστήριον. — Lancette, scalpel, bistouri. Le σμίλη dans l'hippiatrique est figuré comme un instrument de la grandeur d'une double pièce de monnaie et même plus.

Σιδήριον. — Instrument de fer.

Σπαθίον-σπάθη. — Spatha. — Sorte de spatule.

Συριγγοτόμιον. — Syringotomium. — Petit instrument pour l'opération des fistules.

SOLEA. — Chaussure pour envelopper le pied. (Voir ferrure.)

τρύπα. — Terebra (tarrière, trépan). — MM. Daremberg et Saglio, dans leur dictionnaire des antiquités grecques et romaines, ont reproduit à l'article Chirurgie plusieurs figures d'instruments dont se servaient les médecins de l'antiquité. Il est probable que ceux des vétérinaires devaient être analogues.

3° — **Opérations générales.**

1° SAIGNÉE (φλεβοτομία. — Phlebotomia).

A. — *Saignée chez les solipèdes.*

INDICATIONS DE LA SAIGNÉE. — La saignée est une opération qui remonte à la plus haute antiquité. Elle était fréquemment pratiquée par les anciens, et, les cas où elle était indiquée sont tellement multiples que nous ne pouvons les énumérer tous. En général les hippiatres saignaient dès que l'animal présentait un symptôme quelconque de maladie. Ils pratiquaient même la saignée, dite de précaution, et qui consistait à tirer du sang, au printemps, aux animaux en bonne état de santé, afin de les préserver de tout mal. Cependant tous n'étaient pas d'avis de la pratiquer; Apsyrte, Hiéroclès, Eumèle, Végèce, y étaient opposés; et, dans les cas où cette opération était jugée nécessaire, ils conseillaient d'en référer à l'avis de vétérinaires habiles (*mulomedici perfecti*).

CONTRE INDICATIONS. — Apsyrte, Végèce, recommandent de ne pas saigner les chevaux hongres, ni les étalons; les uns ayant déjà perdu une partie de leurs forces et les autres étant exposés à en perdre pendant le coït. Végèce dit qu'il ne faut pas saigner les ânes qui, selon lui, auraient des veines trop fines et moins de sang que les autres animaux.

TEMPS PROPICE POUR LA SAIGNÉE. — Deux heures après le lever du soleil. (Hippocrate).

QUANTITÉ DE SANG A TIRER. — Il n'en est pas question, ni dans l'hippiatrique, ni dans Végèce.

COULEUR DU SANG. — La couleur du sang était interprétée au point de vue du diagnostic. Hippocrate a bien soin de mentionner que le sang n'a pas la même couleur dans toutes les affections. A l'état de santé, il est abondant et tire sur le jaune; il est noir chez les animaux atteints de fourbure.

INSTRUMENTS SERVANT A LA SAIGNÉE. — C'était la lancette (*sagitta*) dont se servaient exclusivement les vétérinaires de l'antiquité pour pratiquer la saignée. *Rich* (38) pense qu'elle devait avoir la forme du fer d'une flèche. Végèce dit qu'elle doit être de fer dur et bien aiguisée.

LIEUX D'ÉLECTION DE LA SAIGNÉE. — Les hippiatres saignaient dans toutes les parties du corps, quelquefois à plusieurs veines à la fois. Cependant certaines

---

(38) RICH. *Dictionnaire des antiquités romaines et grecques.* Paris, Didot. 1861.

veines étaient choisies de préférence à d'autres. Ce sont ces lieux d'élection que nous allons indiquer.

1° *Saignée à la jugulaire.* — (τραχηλος, *de matrice, de matriculi vena, de cervice, ex cervice de matriculi vena*). Cette saignée était sans doute peu pratiquée par les vétérinaires grecs qui en font à peine mention. Chez les romains, elle était au contraire d'un usage fréquent, et Végèce en décrit minutieusement le manuel opératoire. Conduire le cheval sur un terrain uni, lever la tête et serrer le cou avec une corde placée au niveau des épaules, afin de rendre la veine plus apparente. Humecter ensuite le trajet de la veine avec une éponge imbibée d'eau, appuyer dessus le pouce de la main gauche afin de l'empêcher de rouler, puis, tenant la lancette, élevée en l'air, entre les deux doigts de la main droite, l'enfoncer légèrement. La pointe du fer seul doit pénétrer (*ne plus ferri imprimas*). Dès que le vaisseau est ouvert, donner un peu à manger au cheval, afin de rendre l'évacuation du sang plus rapide par le jeu des mâchoires. Après l'évacuation de la quantité de sang nécessaire, réunir les deux lèvres de la plaie au moyen d'une *fibula*. (Appareil dont on se servait pour fermer les blessures. Ici le mot *fibula* sert probablement à désigner une espèce d'épingle à suture.)

2° *Saignée à la saphène.* — (μηρος, σκελος, *de visceribus, de gambis, sub inguibus*). Saignée faite, tantôt au niveau du tibia (*Hiéroclès*), tantôt à la partie supérieure de la cuisse (*Végèce*). Apsyrte n'était pas trop partisan de cette saignée qui avait, dit-il, pour conséquence une vive inflammation de l'aine. (βουβων). Il veut sans doute parler du thrombus.

3° *Saignée à l'ars.* — (Στηθη). Pour la pratiquer, Hippocrate recommande de tenir la tête élevée et de tendre ainsi le cou jusqu'à ce qu'on voit gonfler le poitrail. Sur un bas-relief romain, découvert dans les provinces méridionales de la France, on voit un *equarius* saignant un cheval à l'ars. Le cheval vient d'être saigné et l'équarius ou son aide tient la jambe droite levée pour activer l'évacuation du sang. (Rich (38), article *equarius*).

4° *Saignée à la veine transversale de la face.* — (κροταφος, *Tempus*). D'après Hippocrate, serrer la tête avec une corde, au niveau des oreilles, afin de rendre les veines plus apparentes. Saignée effectuée, d'après Végèce, sous la fosse temporale (*cavatura temporum*) à trois ou quatre doigts au-dessus de l'œil.

5° *Saignée à l'angulaire de la face* (προσωπον), *à la pommette* (μηλον)

6° *Saignée à la veine auriculaire* (*de auriculis*).

7° *Saignée à la veine linguale profonde.*

8° *Saignée au palais* (υπερωα, *de palato*). — Considérée par Apsyrte comme étant la plus commode, la seule qui puisse être effectuée pour entretenir les animaux en bonne santé. C'est à ce sujet qu'il recommande de saigner au troisième sillon pour ne pas blesser l'artère.

9° **Saignée à la veine thoracique superficielle** (*de pectore*).

10° **Saignée à la veine abdominale**. — (ἐκ γαστρός, *de latere*).

11° **Saignée à la veine coccygienne** (*cauda*). — D'après Végèce, on relève la queue sur la croupe et on la frappe avec une mince planchette (*tabula non ponderosa*), à quatre doigts de l'anus, jusqu'à ce que la veine devienne apparente. On la pique ensuite avec la lancette, et, quand la saignée est terminée, on entoure la queue d'une bande.

12° **Saignée à la veine médiane de l'avant-bras** (ἐν ὤμαις, βραχίων, ἀγκών, παραγόνατα, *brachiola*). Au sujet de cette saignée, Hiéroclès dit qu'en cet endroit les veines sont peu apparentes et que la saignée est souvent suivie de thrombus (φλεγμονα). Il faut éviter, dit-il, de percer la veine d'outre en outre, car il en résulterait les plus grands dangers. Végèce dit que ces veines sont situées à la face interne des muscles du bras (*brachiolares*), au-dessus du genou. Il est donc bien ici question de la veine de l'avant-bras, aussi je ne m'explique pas pourquoi certains lexicographes traduisent *brachiola* par veines du flanc.

13° **Saignée à la veine superficielle du paturon** (μεσοκύνιον). Apsyrte désigne sous le nom de ψυλλικα (de ψυλλάζω, *épucer*) les chevaux qui sautent et qui doivent être saignés à la veine du paturon, autour de la cheville du pied (μηνη).

14° **Saignée au-dessous du fanon** (*sub cirro*), à trois doigts au-dessus de la couronne.

15° **Saignée à la couronne** (ἐν τη στεφάνη ποδός, *de coronis*). Apsyrte défend de la pratiquer, car il prétend qu'elle est ordinairement suivie d'une tumeur (μαρμαρος) qui fait boiter.

16° **Saignée au talon**.

17° **Saignée en pince**. Amincir la corne jusqu'au vif et ouvrir la veine.

Accidents consécutifs aux saignées. — Végèce indique différents moyens pour étancher le sang dans le cas où il est difficile d'en arrêter l'écoulement après la saignée. Dans les cas les plus simples, comme hémostatique, il recommande l'application de crottins de cheval. En cas d'insuccès, cautériser légèrement ou appliquer sur la veine, soit un flocon de laine imbibée d'huile, soit une éclisse de bois (*assis ligneus*), ou bien, suivant Pélagone, on place dans l'ouverture une broche de bois taillée en rond et de la largeur du trou. (**H**. Liv. 1, ch. ix et x, p. 37 à 41. — **V**. Liv. 1, ch. xx à xxvii, p. 35 à 43; Liv. II, ch. xl, p. 119 ; Liv. III, ch. xiv, p. 191.)

B. — *Saignée chez les bovidés.*

Comme chez le cheval, on se servait de la lancette ; mais, dans les cas pressants, il est plusieurs fois indiqué de recourir au couteau (*cultellus*).

1° *Saignée à la jugulaire*. Non mentionnée.

2° *Saignée à la veine abdominale superficielle*.

3° *Saignée à la coccygienne*. Signalée par Végèce et Columelle. Serrer la queue auprès des fesses avec une corde et piquer la veine à quatre doigts de l'anus.

4° *Saignée aux oreilles* (Végèce).

5° *Saignée au palais* (Columelle).

6° *Saignée entre les deux onglons*. Faire une incision entre les deux onglons (*inter duas ungues*) avec un couteau (*cultellus*).

7° *Saignée en pince*. Couper l'extrémité inférieure de la corne jusqu'au vif (*extrema pars unguis ad vivum resecatur*) ; mais ne pas fendre la corne en deux à cette extrémité (*mediam ungulam ab inferiore parte non expedit aperire*).

8° *Saignée aux jambes de devant, à l'épaule*. (Columelle, Liv. VI, ch. xii et xiii. — **V**. Liv. III, ch. iv.)

C. — *Saignée chez les ovidés.*

1° *Saignée à la veine du pied* (*pedis vena*), suivant la coutume des Bisaltes et des Gélons. (Virgile).

2° *Saignée à la queue*. Arrêter le sang avec une ligature de papyrus.

3° *Saignée à la lèvre supérieure*.

D. — *Saignée chez les suidés.*

1° *Saignée à l'oreille*.

2° *Saignée à la queue*. Fouetter la queue avec des sarments pour faire gonfler la veine et la percer à deux doigts de la fesse (*sub caudœ duobus digitis a clunibus intermissis*).

3° *Saignée aux veines sub-linguales. (Columelle,* Liv. VII, ch. X.)

2° CAUTÉRISATION (Καῦσις).

Végèce dit que, dans le traitement des maladies des animaux, on peut recourir à deux agents principaux : 1° à la saignée qui desserre les parties trop resserrées ; 2° à la cautérisation qui raffermit les parties trop relâchées. Les vétérinaires grecs et latins vantent beaucoup les bons effets de la cautérisation ; mais tous n'étaient certainement pas passés maîtres dans l'art de cautériser, car Végèce nous apprend que, de son temps, on donnait les plus grands éloges aux *mulo-medici* qui cautérisaient sans tarer l'animal.

COMPOSITION DES CAUTÈRES. — Les cautères dont se servaient les hippiatres étaient de natures bien différentes, si nous en jugeons d'après les brèves indications contenues dans l'hippiatrique et le traité vétérinaire de Végèce.

On employait des cautères de fer (*cauter ferreus*), des cautères de cuivre (*cuprinus cauter*), d'airain ou de bronze (χαλκός) et même des carrés de plomb (*plumbeum quadratum*). Les cautères de bronze, d'airain ou de cuivre, étaient les plus estimés.

FORMES DES CAUTÈRES. — Leurs formes étaient aussi très variées, suivant le mode de cautérisation qu'on voulait employer.

Pour la cautérisation en pointes, on se servait, soit de petites baguettes de fer (ῥαβδίον), soit de cautères droits (καυτήριον ὀρθόν, *cauterium rectum*), soit d'un instrument de fer quelconque (σίδηρος), soit même de simples clous (γόμφοι, *puncta*), ou d'une lame de fer rouge (*ignea lamina*).

Pour la cautérisation en raies, les formes étaient également très variées.

MODES DIVERS DE CAUTÉRISATION. — En général, la cautérisation en pointes était employée pour les animaux de valeur, pour ceux qu'on voulait cautériser sans laisser de traces, tandis que pour les animaux de vil prix, la cautérisation en raies était la plus fréquemment usitée. Dans ce cas, les figures tracées devaient être relativement nombreuses, car plusieurs sont mentionnées dans les traités vétérinaires de l'antiquité. Tantôt on cautérisait en raies (*ad similitudinem lineœ*), tantôt en forme de croix, de palme (*palma*), tantôt en forme de gril (*craticula*), de virgule (*virgula*), d'étoile (*quasi stellam parvam*), tantôt même en appliquait la marque (χαρακτήρ) dont on se servait pour marquer les chevaux sur la croupe. Quant à la cautérisation en pointes, on l'appliquait en rond ou en rangées de pointes, distantes de quatre doigts les unes des autres, et placées sur deux ou trois rangs.

LIEUX D'ÉLECTION POUR L'APPLICATION DU FEU. — Énumérer les nombreuses indications de la cautérisation, nous mènerait beaucoup trop loin ; il nous suffira de les mentionner brièvement en signalant les principaux lieux d'élection choisis par les vétérinaires de l'antiquité.

1° Cautérisation de l'encolure. — Feu en pointes, le long du cou et de chaque côté, employé dans les cas de fièvre ou de tétanos ;

2° Cautérisation des lombes. — Vingt-quatre pointes, douze de chaque côté du rachis (maladie des reins) ;

3° Cautérisation de l'articulation de la hanche (Σύνδεσμον ἰσχίον). — Douze pointes de chaque côté ;

4° Cautérisation des membres. — Cautérisation en pointes des articulations du genou, en raies des hydarthroses du jarret ;

5° Cautérisation du ventre. — Feu en pointes et en cercle (ascite) ;

6° Cautérisation des testicules. — En ayant bien soin de ne pas attaquer l'organe même ;

7° Cautérisation de la poitrine. — Feu en pointes au niveau de la troisième côte, à partir de l'épaule, à l'endroit où le cavalier frappe avec le talon (maladie du foie, de la rate, de la poitrine) ;

8° Cautérisation des pieds. — Brûler la surface de la sole avec une lame de métal brûlante (Σίδηρος, *testu candens, lamina candens*) (pieds mous) ;

9° Cautérisation autour des yeux. — Avoir bien soin de placer une éponge sur l'œil pour le protéger de l'action du feu (tétanos) ;

10° Cautérisation de la face.

11° Cautérisation du palais pour arrêter l'hémorrhagie après la saignée ;

12° Cautérisation des glandes de l'auge. — (Angine, gourme) ;

13° Cautérisation du front jusqu'à l'os ;

14° Cautérisation des abcès, tumeurs, pustules, morsures de chiens enragés, d'animaux venimeux, etc. ;

15° Cautérisation de la sole.

Soins consécutifs. — Jusqu'au septième jour après l'opération, imbiber les trous avec une plume trempée dans de l'huile et du sel. Après, bassiner pour détacher les croûtes, laver ensuite avec de l'eau et du vieux vin.

CAUTÉRISATION POTENTIELLE (voir thérapeutique). — (*H.* LIV. II, ch. XCVI), p. 228. — *V.* LIV. I, ch. XXVIII, p. 44).

3° Sétons et Trochisques.

Comme sétons, les anciens n'employaient que les trochisques.

A L'OREILLE. — Etendre l'oreille et avec une aiguille de cuivre (*ænea fibula*), faire une incision circulaire n'intéressant que la peau. Au centre de cette circonférence, percer d'outre en outre la peau avec une aiguille (*acus*) et y insérer de la racine de *consiligo*. Les lèvres de la plaie, en se resserrant, empêchent cette racine de tomber; dès lors tout le travail inflammatoire se porte sur cette oreille, jusqu'au moment où la partie circonscrite tombe d'elle-même. (*Columelle*, Liv. VI, ch. v; liv. VII, ch. v. — *Végèce*, Liv. III, ch. II).

AU POITRAIL. — Inciser la peau et le tissu cellulaire sous-cutané, passer une corde de chanvre ou de lin dans chaque lèvre de la plaie, introduire de l'ellébore ou *consiligo*, nouer et laisser jusqu'à ce que tout tombe. (*H.* Liv. I, ch. II).

ABLATION DE TUMEURS ET AUTRES.

Ablation des polypes du nez. (*H.* Liv. I, ch. XXI. — *V.* Liv. II, ch. XXXVIII). — Ablation de la muqueuse rectale. (*H.* Liv. I, ch. XXXVIII). — Ablation de tumeurs (*H.* Liv. I, ch. XXIV. — *V.* Liv. II, ch. LXI.); — des barbillons (pathologie des bovidés), des boutons de la gale, etc., etc.

4° — Opérations spéciales.

La plupart ont déjà été mentionnées dans les chapitres précédents; pour ne pas faire double emploi, nous nous bornerons à les énumérer, en priant le lecteur de se reporter aux divers chapitres où ces opérations sont décrites.

1° OPÉRATIONS QUI SE PRATIQUENT SUR LES ORGANES DE L'APPAREIL DIGESTIF :

Suture des plaies de la langue.
Extraction des calculs salivaires.
Ponction de l'abdomen.
Ablation de la muqueuse anale herniée.
Ablation de l'épiploon.
Remise en place du rectum.
Fracture du maxillaire.
Fistule du maxillaire.
Extraction des sangsues de la gorge.
Battement des parotides.

INTRODUCTION DE MÉDICAMENTS PAR L'ANUS.— *Lavements* simples ou composés, de vin, d'huile, décoctions diverses qu'on introduisait dans l'anus au moyen d'un *clyster*. *Végèce* (Liv. 1, ch. XLII, p. 73), dit, que quand on n'a pas de seringue à sa disposition, on met des suppositoires, sortes de pastilles longues et dures qu'on introduit dans le rectum.

EXPLORATION RECTALE. — Très fréquemment employée pour aider au diagnostic ou pour retirer les excréments, les vers, corps étrangers amassés dans le rectum, ou pour pratiquer diverses opérations (maladies de la vessie, extraction des calculs, etc., etc.).

2° OPÉRATIONS QUI SE PRATIQUENT SUR LES ORGANES DE L'APPAREIL RESPIRATOIRE :

Ablation des polypes du nez.
Arrachement des glandes de l'auge.

3° OPÉRATIONS QUI SE PRATIQUENT SUR LES ORGANES DE L'APPAREIL DE LA DÉPURATION URINAIRE :

Extraction des calculs de la vessie.
Remise en place de la vessie.
Pression sur la vessie, la main introduite dans le rectum.
Introduction d'ail dans le fourreau.

4° OPÉRATIONS QUI SE PRATIQUENT SUR LES ORGANES DE LA VISION :

Paracentèse de l'œil.
Opération de la cataracte.
    — de l'entropion.
    — du ptérygion.
Insufflation de vin dans les petits trous très fins (*foramina subtilissima*) qui se trouvent dans les naseaux. (*V*. Liv. II, ch. XXI).
Ratissage de l'os de l'orbite après fracture.

5° OPÉRATIONS QUI SE PRATIQUENT SUR LES ORGANES DE L'APPAREIL DE LA LOCOMOTION ET LES ORGANES DU TRONC :

Ablation de la queue (pathologie du chien).
Luxation du cou, des épaules.
Fracture des membres.
Insufflation de l'air dans le tissu cellulaire sous-cutané.
Remise en place de la rotule.
Fracture des cornes.

Opérations de pied. — Opération du clou de rue, de la dessolure, de bleime suppurée, amincissement de la sole et débridement pour donner écoulement au pus, pour la saignée en pince, cautérisation de la surface de la sole, renetter la corne (diverses maladies du pied).

Chausser le pied (*calceo*). — Les vétérinaires grecs et latins sont très laconiques au sujet de cette pratique chirurgicale consécutive à presque toutes les opérations de pied. Ils se bornent à dire qu'il faut chausser ou envelopper le pied de l'animal d'une bottine de genêt d'Espagne (*spartea solea*) ou autre, suivant le pays. *Columelle*, Liv. VI, ch. XIII, p. 3. — *Végèce*, Liv. I, ch. XXVI, p. 3; Liv. II, ch. XLV, p. 3.)

D'après Rich (38), la *solea spartea* serait une sorte de soulier ou de botte tressée de brins de genêt d'Espagne afin de protéger les pieds blessés des bêtes de somme (cheval ou bœuf). Il paraît que les habitants du Japon se servent d'une chaussure analogue, en forme de petit panier, qu'ils attachent par des cordons noués autour de la couronne.

Il paraît même que cette chaussure pouvait être confectionnée en fer. Du reste, nous en reparlerons plus longuement au chapitre traitant de la ferrure.

6° Opérations qui se pratiquent sur les organes de la génération :

Opération de la hernie inguinale.

Renversement de la matrice.

Obstétrique (pathologie du mouton).

Avortement. — Apsyrte indique plusieurs moyens pour faire périr le poulain dans le ventre de la mère. Il conseillait cette opération quand la jument avait été saillie par un mauvais cheval ou quand on avait besoin de l'employer sans discontinuité aux durs travaux agricoles ou militaires.

Dans le premier, il recommandait d'introduire la main dans la matrice pour dilacérer ou étouffer le poulain suivant les cas.

Le second consistait en injections dans la matrice d'une espèce de résine (*dœla*) bouillie dans du vin, ou de racine de bryone, ou de πρόδρομον, etc., etc. (*H*. Liv. I, ch. XIV, XV, p. 56, 58.)

CASTRATION (εὐνουχισμός).

La castration est une opération chirurgicale pratiquée dès la plus haute antiquité. C'est même, paraît-il, « une des plus anciennement connue et des plus universellement en usage » (39, 40, 41).

---

(39) Daremberg et Saglio. *Dictionnaire des antiquités grecques et romaines*. Paris, Hachette, 1877. Article *Castration*, p. 959.

(40) Gourdon. *Traité de la castration des animaux domestiques*, Paris, Asselin, 1860, in-8°.

(41) Encolani. *Historique de la castration*, analyse dans *Magazin für Thierheilkunde*, Berlin, t. XXV, p. 179.

On la trouve déjà mentionnée dans le *Lévitique* (ch. XXII, verset 24), où le Seigneur dit à Moïse : « Vous n'offrirez au Seigneur nul animal qui aura « ce qui a été destiné à la conservation de son espèce ou froissé, ou foulé, « ou coupé, ou arraché ; et gardez-vous absolument de faire cela en votre « pays. »

Chez les Égyptiens, on castrait la plupart des animaux mâles destinés aux travaux agricoles ou militaires, à l'alimentation.

En Grèce, la castration était fréquemment pratiquée même du temps d'Homère. *Hésiode*, dans ses conseils agricoles, fixe le douzième jour du mois comme propice à la castration des mulets et le seizième à celle des chevaux (*Les Travaux et les Jours*, Liv. II).

Xénophon (*Cyropédie*, Liv. II, ch. IV) dit que « les chevaux qu'on a coupés « cessent de mordre et de ruer et ne sont pas moins propres à la guerre. » D'après M. Piétrement (1 *bis*), on pourrait supposer, qu'à cette époque, là pratique de la castration n'était pas très répandue, tout au moins dans l'armée grecque, et que Xénophon était très partisan de la castration des chevaux de guerre.

Aristote est le premier qui donne quelques détails relatifs à cette opération, qui fut également pratiquée chez les Romains ; elle le fut même chez plusieurs peuples du Nord, notamment chez les Quades et les Sarmates, si l'on en croit Ammien Marcellin.

En un mot, la castration des mâles et des femelles était en usage chez la plupart des peuples de l'antiquité. On croit même qu'elle n'était pas seulement l'apanage des vétérinaires, et que, pendant longtemps, elle est restée le privilège exclusif d'une certaine classe d'individus. Il y avait des châtreurs de profession, car Apsyrte dédie plusieurs de ses articles d'hippiatrique à trois châtreurs (τομεῦς).

Lucien (42) a voulu sans doute présenter un spécialiste en cette matière dans le dialogue de Lucius :

« Vous dites que l'amour rend votre âne furieux jusqu'à s'élancer sur les « hommes ; il faut le prendre et le couper ; dès qu'il aura perdu cette galante « humeur, il deviendra sur-le-champ docile et gras et portera de lourds « fardeaux sans la moindre peine. Si vous ne savez pas faire vous même « cette opération, je repasse ici dans trois ou quatre jours et je vous le rends, « en un tour de main, plus doux qu'un agneau. »

A. — *Castration des mâles.*

CASTRATION DES SOLIPÈDES

Les vétérinaires de l'antiquité ne se bornaient pas à castrer le cheval pour

---

(42). *Œuvres de Lucien*, traduction Talbot. Hachette, 1857, t. II, p. 69.

le rendre plus docile, cette opération était aussi indiquée pour prévenir ou amener la guérison de certaines maladies, telles que goutte, rage, gourme, entérocèle, etc., etc.

CONTRE-INDICATION. — Elle était contre-indiquée chez les monorchides (μονόρχις) à cause de la gravité de l'opération.

TEMPS PROPICE. — Deux saisons semblent être adoptées de préférence : le printemps et l'automne. Cependant Apsyrte prétend avoir castré en été, et cela sans danger.

AGE. — N'est mentionné que pour l'âne. Hiéroclès recommande de le châtrer plutôt à deux ans qu'à un an.

SOINS CONSÉCUTIFS. — Abstinence, diète, promenade quand il fait frais. Si cette opération est faite sur des chevaux élevés en liberté dans les pâturages, on les laisse libres après la castration; mais il faut alors opérer au printemps. Les hippiatres grecs prétendent que c'est un mauvais signe quand l'opéré se relève aussitôt en hennissant, car la guérison, disent-ils, sera difficile.

TERMES SOUS LESQUELS ON DÉSIGNE LES CHEVAUX CHATRÉS. — *Canterius* ou *cantherius* (Cic.), *castratus*, τομίας ἵππος, ἐκτμηθεὶς ἵππος (Xénoph., **Cyrop.**).

CASTRATION PAR LE FEU. — Ce procédé, un des plus anciens, dont nous trouvons la description dans l'hippiatrique, est à peu près le même que celui usité de nos jours dans certaines contrées par les châtreurs de profession. Le voici tel qu'il est décrit par Apsyrte.

Coucher et entraver le cheval. Appliquer ensuite au-dessus des testicules une espèce de pince λαβίς, puis couper la peau avec un instrument de fer (σιδήριον), de façon à faire une ouverture suffisante pour la sortie d'un testicule. Quand l'ouverture est faite, attacher deux cordes de lin ou de chanvre de chaque côté de la plaie, couper la membrane propre (χιτών) du testicule et serrer avec force sur le crémaster (κρεμαστήρ) avec un cautère. Avoir soin que le cautère soit bien chaud, afin que d'un seul coup, de deux au plus, on puisse détacher le testicule; car l'action du feu, trop longtemps répétée, déterminerait l'inflammation des parties voisines. Le testicule enlevé, on met sur la plaie de la charpie imbibée d'huile et de poix, puis on noue les deux cordes fixées à chaque bord: on ne lève l'appareil que trois jours après, et, les jours suivants, on humecte la plaie d'un mélange d'huile et de poix, jusqu'à ce que la cicatrisation soit terminée.

Apsyrte a le soin d'ajouter que s'il fait beaucoup de bise, il est prudent pour faire l'opération, d'abattre l'animal dans un fossé à l'abri du vent. (**H.** Liv. II, ch. XCX, p. 238).

CASTRATION PAR ÉCRASEMENT (Θλίψις). — La castration par écrasement paraît être un des procédés les plus anciennement connus. Hippocrate le cite comme un des moyens les plus fréquemment employés chez les jeunes enfants qu'on veut rendre eunuques (de *genit.*, III). Apsyrte rapporte que les Sarmates, considéraient ce procédé comme un des meilleurs pour castrer les poulains nouveaux-nés (ευνουχίζειν). (*H.* Liv. I, ch. xx, p. 65).

CASTRATION DES BOVIDÉS.

La castration des bovidés paraît avoir été plus répandue dans l'antiquité que celle des solipèdes. En effet, c'est à peine s'il est fait mention de la castration du cheval dans l'hippiatrique, alors qu'Aristote, Columelle, Palladius Rutilius Taurus Æmilianus, traitent longuement de cette opération chirurgicale, dont l'origine remonte sans doute aux temps les plus reculés.

Déjà, du temps d'Aristote, on attachait une grande importance à l'âge requis pour cette opération. Les anciens coupaient les veaux de préférence à un an, prétendant que si ces animaux étaient coupés à un âge plus avancé, ils deviendraient moins beaux et plus petits. (*Hist. anim.*, Liv. IX, ch. XXXVII, § 9).

Cependant cette opinion, défendue par Aristote, Columelle et Magon (Liv. VI, ch. XXVI), Palladius, n'était pas celle de Varron, qui recommande au contraire de ne pas châtrer les taureaux avant deux ans (Liv. II, ch. VI), sous prétexte que si l'opération était faite plus tôt, ils auraient de la peine à s'en remettre.

CASTRATION PAR ARRACHEMENT. — Aristote est le premier qui parle de ce procédé, qu'il décrit de la façon suivante : on met l'animal sur le dos, on lui ouvre les bourses et on fait sortir les testicules qu'on arrache avec force (αποθλίβω), puis on repousse les cordons vers le haut le plus possible, et on remplit la plaie avec du poil pour que la suppuration puisse se faire au dehors. Si la plaie s'enflamme, on cautérise. (*Hist. anim.*, Liv. IX, ch. XXXVII, § 7).

CASTRATION PAR ÉCRASEMENT, mentionnée d'après Magon, par Columelle Comprimer, dit-il, les testicules avec un morceau de férule fendue et les écraser ainsi peu à peu, et cela sans plaie aucune. (*Sed fissa ferula comprimere testiculos et paulatim fringere*). (*Columelle*, Liv. VI, ch. XXVI).

CASTRATION PAR EXCISION. — Columelle, tout en préférant le procédé par écrasement, décrit assez minutieusement celui qui consiste dans l'ablation même de l'organe testiculaire ; opération qu'on pratiquait debout, puisqu'il est indiqué de mettre l'animal dans un travail (*machina*). On saisit, dit Columelle, les cordons (*testiculorum nervus*, κρεμαστήρ) entre deux lattes de bois étroites qui servent de tenailles (*duobus angustis ligneis regulis*); puis, on ouvre les bourses avec l'instrument tranchant, on fait sortir les testicules et on les coupe de façon à ne laisser que l'extrémité par laquelle ils tiennent au crémaster (*ut extrema pars eorum adhœrens prædictis nervis relinquatur*). (*Columelle*, Liv. VI, ch. XXVI).

CASTRATION PAR LE FEU. — Palladius Rutilius Taurus Æmilianus indique trois procédés de castration; le procédé par écrasement, le procédé par excision, dans lequel il remplace les lattes de bois par deux règles d'étain (*duobus angustis regulis stanneis*), et le procédé par le feu. Cette méthode qu'il indique comme nouvelle, semble être à peu de chose près identique à celle décrite par Apsyrte, dans la castration du cheval. On abat le taureau, on l'entrave, puis on tend les bourses qu'on maintient tendue entre deux attelles de bois; alors on coupe les testicules auprès de l'atteile, soit avec une hache rougie au feu, soit avec une doloire (*ignitis securibus vel dolobris*), soit de préférence avec un instrument de fer ayant la forme d'un glaive et fait exprès pour cette opération. En effet, ajoute Palladius, le tranchant du fer qui est brûlant, pénètre auprès de la règle même, de sorte que l'opération, plus rapidement faite, est moins douloureuse et la cicatrice qui se forme promptement empêche l'effusion du sang. (*Palladius*, Liv. VI, ch. VIII, p. 602, coll. Nisard, agronomes latins).

CASTRATION DU VERRAT.

Varron pense qu'il est bon de châtrer les porcs de six mois à un an, dans l'année même de leur naissance, mais toutefois pas avant six mois. Après cette opération, dit-il, les porcs quittent le nom de verrat (*verres*) pour prendre celui de (*Maiales*), du nom de la déesse *Maia*, à laquelle on sacrifiait les porcs châtrés.

CASTRATION PAR EXCISION. — Columelle indique deux manières de procéder. La première consistant en deux incisions nécessaires pour la sortie de chaque testicule; la seconde, la meilleure, mais la plus dangereuse, ne nécessitant qu'une seule incision. Cette incision faite, on introduit le bistouri dans l'ouverture et on fend, vers le milieu, le septum médian qui sépare les deux testicules (*et mediam quasi cutem quæ intervenit duobus membris genitalibus rescendito*, et on arrache de même le second testicule avec les doigts recourbés. De cette façon il n'y a qu'une plaie. (*Columelle*, Liv. VII, ch. XI).

CASTRATION DU CHAMEAU, DU CERF.

Rien qu'une simple constatation dans l'histoire des animaux d'Aristote (Liv. IX, ch. XXXVII, § 8. « Quand on coupe des cerfs qui, à cause de leur « âge, n'ont pas encore de bois, il ne peut plus en pousser. Si on les coupe, « quand ils en ont déjà, la dimension des cornes reste la même et la bête ne

« les perd plus. *Elien* (Liv. IV, ch. LV), dit que les chameaux sont castrés
en Bactriane.

CASTRATION DU BÉLIER.

Varron (Liv. II, ch. II) ; *Pline* (Liv. VIII, ch. LXXII) ; *Columelle* (Liv. VII, ch. V),
regardent comme prématuré de châtrer les agneaux avant cinq mois. Le
bélier châtré porte le nom de χρως τομιας. — προβατον — κτιλος (Hom.), et
ριν (Nic.), mais cette dernière expression est rarement employée.

CASTRATION DU CHIEN.

Varron Liv. II, ch. IX), rapporte que certains bergers châtraient les chiens
pour les empêcher de s'éloigner de la garde des troupeaux, mais il ajoute
que cette opération leur enlevait toute énergie.

CASTRATION DES COQS.

S'il faut en croire *Athénée*, les habitants de Délos auraient été les premiers
à chapouner les coqs (*Cicéron*, quest. acad., Liv. IV), qu'on désignait alors
sous les noms de *Galli evirati, capi* (Varr.), *Capones* (Mart.), *Spadones Galli*
(Pub. Syr.).

Aristote, Varron, Columelle, Pline en font mention, mais paraissent n'avoir
été nullement renseignés sur le mode opératoire. C'est ainsi qu'ils rapportent des faits qui sont plutôt du domaine de la fable que de la science.

« On châtre les oiseaux au croupion, dit Aristote, au point par où ils se
« joignent dans l'accouplement. Si l'on brûle cette partie, à deux ou trois
« reprises, avec un fer chaud sur une bête adulte, sa crête devient toute
« pâle ; l'oiseau ne chante plus, et il ne cherche plus à cocher. »

Varron prétend qu'on châtre les coqs, en leur brûlant les ergots à l'extrémité des pattes avec un fer rouge, jusqu'à ce qu'ils se détachent. Columelle,
tout en parlant de la destruction des organes génitaux, conseille aussi de
brûler les ergots.

D'après *Pline* (Liv. X), on fait l'opération de deux manières, en brûlant,
soit les lombes, soit le bas des jambes.....

En un mot, tous ces détails ne peuvent nous servir en aucune manière
pour la description du mode opératoire employé par les grecs et les romains.

B. — *Castration des femelles.*

CASTRATION DE LA TRUIE.

Galien (*De semine*, Liv. I, ch. XV), nous apprend que la castration de la
truie était très répandue dans la partie septentrionale de l'Asie mineure jus-

qu'en Cappadoce. Cette opération avait pour but de développer l'aptitude à l'engraissement. Mais Columelle (Liv. VII, ch. IX) n'en paraît pas partisan. « Je ne vois pas, dit-il, la raison qui peut porter à faire cette opération, à « moins qu'il n'y ait disette de nourriture. Mais si on a de la pâture en abon- « dance, il est toujours plus avantageux d'avoir des petits. »

Aristote décrit ainsi le mode opératoire.

« On fait d'abord jeûner l'animal, deux jours avant la castration, et, après « l'avoir suspendu par les pieds de derrière, on lui ouvre le bas-ventre, là « où les mâles ont ordinairement les testicules, car c'est là qu'est la caprie « (καπρια) dans la matrice. On en coupe un petit morceau et on recoud la « plaie. » (*Hist. anim.*, Liv. IX, ch. XXXVII, § 7).

Qu'Aristote entend-il par l'expression de caprie? Sont-ce les ovaires ? On se serait tout porté à le croire et les lexicographes le traduisent ainsi. Mais plus loin nous verrons qu'Aristote donne au mot de caprie toute autre signi- fication. Dans le Liv. VI, ch. XVIII, il dit qu'il faut donner plusieurs fois le mâle à la truie pour l'empêcher de jeter la caprie.

Columelle (Liv. VII, ch. IX), ne parle que de l'incision à la matrice (*femi- nis quoque vulvæ ferro exulcerantur*).

Pline (Liv. VIII, ch. LXXVII), dit aussi qu'on suspend les truies par les pieds de derrière et qu'on coupe la matrice (*vulva recisa*).

Galien est le premier qui parle clairement des ovaires, qui indique leur position sur les côtés de la matrice. (*De semine*, Liv. I, ch. XV).

CASTRATION DE LA CHAMELLE.

Simplement mentionnée par Aristote (*Hist. anim.*, Liv. IX, ch. XXXVIII, § 8); Pline (Liv. VIII, ch. XXVI).

Aristote dit qu'on châtre les chamelles, dont on compte se servir à la guerre, pour qu'elles ne deviennent pas pleines. Nulle part nous ne trouvons trace du mode opératoire.

5° — **Principales affections chirurgicales.**

1° — EVENTRATION. — En cas d'éventration chez le cheval il faut prati- quer la *gastrorraphie* (γαστρορραφια, de γαστηρ ventre. ραφη, couture). Procéder comme les médecins de l'homme qui font des sutures, en enroulant des fils autour des lèvres de la plaie. (*H.*, Liv. II, ch. LXXI, p. 194).

Dans le cas d'éventration chez le chien, faire des points de suture aux èvres de la plaie (Voir : Maladies des chiens).

2° PLAIES AU POITRAIL (στηθος).— Passer une corde de lin ou de chanvre assez grosse, dans chaque lèvre de la plaie, emplir celle-ci de charpie (μοτος) ou de laine (ερια), imbibées d'huile et de vin, puis obturer la plaie en liant les deux cordes. Trois jours après, délier et laver la plaie avec du vin.

Quelquefois, disent les **Hippiatres**, il apparaît autour de la plaie un gonflement plein de vent et de l'emphysème (εμφυσημα), il faut alors fendre la peau du poitrail en trois endroits. (**H.**, Liv. I, ch. XLVI, p. 152).

3° FRACTURES (καταγμα). — Remettre la fracture en place, bander la partie malade avec une bande de linge propre, imbibée d'huile et de vin, mettre par dessus des coussins de laine et recouvrir d'éclisses (*regula*). Avoir soin de tenir le cheval suspendu (*in canterium*, appareil pour soutenir en l'air le pied du cheval), ou sur des échelles, ou d'une façon quelconque ; humecter les bandes matin et soir. Le troisième jour on détache le bandage et après pansement on le renouvelle. Répéter cela tous les 5, 7 ou 9 jours, jusqu'à guérison et jusqu'à ce que l'animal soit en état de se tenir sur le membre fracturé. Quarante jours sont nécessaires pour que la consolidation de la fracture soit achevée.

Si l'os fracturé fait saillie en dehors, la cure est difficile, sinon impossible.

On désespère également quand il y a fracture de la hanche, parce qu'on ne peut faire de ligature. (**V.**, Liv. II, ch. XLVII, p. 135).

Fracture de la tête (καταγμα εν κεφαλη) grave. — Bander avec adresse après avoir retiré les esquilles avec la main ou des pinces. Quant aux fragments d'os qu'on a laissés et qui présentent des aspérités, on les ratisse avec le fer. Jamais la plaie ne se refermera, si on ne les ratisse pas (*si non radit*).

Mais il faut agir avec beaucoup de précautions de peur qu'il n'y ait formation de fistules. (**V.**, Liv. II, ch. XLVII, p. 135).

Fracture du maxillaire. — (Voir maladies de l'appareil digestif).

Fracture des membres, des vertèbres, etc. — (Voir maladies de l'appareil locomoteur).

4° FISTULES. — Les uns conseillent de les réséquer (*resecare*), de les fendre avec un instrument tranchant, de les décharner (*decarnare*) avec un bistouri spécial pour opérer les fistules (Συριγγοτομιον), puis d'y introduire des caustiques pour que la cicatrisation s'opère.

D'autres préfèrent la cautérisation au fer rouge.

Végèce désapprouve l'emploi du bistouri ou des cautères qui, dit-il, ne font qu'empirer le mal.

Il préfère passer dans le trajet de la fistule un *papyrum*, retenu aux deux extrémités par des fils de lin, pour qu'il ne puisse pas tomber de cette cavité accidentelle, où on le laisse cinq jours au moins, jusqu'à ce que la cavité de la fistule soit distendue (*turgesco*) ; après on retire le *papyrum* et on remet à la place un collyre qui remplit bien exactement les parties internes de la plaie. On attache également ce collyre pour qu'il ne tombe pas et on le laisse quatre ou cinq jours. (*V.*, Liv. II, ch. XXVI, p. 118; ch. XXVII, p. 119).

5° ABCÈS. — Ponction d'abcès de la parotide, des glandes salivaires, après application préalable de cataplasmes ou d'onguents maturatifs. Columelle dit que, dans la plupart des cas, il est préférable de les ponctionner avec le cautère.

Sondage des ouvertures (*foramen*) des abcès de mauvaise nature, abcès du cou, pour voir s'il ne s'est pas formé de poche.

6° CHIRURGIE APPLIQUÉE A LA THÉRAPEUTIQUE. — Administration des médicaments par la bouche, le nez, le rectum, fumigations, etc., etc. (Voir thérapeutique).

VII. — Animaux et Plantes nuisibles aux animaux.

Animaux nuisibles.

1° HELMINTHES. — Nous avons déjà vu, à propos des coliques vermineuses, que les hippiatres grecs et latins connaissaient plusieurs espèces de vers intestinaux. Les *lumbrici* des Latins sont bien des ascaris lumbricoïdes. Mais à quelle catégorie se rattachent les *vermes*, les *tineola?* Quels sont les vers intestinaux désignés par les Grecs sous les noms d'ἕλμις et de σκώληξ?

Nous avons vu aussi que Columelle (Liv. VI, ch. XXV) signale comme fréquente la présence des ascarides (*lumbrici*) dans les intestins des veaux. Aristote (*Hist. an.*, Liv. V, ch. XVII, § 4) reconnaît trois espèces d'helminthes chez les animaux : 1° ceux qui sont larges et plats, qui s'attachent uniquement à l'intestin et y produisent quelque chose qui ressemble à de la graine de coloquinte ; 2° ceux qui sont ronds ; 3° les ascarides.

Quant aux *cysticerques*, si les anciens ne soupçonnaient pas leur nature, du moins ils connaissaient la présence des vésicules ladriques dans le tissu musculaire du porc (Aristote).

2° SANGSUES. — Les hippiatres considéraient les sangsues (βδέλλα, *hirudo*) comme dangereuses pour les animaux qui sont exposés à les avaler en s'abreuvant dans les mares ou dans les ruisseaux.

Leur perniciosité variait suivant les endroits où elles se fixaient. Elles présentaient peu de gravité quand elles s'attachaient dans les parties accessibles, telles que les lèvres, la bouche, le nez, car il était facile de les détacher. Mais il n'en était pas de même quand elles étaient fixées au fond du gosier, dans l'estomac, etc. Dans ce cas, on entonnait de l'huile. Anatole signale, entre autres, un singulier remède qui consistait à faire respirer aux animaux des punaises brûlées sur des charbons ardents ; l'odeur des punaises, selon lui, faisant mourir les sangsues. (*H.*, Liv. II, ch. LXXXVII, p. 222. — *Columelle*, Liv. III, ch. IV. — *V.*, Liv. III, ch. IV. — *Géoponiques*, Liv. XVI, ch. XIX ; Liv. XVIII, ch. XVII.)

3° ARAIGNÉE. — L'ingestion d'une araignée (*aranea*) était susceptible, d'après Végèce, de faire gonfler les animaux. (*V.*, Liv. III, ch. LXXX, p. 264). Nous verrons plus loin que l'influence pernicieuse de certains animaux a joué chez les anciens un très grand rôle dans l'étiologie des maladies.

4° ACARES — Les acares n'étaient bien certainement pas connus des vétérinaires de l'antiquité ; mais les maladies qu'ils déterminent, telle que la gale, étaient très répandues sur les animaux domestiques.

5° IXODES. — Quant aux ixodes ou ricins (*ricinus*, κρότων), nous en trouvons la première mention dans l'*Odyssée* (chant XVII, vers 300) à propos du chien d'Ulysse, Argus, couvert de tiques (κυνορραισταί). Aristote (*Hist. anim.*, Liv. V, ch. XXV, § 5), Columelle (Liv. VII, ch. XIII), Pline (Liv. XI, ch. XL, p. 34 ; Liv. XXX, ch. XXIV, p. 10) en parlent également. Aristote et Pline les signalent comme étant très communs sur les bœufs, les moutons et les chèvres. C'est probablement aussi des ricins dont il s'agit, quand Aurelius Olympius Nemesianus conseille de détacher avec un couteau brûlant les insectes fixés à l'oreille des chiens :

Auribus et tineas candente pellere cultro (vers 209).

6° SCORPIONS. — Les morsures de scorpions, σκορπιοπληκτος (piqué par un scorpion), de σκορπιος (scorpion), πλήσσω (je pique), étaient déjà réputées dangereuses du temps d'Apsyrte et de Végèce. Mais, comme traitements, ils indiquent une foule de remèdes plus ou moins fantaisistes, et qui sont plutôt du domaine de la fable que de la science. (*H.*, Liv. II, ch. LXXXV, p. 217. — *V.*, Liv. III, ch. LXXXIII, p. 266. — *Géoponiques*, Liv. XIII, ch. IX ; Liv. XVI, ch. XX.)

7° ŒSTRIDÉS. — Nous avons déjà parlé des larves d'œstres ou de gastrophilus à propos des coliques vermineuses du cheval, nous n'avons donc plus à nous en occuper ici.

Dans le même ordre, nous trouvons les taons, qu'on désignait tantôt sous le nom d'οιστρος, tantôt sous celui de ταβανος, *asilus*, μυωψ.

Homère en fait mention en parlant des prétendants qui se dispersent dans la salle comme un troupeau de bœufs que tourmentent les taons (οιστρος). (*Odyssée*, Liv. XXII, vers 300.)

Coluthus, dans l'enlèvement d'Hélène, s'exprime ainsi : « Telle on voit une « génisse piquée par un taon, cet insecte ennemi de son espèce, quitter des « paccages qui lui fournissent une nourriture abondante pour courir au « fond des forêts, telle la Discorde portait çà et là ses pas. »

Aristote en parle à plusieurs reprises dans son *Histoire des Animaux*.

« Il y a, dit Virgile, dans les bois du mont Silare et dans les verdoyantes « forêts d'yeuses de l'Alburne, un insecte que les Latins nomment *asilus* et « les Grecs οιστρον. L'essaim redoutable de ces mouches frappe l'air de ses « bourdonnements ; les troupeaux, épouvantés, fuient çà et là dans les bois ; « alors tout retentit de furieux gémissements ; l'air en est ébranlé. » (*Géorgiques*, Liv. III, vers 147 à 156.)

Nous pourrions multiplier les citations, mais cela nous mènerait beaucoup trop loin, disons, pour terminer, que cet insecte est encore mentionné par Varron, Didyme (*Hippiatrique* de Jean Massé, Liv. II, ch. XXVIII, p. 112) et par Sotion, qui lui donne le nom de μυωψ. (*Géoponiques*, Liv. XVII, ch. VII.)

8° Mouches. — Dans l'*Hippiatrique* on trouve différents remèdes pour empêcher que les mouches ne molestent le cheval, dont le principal consistait en des lotions sur le corps avec des baies de laurier broyées et cuites dans l'huile.

Pour empêcher que les mouches ne viennent se fixer sur les plaies, panser avec de la poix et de l'huile, et éviter surtout d'employer du miel dans le pansement, ce qui attirerait les mouches.

Si les mouches ont déposé leurs larves sur les plaies, arroser d'eau froide ou de suc de poireau mélangé de sel pour tuer les larves. Mélange de vinaigre et chanvre.

Columelle dit à peu près la même chose en parlant des mouches qui se fixent sur les oreilles du chien. (*V.*, Liv. III, ch. II, p. 182.)

9° Poux. — Dans l'*Hippiatrique* (Liv. II, ch. LXXXV, p. 215) et les *Géoponiques* (Liv. XVII, ch. XXIX ; Liv. XVIII, ch. XVI), on trouve l'indication de nombreux traitements pour débarrasser les animaux des poux (φθειρ), traitements basés sur les propriétés de certaines plantes, telles que origan, racine de mûrier, jus de poireau, ciguë, cyclame, mandragore, etc., etc. Palladius Taurus Rutelius Æmilianus (Liv. I, ch. XXVII) donne aussi quelques traitements pour débarrasser les poules de la vermine. Aristote mentionne la présence de poux sur les bovidés et les porcs. (*Hist. anim.*, Liv. V, ch. XXV, § 5.)

10° Guêpes. — Dans les *Géoponiques* et l'*Hippiatrique* se trouve un moyen assez fantaisiste indiqué par Démocrite pour chasser les guêpes. Il paraît que le foie de cheval pendu aux portes ou au milieu des maisons tue les *guêpes*.

11° Chenilles. — Hiéroclès (*H.*, Liv. II, ch. xciii, p. 225) parle des accidents consécutifs au contact des chenilles (κάμπη). Il prétend que la peau du cheval enfle, devient dure, que les yeux se cavent quand il s'est vautré sur des chenilles ou frotté contre un arbre donnant asile à des chenilles. Il veut sans doute parler des accidents causés par le bombyx processionnaire.

12° Puces de chien. — On s'en débarrasse en les frictionnant avec du cumin, de l'ellébore blanc ou du jus de concombre sauvage, ou en les lavant avec de l'eau de mer ou de la saumure, ou par des onctions d'huile. (*Géoponiques*, Liv. XIX, ch. xiii.)

13° Morsures de serpents. — Sous ce nom, on comprend les morsures de reptiles en général (ἑρπετόν), de serpents (ὄφις, *serpens*), de vipères (ἔχις, *vipera*), de couleuvres (*coluber*), d'orvets (*cæcilia*), que les hippiatres considéraient comme très graves. Les traitements, variés, consistaient en l'application sur les morsures de plantes diverses et surtout dans l'emploi des scarifications, des cautérisations. *H.*, Liv. II. ch. lxxxiv, p. 215. — *V.*, Liv., III, ch. lxxix, p. 263, ch. lxxvii, p. 261. — *Columelle*, Liv. VI, ch. xvii. — *Géoponiques*, Liv. XIII, ch. viii.)

14° Musaraignes. — Les musaraignes (*sorex araneus* μυγαλῆ), ont été pendant longtemps considérées et à tort comme très venimeuses. Une des principales lésions qu'on attribuait à leur morsure consistait en l'apparition, au point mordu, d'une énorme tumeur d'où s'écoulait une sanie putride. Cette croyance s'est perpétuée pendant longtemps et s'est même conservée, de nos jours, dans certaines contrées. Aujourd'hui encore, dit M. Arloing (1), dans quelques campagnes, on appelle encore musaraigne la tumeur charbonneuse symptomatique de la cuisse. Les hippiatres attribuaient à la musaraigne cette formation rapide de tumeurs qui, probablement, n'étaient autres que des tumeurs de charbon symptomatique. Traitements variés. Pronostic excessivement grave. Application d'une musaraigne broyée sur la morsure, suspension au cou de l'animal d'une musaraigne enfouie vivante dans de l'argile à potier (amulette pour préserver des morsures de cet animal), scarifications, cautérisations. (*H.*, Liv. II, ch. lxxxvi, p. 220. — *V.*, Liv. III, ch. lxxxii, p. 205.)

Nicandre de Polyphon, dans ses Αλεξιφάρμακα, vers 630, parle des effets

---

de l'enfle bœuf qui fait enfler le veau et le mouton. C'est à rapprocher sans doute des effets de la morsure de la musaraigne.

15° Τρυγών, ce sont sans doute les trygons ou pastenagues, espèces de raies dont les piqûres étaient considérées comme dangereuses pour le cheval. (*II.*, Liv. II, ch. LXXXVI, p. 222.)

16° STAPHYLIN. — Qu'est-ce que le Σταφυλῖνος, staphylin, insecte qui vit dans les champs et dont la queue est dressée? Est-ce le véritable staphylin dont parle Aristote? C'est encore un insecte auquel on attribuait une foule de méfaits, tels que le gonflement du corps, l'apparition de pustules sur la peau quand il était ingéré avec les aliments. Ses piqûres étaient aussi considérées comme dangereuses. (*II.*, Liv. II, ch. CVIII, p. 266.)

17° VOLAILLES. — On supposait aux excréments des volailles une action pernicieuse et on admettait volontiers qu'ils pouvaient déterminer la diarrhée, la tympanite, des coliques, etc., etc. Comme remède homœopathique, surtout préventif, on tuait un poulet et on faisait avaler au cheval les intestins encore chauds avec leurs excréments, le tout enveloppé de miel. (*II.*, Liv. II, ch. LXXXVIII, p. 223. — *V.*, Liv. III, ch. LXXXV, p. 267. — *Géoponiques*, Liv. XVII, ch. XIII.)

18° PHALANGES. — Les vétérinaires grecs et latins croyaient aussi que les piqûres des phalanges (φαλάγγιον, *phalangium*), espèces d'araignée, étaient mortelles. Elles donnaient lieu, disaient-ils, à l'apparition de pustules semblables à des clous. Aristote en distingue deux espèces : une qui ressemble à une araignée et qu'on appelle λύκος, loup, petite, tachetée (*psylles*); une autre, plus grosse, aux pattes antérieures très développées. (*II.*, Liv. II, ch. LXXXV, p. 217. — *V.*, Liv. III, ch. LXXXI, p. 265. — *Aristote*, *Hist. anim.*, Liv. IX, ch. XXVI, § 2.)

19° BUPRESTE. — Le bupreste (βούπρηστις) était un insecte qui passait pour capable de faire crever les bœufs. Qu'est-ce que cet insecte dont le nom tire son origine de βοῦς (bœuf), πρήθω (je crève). (*II.*, Liv. II, ch. LXXXV, p. 219. — *V.*, Liv. III, ch. LXXVIII, p. 262.)

20° DIVERS. — Aristote (*Hist. anim.*, Liv. IV, ch. X, § 3 et 4) parle des poux et pucerons des poissons. Il mentionne aussi (*Hist. anim.*, Liv. II, ch. XI, §§ 8 et 9) les vers vivants qui se trouvent dans la tête des cerfs.

Une autre morsure qui tue les chevaux ou, du moins, les fait beaucoup souffrir, c'est celle d'un animal qu'on appelle tantôt *chalcis*, tantôt *zignis*. Qu'est-ce que cet animal qui, au dire d'Aristote (*Hist. anim.*, Liv. VIII, ch. XXIII, § 7), ressemble aux petits lézards, et, par sa couleur, aux serpents aveugles?

Plantes nuisibles.

1° Chou sylvestre (κραμβη αγρια). — Le cheval qui en mange, dit Apsyrte, ne peut plus cheminer, tombe en chancelant, puis se relève et retombe. Comme traitement, faire ingérer du chou cultivé (κραμβη ημερος) avec du lait. (*H.*, Liv. II, ch. xc, p. 224.)

2° Aconit (μυοφονος, qui tue les rats). — Le cheval qui en mange enfle. Saignée aux tempes. Ingestion de vin avec persil sauvage ou rue. (*H.*, Liv. II, ch. xci, p. 225.)

3° Ciguë (κωνειον). — Saignée à la jugulaire. Breuvage de vin vieux. (*H.*, Liv. II, ch. xcii, p. 225.)

4° Foin gâté (*fœnum malum*). — Gâté par accident ou moisissure (*mucedinum*). Dangereux aux animaux. (*V.*, Liv. III, ch. lxxii, p. 259.)

5° Renouée (*herba sanguinaria*). — Cause une maladie grave chez les moutons qui en ont mangé. Constipation, salivation fétide. Saigner à la queue. (*Columelle*, Liv. VII, ch. v.)

6° Laurier rose. — Lucien et Apulée parlent du laurier rose (ροδοδαφνη) comme mortel pour les chevaux et les ânes.

7° Cornouiller en fleurs (*cornus*). — Donne le flux de ventre (*alvum*) aux abeilles, qui en meurent. (*Pline*, Liv. XI, ch. xx.)

8° Le chaméléon (*atractylis gummifera* ou *ixia*). — Produit chez les bœufs une sorte d'angine qui les étouffe. (*Pline*, Liv. XX, ch. xxi, § 3.)

9° L'apocynum (*cynanchum erectum*. L.) — Tue les chiens et les quadrupèdes qui en mangent. (*Pline*, L. XXIV, ch. xlviii, § 2.)

VIII. — Zootechnie. — Hygiène.

Mon intention était de faire figurer dans l'histoire de la médecine vétérinaire les questions relatives à l'hygiène et aux diverses méthodes zootechniques en usage dans l'antiquité ; mais, réflexion faite, je crois prudent d'en ajourner la publication. Ce n'est pas en quelques lignes qu'on peut traiter d'un sujet aussi vaste et aussi complexe. L'étude des races, de l'hygiène, de l'alimentation, de l'accouplement, de l'élevage et de l'utilisation de nos principaux animaux domestiques comporte une telle étendue qu'elle ne saurait trouver place ici. Cette étude sera l'objet d'un travail spécial que j'espère publier ultérieurement.

IX. — Thérapeutique et matière médicale.

La thérapeutique est aussi vieille que le monde, car l'homme, dès l'apparition des maladies, s'est efforcé d'y porter remède. L'histoire de la thérapeutique n'est donc pas exclusivement vétérinaire, elle peut tout aussi bien se rattacher à la médecine humaine qu'à l'histoire naturelle en général. Entreprendre cette étude serait passer en revue chaque espèce animale, végétale et minérale entrant dans la composition des nombreux médicaments mentionnés dans les traités vétérinaires de l'antiquité. Cette étude n'offrirait pour nous que peu d'intérêt, car il s'en faut de beaucoup qu'à cette époque la thérapeutique ait été bien raisonnée. Les médecins, comme les vétérinaires de l'antiquité ont, en effet, formulé des prescriptions nombreuses, bizarres pour la plupart, où se trouvent associées les substances les plus diverses.

En général, la thérapeutique ancienne était basée sur l'emploi des simples, dont on utilisait les diverses parties. Elles étaient, pour ainsi dire, la base de toutes les préparations pharmaceutiques. Toute la flore locale et exotique était mise à contribution, et, dans la pharmacopée antique, nous retrouvons la plupart de nos plantes médicinales.

Les agents thérapeutiques tirés du règne animal étaient moins nombreux et moins employés que les substances végétales. Parmi les plus communs, nous citerons les diverses sortes de graisse, le beurre, la moelle osseuse, le miel, les œufs, le lait, la cire, le castoreum, le sang, l'urine, les excréments même des diverses espèces animales.

La peau du ventre, la crasse de la peau des enfants, la crasse des bains, la saumure, la bile, les décoctions d'intestins de porc, de cervelle, de cigogne, de petit chien, de viande, les râclures de corne, de sabot, d'ivoire, etc. ne figurent qu'exceptionnellement dans quelques articles de l'hippiatrique.

Quant aux médicaments tirés du règne minéral, ils comprenaient plusieurs substances dont voici les principales : nitre d'Alexandrie, craie du mont Cimole, craie rouge, cadmie, sel de Cappadoce, d'Alexandrie, sel fossile d'Espagne ou d'Arménie, alun, airain, rouille d'airain, cendres diverses, soufre, bitume, chaux vive, gypse, pierres plus ou moins précieuses, etc.

I. — Administration des médicaments.

A. — *Par les voies digestives :*

1° BREUVAGES, BOISSONS. — L'administration des breuvages médicamenteux s'effectuait le plus ordinairement par les narines, surtout par la narine gauche, au moyen d'une corne (κέρας) creuse. Les hippiatres n'entonnaient ordinairement par la bouche que les préparations plus solides.

Dans ce dernier cas, Végèce recommande de tirer la langue au dehors et d'élever la tête de l'animal jusqu'à ce que la déglutition soit effectuée. Ce procédé n'était pas toujours sans danger : Apsyrte cite, en effet, le cas d'un chevalier qui, entonnant chaque matin du sel à son cheval, lui avait occasionné une pneumonie consécutive à la pénétration de parcelles de sel dans les voies respiratoires.

Comme breuvages médicamenteux, les anciens utilisaient une foule de substances liquides, telles que le vin, le lait, le vinaigre, le sang, l'eau, l'huile, seules ou associées à diverses substances (infusions de simples, décoctions diverses). Ces breuvages mentionnés dans les traités vétérinaires sont tellement nombreux, et leur composition tellement variée, qu'il nous est impossible de les énumérer. Nous nous bornerons seulement à indiquer sommairement ceux qui sont mentionnés sous un nom spécial.

Ἐγχυματισμός (infusion) διὰ χυλῶν ; composée de rue, bettes, figues, huile.

E — Θερμαντικός ; décoction de vin, poivre, rue, huile, miel, jaune d'œufs.

E. — ἀρωματικός ; hyssope, persil, safran, poivre blanc, encens, poivre commun, myrrhe.

E. — ἐπίχυσις, vin d'Italie, huile, miel, œufs, poivre.

E. — διουρητικός, casse, nard, souchet, hysope, alun, myrrhe.

E. — de printemps, d'été, etc.

Προπότισμα (potion). Potions diverses.

QUADRIGARIUM. — Les Romains donnaient ce nom à une composition de diverses substances médicamenteuses. En voici une attribuée à Chiron : adraganthe, aloès, myrrhe, costus, casse, amome, gentiane, aristoloche, centaurée, bétoine, saxifrage, opium, eupatoire, cardamome, nard, nard celtique, asarum, carotte, castoreum, opopanax, galbanum, panais, absinthe, etc.

Pélogone, Apsyrte en citent d'autres qui sont tout aussi compliquées.

2° LES NOUETS OU MASTIGADOURS étaient sans doute en usage dans l'antiquité, car Végèce, à propos du tétanos, dit qu'il faut mettre dans la bouche, entre les mâchoires, des rejetons de laurier afin que les animaux mâchent et qu'en mâchant ils se réchauffent.

3° PILULES, BOLS. — Sous le nom de τροχίσκος (*pastilles*), on désignait des pastilles rondes, des pilules de matières médicamenteuses, dont les dimensions variaient depuis celle d'une noisette, d'une noix à celle d'une pomme, d'un œuf. Leur composition, comme celle des breuvages, était des plus variées.

Pilules d'archelaus. — Myrrhe, aurone, safran, pyrèthre, origan, hysope, vinaigre.

Pilules contre le malleus. — Miel, beurre, vieil axonge, sel, poix, orge mondée, raisin sec.

Pilules de gousses d'aux broyés et de graisse, etc., etc.

4° LAVEMENTS (κλυσμα). — Les lavements étaient très fréquemment employés et de composition variée. Lavements d'huile, eau chaude, sel, miel, nitre, œufs, dans les coliques. Lavements de sel égrugé et d'huile chaude, qui donnent lieu à un chatouillement et à un relâchement du ventre. Lavements d'hydromel et de castoreum dans le tétanos. Lavements d'huile amère, d'absinthe, de graine de cresson, de santonine, coriandre, raifort, terre rouge du mont Sinope, de castoreum, comme vermifuges.

Les lavements étaient donnés au moyen de seringues (κλυστηρ). A leur défaut, on se servait d'une vessie à laquelle on adaptait un tuyau.

5° LES SUPPOSITOIRES (προσθεμα) remplaçaient sans doute les lavements, car Végèce dit que, si on n'a pas de seringue à sa disposition, on peut faire des pastilles dures et longues qu'on introduit dans le rectum. Suppositoires composés d'oignons, figues sèches, nitre, excréments de pigeon, urine. (Coliques.)

B. — *Par les voies respiratoires.*

Les fumigations (θυμιαμα, *suffimentum*), étaient fréquemment employées, soit pour faire pénétrer des vapeurs dans les voies respiratoires, soit pour les diriger sur un point quelconque du corps (le ventre, les testicules, etc.).

On recouvrait le cheval de housses de la tête aux pieds, et on plaçait, sous les naseaux ou sous le ventre, des pierres meulières ou autres, rougies au feu, sur lesquelles on versait des subtances diverses, telles que : huile, urine, castoreum, cyprès, coquilles d'œufs, baies de laurier, soufre, bitume de Judée, opopanax, râclures de cornes, etc., etc.

Quelquefois on mettait ces pierres brûlantes dans un vase rempli de liquide ou bien en vaporisait des poudres sur des charbons ardents.

C. — *Application des médicaments à l'extérieur.*

1° SACHETS (*sacellus*). — Sac de son ou cendre chaude sur le dos (coliques), cendres chaudes sous le ventre, étalées sur un linge tenu par des cordes (tympanite) :

2° EMPLÂTRE (Ἔμπλαστρον).

E. Διὰ βοτανῶν. — Ainsi appelé à cause des herbes qui entrent dans sa composition. — E. μήλινον, de couleur jaunâtre. — E. ἔναιμον, pour arrêter le sang. — E. ξηρόν (sec). — E. τρυφερόν. — E. χλωρόν (vert). Médicaments à base d'huile.

3° Ἀνακόλλημα. — Cataplasmes astringents dans lesquels entraient du safran, de l'encens, du vermillon, des coquilles d'escargots, des grenades, des échalottes, de la farine, du vinaigre.

4° Λιπαρά. — Emplâtre à base de corps gras.— Λ. πελματική.— Λ. ανειμένη.

5° Κατάχρισμα (onguent). — Κ. τρυφερόν, dit πλαστικόν, lie de vin, marjolaine, baies de laurier, graine de lin, nitre, graisse, huile.

6° Ἄλειμμα, enduit, onguent.

7° Κατάπλασμα. Cataplasme. — Cataplasme de crottes de brebis, de chèvre et de vinaigre ; cataplasme de farine d'orge, graine de lin, vin, fenugrec ; cataplasme de saindoux et d'ail ; cataplasme de farine d'orge et de feuilles de chou.

8° Μάλαγμα. — Cataplasme émollient.

M. ξηρόν (à base de vinaigre), poix, cire, sel ammoniac, galbanum, mauve, vinaigre blanc, faire cuire le tout en un pot de terre.

M. μαλακτικόν.

M. Χρυσοῦν (d'or). — Opopanax, sel ammoniac, galbanum, résine, encens, cire.

M. *noir d'Archidème*, d'Apsyrte, d'Hippocrate, de Pélagone, d'Hiéroclès.

M. Διὰ σύκων, à cause des figues qui entrent dans sa composition,

M. σκληρόν, κρητικόν, ωμόν.

M. à base de cire et suif.

Malagma meliacinum, cupressinum, tetrapharmacon de Végèce.

Ces compositions étaient principalement à base de graisse, moelle d'os, axonge, cire, et., etc.

9° Συγχρισμα. — Frictions avec un corps gras. Il y avait aussi les frictions sèches avec des tissus de poils, ou une étrille, ou une brique et les frictions humides avec des substances diverses.

10° COLLYRES (κολλύριον), *collyrium*. Extrêmement nombreux et composés de substances les plus diverses.

11° BAINS fréquemment mis en pratique dans les maladies du cheval, bains froids, bains de rivières, bains de mer surtout, bains chauds.

12° FOMENTATIONS (Χλιασμα) d'eau chaude, de vin, d'huile, de décoctions diverses.

13° ENFOUISSEMENT dans le sable chaud ou dans le fumier pour réchauffer l'animal.

14° TROCHISQUE. Séton. (Voir chirurgie.)

II. — Médicaments divers.

PURGATIFS. — Mettre au soleil de la racine de concombre sauvage, la broyer ajouter du sel et du nitre et entonner. A donner surtout aux juments poulinières, car, d'après Apsyrte, les poulains qui tettent seront purgés.

Purgatifs divers : marrube, chou, petit lait, lait de divers animaux, huile ellébore blanc, daphne mezereum, elaterium.

NARCOTIQUES : Pavots, opium, euphorbia peplus.

FÉBRIFUGES : absinthe, petite centaurée.

RÉGIME ALIMENTAIRE. Tenait une grande place dans la médication ancienne foin haché et son, aliments saupoudrés de farine, son et farine d'orge, vert, barbotage de farine de froment et d'orge, etc., etc.

DIÈTE. Quant à la diète, les anciens la mettaient souvent en pratique dans diverses affections. Columelle dit, qu'en cas de coliques, il faut tenir la tête du bœuf suspendue en l'air, afin qu'il ne puisse prendre aucune nourriture.

A côté de cela, il est fait mention de médicaments bizarres, dont on pourrait retrouver l'analogie dans certaines préparations que les empiriques se transmettent de génération en génération.

C'est ainsi que Végèce recommande, contre la fourbure, l'ingestion de la pellicule du ventre d'un poulet.

Ingestion du foie de l'animal enragé pour prévenir les effets consécutifs aux morsures. Application des poumons chauds d'un bouc, d'un agneau récemment abattu, pour prévenir les accidents consécutifs aux morsures des vipères. Amulettes (musaraigne vivante enfouie dans l'argile et attachée au cou) pour empêcher les funestes effets des morsures de cet animal.

Prendre une jeune cigogne, avant qu'elle puisse voler, la mettre toute vive dans un pot de terre, recouvrir de plâtre et porter au four jusqu'à ce que la cigogne soit réduite en poudre (Bon contre la peste).

Jeune chat de sept jours cuit dans l'urine de vierge. Boisson bonne contre la peste.

Dans le cas d'ascite, mener le cheval auprès de la boutique d'un parfumeur (μυρεψία), car la variété des odeurs aidera à la guérison.

X. — Jurisprudence.

—

Jurisprudence grecque.

Nous possédons peu de documents sur la législation grecque, surtout en ce qui concerne la vente ou échange des animaux domestiques.

Sous le nom d'ἀναγωγη δικη (43) existait une loi rédhibitoire applicable seulement en principe à la vente des esclaves. « Ainsi, la vente d'un esclave, « ayant quelque défaut caché ou atteint d'une maladie non apparente, pou- « vait donner naissance à une action en garantie, lorsque le vendeur n'avait « pas fait connaître à l'acheteur le défaut ou la maladie. »

Devons nous en conclure, dit Daremberg, qu'il n'y avait pas action rédhibitoire possible quand le vendeur avait livré un animal atteint de maladie ou d'un vice caché.

Muller (Pauly's Realencycl. T. II, p. 1001) penche pour cette hypothèse, le Βλαβης δικη suffisant, selon lui, pour réparer le dommage. (D'après le Βλαβης δικη tout dommage causé à autrui devait être réparé par son auteur).

Cependant Daremberg croit que le vendeur pouvait être contraint de reprendre la chose qu'il avait vendue, lorsque cette chose ne répondait pas à

---

(43) Daremberg et Saglio. — *Antiquités grecques et romaines.* Article : Anagages dike.

sa destination, et il cite à ce sujet un texte de Lysias qui applique l'ἀναγωγή
à la constitution en gage d'un cheval. (Lysias, VIII, § 10).

Polyclès, s'étant engagé à fournir un cheval à son créancier en nantisse-
ment d'une créance, lui envoie un cheval affaibli par les fatigues de la
guerre. Le créancier voulut alors recourir à l'ἀναγωγή contre son débiteur,
et il fallut toutes les instances d'un ami commun pour qu'il se désistât de
son action. (Lysias, VIII, § 10).

Daremberg croit aussi qu'on pouvait attribuer au droit d'Athènes ces paroles de Dion Chrysostome. « Si une personne livre un vêtement de mauvaise
« qualité, un meuble mal conditionné, un animal malade ou impropre au
« service que l'acheteur en attend, elle sera contrainte de le reprendre. »

Il y avait aussi une loi de Solon relative aux dommages causés par les
esclaves ou les animaux (Βλάβη ἀνδραπόδου ἢ τετραπόδου (Plut. Solon. ch. XXIV).
D'après cette loi, le propriétaire de l'esclave ou de l'animal qui avait causé
un dommage était tenu de le réparer comme s'il l'avait causé lui-même.

Cette réparation du dommage causé par les animaux remonte à la plus
haute antiquité; dans l'*Exode*, ch. XXI, il en est déjà question.

§ 28. — « Si un bœuf frappe de la corne un homme ou une femme, et
« qu'ils en meurent, le bœuf sera lapidé et on ne mangera pas de sa chair;
« mais le maître du bœuf sera jugé innocent; »

§ 29. — « A moins qu'il n'y ait déjà quelque temps que le bœuf frappait
« ainsi et que le maître ne l'ait point enfermé après avoir été averti. »

Jurisprudence romaine.

Le droit romain, auquel nos codes ont emprunté leurs dispositions fonda-
mentales, est pour ainsi dire l'œuvre de Justinien, empereur d'Orient (527-
565). C'est par son ordre que furent condensés les textes de lois alors en
usage à cette époque et dont les origines remontent à la plus haute antiquité.
C'est à lui que revient l'honneur d'avoir réuni toutes les règles juridiques
éparses dans les diverses institutions. C'est grâce à cette intelligente compilation, au *Corpus juris civilis*, réunion des *Institutes*, du *Digeste*, du *Codex*,
des *Novelles* que nous sommes redevables de la connaissance des lois romaines, qui sans cette précaution eussent été probablement perdues pour
nous. Ce vaste recueil des lois romaines contient un grand nombre d'articles
de loi, dont plusieurs sont applicables à la jurisprudence vétérinaire. Mais
comme beaucoup sont d'ordre général et également applicables à toutes
espèces de choses, nous les laisserons de côté pour ne nous occuper que de

ce qui concerne exclusivement les animaux domestiques. Ainsi par exemple étudier les articles relatifs à la vente, à l'échange, serait nous exposer à entreprendre l'histoire même du droit romain pour laquelle nous n'avons aucune compétence. Nous nous bornerons seulement à en extraire les quelques articles relatifs à la rédhibition.

DE LA VENTE.

Stipulation de garantie. — C'est dans *Varron* qu'il est fait, pour la première fois, mention de la jurisprudence en matière de transaction commerciale, et l'auteur du *de re rustica*, à propos de chaque espèce, nous indique les formules, qui d'après lui, conviennent le mieux pour que la vente soit considérée comme définitive. Ainsi à propos d'un troupeau de moutons on se sert d'une formule traditionnelle. L'acheteur doit dire au vendeur : *Me les vendez-vous pour tant?* et, après réponse affirmative : *Me garantissez-vous loyalement que ces brebis sont saines, selon les conditions requises pour cette espèce de bétail, qu'il n'en est aucune de borgne, de sourde* (SURDA), *ni de pelée sous le ventre* (VENTRE GLABRO) *ou qui provienne de troupeaux malades, et que j'en serai bien et dûment propriétaire.* C'est bien là une stipulation de garantie. Ces formalités accomplies, le troupeau n'était considéré comme ayant changé de maître, qu'après le recensement ; mais il suffisait, d'après la législation, de contrat pour que l'acheteur et le vendeur puissent être judiciairement contraints, le premier à livrer avant d'avoir reçu le prix, le second à payer ledit prix (*x*).

Telle était la formule générale, mais Varron conseille de la modifier suivant les espèces animales mises en vente.

Ainsi, dit-il, à propos des chèvres, d'après le sens que Mamilius en donne dans ses livres, il faudrait ajouter : *Me répondez-vous que ces chèvres sont aujourd'hui en bon état, qu'elles boivent et qu'elles sont bien et dûment ma propriété.*

Voici la formule qu'il conseille d'adopter pour l'achat du porc. *Me répondez-vous que ces truies sont saines, que la propriété m'en est dûment acquise, franche de toute rédhibition* (NOXISQUE PRÆSTARI) *, et qu'elles ne proviennent pas de troupeaux malades.* Quelques personnes ajoutent : *et qu'elles ne sont pas atteintes de fièvre* (FEBRI), *ni de diarrhée* (FORIA).

(*x*. D'après, *Gaïus* au livre X sur l'Édit provincial, la vente était parfaite dès qu'on était convenu du prix. *Florentin*, au livre VIII des *Institutes*, dit que « le vendeur « était tenu de garantir tout ce que l'acheteur peut perdre à l'occasion de sa mauvaise « foi, qui a lieu non seulement lorsque le vendeur se sert de termes obscurs pour « tromper, mais même lorsqu'il affecte un silence préjudiciable dans la même « intention. »

Même formule pour l'achat des bœufs, chevaux, ânes, mulets, chiens. On retranche seulement la clause de santé quand les animaux sont vendus pour la boucherie ou les autels. *Schneider* dit à ce sujet, que cette clause n'était pas exigée parce que les prêtres avaient coutume de s'assurer de l'état sanitaire des victimes, sans avoir besoin d'en demander des garanties au vendeur. (Varron, *De re rustica*. L. II, ch. III, IV, V, VI.

ACTION RÉDHIBITOIRE.

Ainsi donc les parties, avant de contracter la vente, avaient coutume de mettre des stipulations de garantie. Le vendeur était tenu de déclarer tous les vices qui pouvaient diminuer la valeur de l'animal et de promettre que la chose qu'il livrait était exempte de tel ou tel vice. En faisant cette déclaration, il se dégageait de toute responsabilité ; en ne le faisant pas, il s'exposait à *l'action estimatoire* ou à *l'action rédhibitoire*. L'édit des édiles rendait, en effet, le vendeur responsable de ses déclarations et promesses relatives aux vices ou aux qualités de la chose vendue. Mais ces actions relativement aux vices ne pouvaient avoir lieu que si le vice existait avant la vente, s'il n'était pas apparent ou pouvait être inconnu de l'acheteur.

Dans le cas de rédhibition, l'acheteur devait restituer l'animal dans l'état où il avait été livré ; il était responsable de toute détérioration provenant de son fait survenue après la vente. Le délai pour l'action rédhibitoire était de six mois.

Dans l'action estimatoire *quanti minoris*, le contrat est maintenu. L'acheteur garde l'animal. L'acheteur a droit alors à une diminution de prix ou même à une restitution si l'on suppose que les vices de l'animal le rendent absolument sans valeur.

Les délais étaient d'un an, et cette action pouvait être renouvelée chaque fois que l'acheteur trouvait un nouveau vice.

L'action rédhibitoire est tout au long décrite dans le *Digeste* (Liv. XXI, tit. 1er, *De œdilio edicto et redhibitione*).

38. Ulpien (*jurisconsulte romain mort vers 230 de notre ère*), au livre II sur l'édit des édiles curules, dit ce qui suit : « *Ceux qui vendent des chevaux doivent déclarer publiquement quelle maladie ou quel défaut ils ont ; s'ils les ont bien harnachés pour les vendre mieux, ils les livreront au vendeur en l'état où ils sont. En cas de contravention, nous donnerons action contre le vendeur dans le cours de deux mois, à l'effet de le forcer à rendre les harnais ou à reprendre ses chevaux. En cas de maladie ou de défaut, nous donnerons action contre le vendeur dans les six mois pour le forcer à résoudre la vente, ou dans l'année pour lui faire rendre la somme dont les chevaux étaient inférieurs au prix lors de la vente.* »

Les édiles, dans cet article, ne parlent que de la rédhibition des chevaux (*De jumentis redhibendis*); mais, dans les articles 4, 5, 6, il est dit: « *Les vendeurs sauront qu'on doit étendre à toutes sortes de bétail ce qui a été dit de la santé des chevaux.* »

Quant aux actions rédhibitoires relatives à la vente des animaux domestiques, elles sont, en grande partie, basées sur la législation relative aux esclaves, ainsi que le dit Ulpien à l'article 3 : « *On observe à peu près, à l'égard des maladies et des défauts des chevaux, les mêmes règles que nous avons exposées à l'égard des esclaves.* »

D'après cette législation, le vendeur était obligé à la garantie des défauts cachés de la chose vendue, défauts qui sont de nature à en diminuer ou à en détruire l'usage, et, dit Ortolan (titre XXII, de la vente, t. II, p. 247 (44) : « L'étendue et les effets de cette obligation doivent s'en régler selon la bonne « foi, d'après l'importance du vice et d'après la connaissance ou l'ignorance « que le vendeur ou l'acheteur en avait. »

En effet, dans le chapitre relatif aux esclaves, qui, comme nous venons de le voir, s'applique également aux animaux domestiques (Ulpien, Liv. I, *sur l'édit des édiles*), cette question est ainsi résolue :

« *1° Ceux qui vendent des esclaves doivent avertir l'acheteur de leurs maladies ou de leurs défauts ;*

« *6° Si l'acheteur a pu connaître le défaut ou la maladie de l'esclave qui lui a été vendu, parce que le vendeur le lui aura montré par signes, comme c'est assez ordinairement l'usage, on peut dire que les dispositions de l'édit cessent, parce qu'on doit avoir attention seulement à ce que l'acheteur ne soit pas trompé ;*

« *9° Si le vendeur déclare expressément que l'esclave qu'il vend a telle maladie et que, d'ailleurs, il jouit d'une pleine santé, on s'en tiendra à ce qui aura été convenu entre les parties ;*

« *10° Si le vendeur n'a pas déclaré expressément une maladie, mais qui était telle que tout le monde pouvait s'en apercevoir ; par exemple, s'il a vendu un esclave aveugle ou qui avait une cicatrice évidente et dangereuse à la tête ou autres parties, Cæcilius pense que le vendeur n'est point soumis à l'action rédhibitoire, comme s'il eut déclaré expressément la maladie, car on doit penser que l'édit des édiles a en vue les défauts et les maladies que l'acheteur a pu ignorer et a ignorés véritablement.* »

Ainsi donc les défauts cachés lors de la vente entraînaient de droit la rédhibition. Quels étaient ces défauts? Il n'en est nullement question en ce

---

(44) ORTOLAN. — *Explication historique des Institutes de Justinien*, 2 volumes, Paris, 1845.

qui concerne le cheval. A propos des esclaves, la plupart des maladies ou défauts entraînant la rédhibition sont énumérés; mais il n'y en a guère qui puissent s'appliquer aux animaux domestiques.

Les édiles parlent de toutes les maladies en général; mais Pomponius dit que toutes les maladies du corps ne donnent pas lieu à la rédhibition. (4. Ulpien, § 3, 4, 5, 6.)

Voici ce que dit Ulpien (§ 8) à ce sujet :

« § 8. Si le défaut ou la maladie est tel qu'il empêche qu'on puisse tirer aucun service de l'esclave, il y aura lieu à rédhibition. Mais il faut toujours observer qu'un esclave ne doit pas être censé vicieux ou malade pour des causes très légères. Il en est de même d'une blessure légère, et le vendeur ne se rend coupable d'aucun délit s'il ne la déclare pas. »

Il devait en être de même pour les animaux. Cependant, dans l'article 7, Ulpien, Cæcilius, Ofilius font remarquer qu'il y a des sortes de maladies, par rapport aux hommes, qui ne sont regardées dans les chevaux, ni comme défauts ni comme maladies; par exemple, un cheval hongre peut être considéré comme sain.

Ofilius, consulté à l'occasion d'un cheval dont la langue était coupée, déclara que ce cheval ne pouvait être regardé comme sain, et qu'il y avait par conséquent lieu à rédhibition. (Ulpien, Liv. I de l'édit, § 8.)

A propos d'une consultation demandée au sujet d'un cheval qu'on ne pouvait changer de place dans un attelage, Pomponius répondit que cela n'entraînait à aucune action réhibitoire, parce que, dit-il, il y a beaucoup de chevaux de voiture qui sont tels que le cocher ne peut les changer de main. Par contre, il considérait comme vicieux tout cheval qui ne pouvait souffrir d'être attelé avec un autre. (Ulpien, Liv. II de l'édit, § 8 et 9.)

La plupart des jurisconsultes admettent comme passibles de la rédhibition les bœufs qui frappent de la corne, les chevaux qui ruent ou qui s'emportent. (43. Paul, Liv. I, sur édit des édiles.)

La rédhibition, dans le cas de vente de chevaux, avait lieu, non seulement à cause de leurs défauts ou maladies (*morbum vitium ve*), mais encore quand ils ne présentaient point les qualités que le vendeur avait déclarées ou promises, à l'exemple des esclaves (Ulpien, id., § 10), ou bien quand ils étaient fournis sans le harnachement avec lequel ils avaient été vendus (art. 11).

« Si un vendeur a affirmé qu'un esclave avait certaines qualités et que l'acheteur se plaigne qu'il ne les a pas, ce dernier a deux actions contre lui : l'action rédhibitoire pour le forcer à reprendre son esclave, et l'action estimatoire pour se faire rendre par lui ce que l'esclave vaut de moins, faute d'avoir ces qualités. » (18. Gaïus, Liv. I, sur l'édit des édiles curules.)

Ceci nous indique clairement que l'acheteur avait droit de demander, soit des dommages intérêts, soit une diminution de prix, soit la résiliation de la vente.

Mais, en cas de rédhibition, l'animal devait être restitué dans l'état où il se trouvait au moment de la livraison.

« *Se servir de la rédhibition, dit Ulpien, § 21, c'est faire que le vendeur reprenne sa chose pour l'avoir comme auparavant, c'est comme si on disait reddition.* »

« *Dans le cas de rédhibition (§ 23), si l'esclave a été détérioré par l'acheteur, celui-ci en tiendra compte au vendeur, mais depuis la vente et la tradition.* »

« *§ 31. Si l'esclave qui devait faire le sujet de la rédhibition est mort, il s'agit de savoir si c'est par la faute de l'acheteur, de sa famille, etc.* »

D'après le Code Justinien, Liv. IV, titre XLVIII, § 6 : « *La mort de l'esclave vendu, arrivée dans la demeure du vendeur, avant la tradition, n'est pas à la charge de ce dernier, mais à celle de l'acheteur. Cet esclave étant mort, non pour cause d'un vice dont l'origine se rapporte au temps qui a précédé la vente, c'est injustement que l'acheteur refuse d'en payer le prix* ».

D'après le § 3 des Institutes, la vente était parfaite aussitôt que les parties étaient convenues du prix, et les risques de la chose vendue passaient à l'acheteur, bien que la tradition ne lui ait pas encore été faite.

Ces divers articles étaient applicables aux animaux domestiques, car Ulpien, 38, au Liv. II, sur l'édit des édiles Curules, § 3, dit : « *Si le cheval de la rédhibition duquel il s'agit est mort, la rédhibition se fera de la même manière que nous avons dit, que se ferait en pareil cas, celle d'un esclave* ».

Jusqu'ici nous ne nous sommes occupés que de la rédhibition en cas de vente d'un animal isolé. Bien que tous ces articles soient applicables en cas de restitution d'animaux appairés ou d'un lot d'animaux, on trouve cependant dans la législation romaine certaines modifications importantes.

Ainsi, Ulpien dit qu'en cas de vente d'une paire de chevaux, si l'un d'eux se trouve dans le cas de rédhibition, il donnera effet afin de faire reprendre les deux chevaux au vendeur.

Art. 14. — « Lorsqu'on vend deux chevaux pareils, l'édit veut que si un se trouve dans le cas de la rédhibition, tous les deux soient rendus au vendeur ; et par là les édiles font également le bien du vendeur et de l'acheteur parce que les chevaux ne sont point dépareillés.

« *De même, si on a vendu un attelage de 3 ou 4 chevaux pareils, ils doivent être rendus tous ; mais s'il y a deux paires de chevaux et que l'une de ces paires soit vicieuse (par vicieux on entend sujet à rédhibition), ou seulement un cheval de la paire, il n'y aura que cette paire dans le cas de la rédhi-*

bition. Si cependant les *chevaux n'étaient pas appareillés, mais qu'on eût
rendu quatre chevaux pour un seul prix, il n'y aurait que le cheval vicieux
qui serait dans le cas de la rédhibition ; car si on avait rendu un haras de
chevaux (polia, troupeaux de chevaux) et qu'il s'en trouvât un seul de vicieux,
tout le haras ne serait pas pour cela dans la rédhibition ».*

Pour cela, on pouvait ou faire reprendre le cheval ou intenter une action
en diminution de prix.

*« Si l'on a vendu plusieurs chevaux, tous ne seront pas dans le cas de la
rédhibition à cause que le harnais de l'un n'aura pas été fourni : car si on
avait vendu plusieurs attelages de chevaux dont l'un fût vicieux, les autres ne
seraient pas pour cela dans le cas de la rédhibition.*

*Art. 13. — Si on a vendu un attelage de chevaux et qu'il n'y en ait que
deux de vicieux, pour estimer ce que le cheval vaut de moins que le prix qu'il
a été vendu, on ne considérera pas seulement le prix qu'a coûté le cheval
vicieux, mais le prix de l'attelage ; car les deux chevaux ayant été vendus
ensemble pour un seul prix, il ne faut pas les diviser par moitié, mais examiner combien le vice d'un de ces chevaux diminuait le prix auquel l'attelage
a été vendu, et non combien celui qui était vicieux valait de moins ».*

D'après l'article 19 (Ulpien, au Livre I, sur l'édit des édiles), les délais
pour intenter l'action en rédhibition étaient de six mois. Ils commençaient
du jour de la vente, ou s'il s'agissait de ce qui a été dit et promis par le vendeur, du jour où le vendeur a dit et promis.

Quant à l'action en diminution de prix, on avait un an pour l'intenter ;
elle pouvait être renouvelée à chaque constatation d'un nouveau vice. Les
délais étaient d'un an et ne commençaient que du jour où l'acheteur avait
connu ou dû connaître le vice.

DU DOMMAGE CAUSÉ PAR LES QUADRUPÈDES.

Il est déjà question dans les douze tables de l'action en réparation de dommages causés par les quadrupèdes. D'après cette loi (table VIII, § 6), le
propriétaire de l'animal devait réparer le dommage ou abandonner l'animal.
Mais d'après le Digeste (titre 9), l'action n'avait lieu que dans le cas d'un
tort causé par un animal qui s'est livré à une impétuosité qui ne lui est pas
naturelle, qu'on aurait pu empêcher.

Exemple : un cheval ombrageux (*calcitrosus*), qui donne un coup de pied ;
un bœuf qui blesse quelqu'un d'un coup de corne.

Mais cette action n'a pas lieu si le coup de pied est donné par un animal
excité par une vive douleur. Mais si quelqu'un reçoit un coup de pied d'un
cheval qu'il caressait et flattait, il peut intenter cette action.

Un palefrenier mène un cheval à l'écurie et ce cheval rencontre une jument qu'il veut saillir, et qui allongeant le pied casse la jambe du palefrenier. Il y a action contre le maître de la jument (Alpénius, au livre 2 du Digeste).

Deux animaux domestiques se sont battus et il en est résulté un accident. Si c'est l'animal agresseur qui a été tué, l'action n'a pas lieu; si c'est l'autre, le maître de l'animal est obligé de réparer le dommage.

La loi Aquilia (titre III), réglait d'autres délits; d'après l'article 8 (Gaius, Liv. VII, sur l'édit provincial), il y a faute quand un muletier, par impéritie ou par faiblesse, ne peut retenir ses mules qui s'emportent et écrasent quelqu'un. Il en est de même si quelqu'un monté sur un cheval fougueux n'a pu le contenir.

Ulpien (au Liv. VIII, *ad edictum*, § 5), rapporte que Proculus, consulté, avait répondu que celui qui, en excitant un chien, était cause qu'il avait mordu quelqu'un, tombait sous le coup de la loi Aquilia.

Cette action s'étendait même à tout autre accident. Brutus (Ulpien, au Liv. XVIII, sur l'édit), pense qu'il y a lieu à l'action : 1° si quelqu'un fait avorter une jument avant terme en la frappant d'un coup de poing; 2° si un accident est survenu sur des bœufs d'autrui enfermé dans un espace trop étroit, etc., etc.

XI. — Anatomie et Physiologie.

—

A. — Anatomie normale.

L'anatomie, dans l'antiquité, n'est pour ainsi dire que l'étude de la composition du corps des animaux et notamment des animaux domestiques. La religion, les préjugés s'opposant à la dissection des cadavres humains, la plupart des anatomistes de cette époque n'ont puisé leurs connaissances en anatomie humaine que par déduction des faits qu'ils observaient sur les animaux. Aussi, les travaux des naturalistes, des philosophes, des médecins de l'antiquité nous offrent-ils un champ très vaste d'observations relatives à l'anatomie vétérinaire.

Bien que les sciences anatomiques aient déjà été quelque peu étudiées avant la naissance d'Aristote, on peut, sans conteste, le considérer comme le véritable créateur de l'anatomie comparée. Comme le dit Cuvier (45) :

---

(45) Barthélemy Saint-Hilaire. Traduction d'Aristote. *Histoire des animaux*. Préface, p. 14 et 165.

« Il est non seulement le plus ancien auteur d'anatomie comparée, dont
« nous possédions les écrits, mais encore un de ceux qui ont traité avec le
« plus de génie cette branche de l'histoire naturelle, et celui qui mérite le
« mieux d'être pris pour modèle ». Alcméon de Crotone, Démocrite d'Abdère, Empédocle, Anaxagore, Parménide, Diogène d'Apollonie, Héraclite,
Démocrite, etc., etc., ses devanciers, ne possédaient en effet que des connaissances anatomiques fort restreintes, souvent même inexactes, qui n'ont
pu aucunement servir de matériaux pour les travaux scientifiques d'Aristote.

L'*Histoire des animaux, les parties des animaux, la génération des animaux, la marche et le mouvement des animaux*, sont autant de véritables
traités d'anatomie et de physiologie comparées que nous pouvons regarder,
ainsi que nous l'avons dit plus haut, comme les précurseurs de nos traités
d'anatomie moderne. Nous regrettons que le temps, l'espace qui nous est
réservé, ne nous permettent pas d'en faire une étude aussi complète que
possible, ainsi qu'il conviendrait de le faire pour des travaux d'une si grande
valeur.

A. — *Appareil de la locomotion.*

Les anciens n'avaient que des notions fort restreintes sur l'ostéologie, l'ar-
throlgie et la myologie. Pour Aristote, les os (ὀστέον) n'étaient faits que
pour soutenir et protéger les parties molles, la chair. « Car, de même que les
« artistes pour modeler un animal quelconque avec de la terre glaise ou avec
« quelque autre substance humide, ont soin de mettre dessous quelque corps
« solide sur lequel ils adaptent la matière dont ils se servent, de même c'est
« avec les chairs que la nature a construit l'animal. (*Des parties*, Liv. II,
« ch. IX, p. 6). »

Aristote ne donne qu'une description bien sommaire des principaux os
qui composent le squelette, mais, dans ses travaux, on trouve quelques indications sur la moelle osseuse qui, dit-il, n'existe que dans les os creux, et
n'a ni le même aspect, ni la même consistance chez tous les animaux. Il avait
même fait la remarque que chez les animaux jeunes la moelle était sanguinolente. (*Hist. anim.*, Liv. III, ch. XV, §§ 1 à 3).

A l'extrémité des os, à leurs points de flexion, se trouvent des ligaments
auxquels Aristote a donné le nom de nerfs (νεῦρον) et qui, dit-il, par leur
assemblage forment les articulations (καμπτά), entre lesquelles s'interposent
des cartilages, véritables coussinets destinés à empêcher l'usure des surfaces
osseuses. (*Hist. anim.*, Liv. III, ch. V, § 4).

Aristote ne parle que des muscles (σάρξ) en général et n'en décrit aucun.
Il signale leurs insertions tendineuses auxquelles il donne également le nom
de nerfs, confondant sous cette dénomination les organes les plus divers.
D'après lui, la masse musculaire présente de notables différences suivant

l'état de santé ou de maladie des animaux. Quand ils maigrissent, la chair disparaît, elle fond en veines et en nerfs, voulant sans doute dire par là que la masse musculaire s'amincissant, les veines et tendons deviennent plus apparents. Chez les animaux bien nourris, c'est le contraire qui a lieu, la graisse infiltre le tissu musculaire et se substitue à la chair. (*Hist. anim.,* Liv. III, ch. XII).

Aristote indique ensuite les nombreuses différences qui existent entre le suif (στεαρ) et la graisse (πιμελή), et, distingue les animaux, en animaux à graisse ou à suif, suivant que l'une de ces substances prédomine

Enfin, pour terminer cette rapide analyse des organes du mouvement, nous signalerons un travail important, *la marche des animaux,* dans lequel Aristote donne sur la locomotion dans la série animale, des détails assez précis qui permettent de lui attribuer l'honneur de s'être occupé le premier de cette branche si importante de la physiologie animale. Ce traité, bien qu'incomplet, a été édifié sur des bases si solides, que bien des siècles se sont écoulés avant qu'aucun physiologiste ait osé reprendre ce sujet. Il faut remonter jusqu'au XVIIᵉ siècle, à Fabrice d'Acquapendente, pour retrouver un ouvrage sur la locomotion dans la série animale et encore ce travail, « *De motu locali animalium secundum totum* » est-il, comme le dit l'auteur lui-même, emprunté en grande partie à Aristote.

B. — Appareil de la digestion.

Comme organes de la digestion, Aristote cite la bouche (στόμα), les lèvres (χείλεα), le palais (υπερωα), les gencives (ουλον), la luette (κιων), la langue (γλωσσα), les dents (οδοντες), variables en nombre et en formes, et qui n'existent qu'à la mâchoire inférieure chez le chameau et chez les animaux à cornes. (*Hist. anim.,* Liv. II, ch. III, § 12).

Il parle aussi de la dentition, de la chute des dents et de l'apparition des remplaçantes. Il dit même à ce sujet que les grecs se basaient sur la présence des dents de lait pour la détermination de l'âge.

Dans son *Histoire des animaux* (Liv. II, ch. III, § 16 ; — Liv. VI, ch. XXII, § 4-10), il nous apprend, cinq siècles avant notre ère, que le cheval commence à perdre les pinces à deux ans et demi ; puis tombent successivement les mitoyennes à trois ans et demi et les coins à quatre ans et demi. Mais il a soin d'ajouter que cela ne se passe pas toujours ainsi et que dans l'évolution de certaines dents, on constate souvent des anomalies.

Cependant de la chute des dents et de l'apparition des remplaçantes Aristote tirait des signes caractéristiques pour la détermination de l'âge. Mais après la chute des dents de lait, il ne lui était certainement pas facile d'indiquer l'âge de l'animal, car il ne paraît pas avoir eu connaissance des signes

fournis par l'usure de la table dentaire. « C'est généralement par la canine,
« après la chute des dents qui tombent, que l'on connaît l'âge du cheval ;
« aussi dit-on qu'on a une marque exacte tant que le cheval n'a pas perdu
« ses dents ; mais qu'on n'en a plus quand il les a perdues. » En général, à
cette époque, on se basait sur les canines, qui, chez les jeunes chevaux, sont
petites et pointues.

Pour connaître l'âge du mulet, les gens qui les soignent avaient, d'après
Aristote, un moyen très simple pour le déterminer approximativement, en
tirant la babine. Si la peau tirée revient vite sur elle même, c'est que l'animal est jeune ; si, au contraire, elle reste quelque temps plissée, c'est que
le mulet est vieux. (*Hist. anim.*, Liv. VI, ch. XXIV, § 4.)

Varron, tout en répétant ce qu'Aristote a dit au sujet de la chute des
dents chez le cheval, ajoute que les dents de remplacement, creuses d'abord,
sont remplies vers la sixième année, et qu'à sept ans l'arcade dentaire est
au complet (*septimo omnes habere solent renatos et completos*). A partir de
cette époque, dit-il, il n'y a plus de signe certain pour l'âge, seulement lorsque le cheval a les dents saillantes hors de la bouche, les sourcils blancs,
les salières creuses, on suppose qu'il peut avoir seize ans (probablement hors
d'âge.) (*Præterquam cum dentes sint facti brocchi, et supercilia cana et sub
ea lacunæ, ex observata dicunt eum equum habere annos sedecim.*)

Dans le courant de la sixième année, dit Columelle, les dents remplaçantes rasent (*quæ primus mutavit exæquat*). A sept ans, elles sont toutes
rasées (*omnes explentur æqualiter*), ensuite elles se creusent (*ex ea cavatos
gerit*) et on ne peut plus reconnaître l'âge.

Pline, Apsyrte, Végèce ne font que répéter ce qu'ont dit leurs prédécesseurs sans y rien ajouter.

Après la bouche, le premier vestibule des voies digestives, vient l'œso-
phage (οισοφαγος), l'estomac (ανω κοιλια, tantôt simple, tantôt composé comme
chez les animaux qui ruminent (μηρυκαζειν) et les quadrupèdes vivipares dépourvus de dents à la mâchoire supérieure. Chez ces animaux Aristote compte
quatre estomac ; l'estomac proprement dit (γαστηρ), le réseau (κεκρυφαλος), le
feuillet (εχινος, hérisson, surface hérissée de piquants), la caillette (ηνυστρον,
de ανυω, j'achève). Aristote signale aussi la présence de circonvolutions
débordant l'épaisseur de la muqueuse dans une partie de l'estomac du porc.
(*Hist. anim.*, Liv. III, ch. II, § 12 et Liv. II, ch. XII, § 10.)

Il paraît également avoir eu connaissance des différences que présentent
les intestins (κατω κοιλια) dans la série animale, sans toutefois en supposer la
véritable cause. Il dit, en effet, que les intestins sont toujours plus grands
chez les animaux qui n'ont pas de dents à la mâchoire supérieure. Mais, au
lieu de l'attribuer au régime auquel ces animaux sont soumis, il croyait que
cette différence était due à leur grande stature. (*Hist. anim.*, Liv. II, ch. XII,

§ 14.) Il donnait le nom de νῆστις au *jejunum* et divisait le gros intestin en ἔντερον τυφλόν (cœcum), κῶλον (côlon), ἀρχός (rectum).

Enfin il signale le mésentère (μεσεντέριον) sillonné de vaisseaux nombreux, l'épiploon (ἐπίπλοον), le foie (ἧπαρ) dépourvu de vésicule biliaire chez le cheval, l'âne, le mulet, l'éléphant, le cerf. (*Hist. anim.*, Liv. I, ch. xiv, § 11.)

Quant à la rate (σπλήν), Aristote mentionne les nombreuses différences qu'elle peut présenter dans la série animale : extrêmement petite chez les ovipares; arrondie chez la chèvre et le mouton; très longue chez le cochon, le chien; large dans un sens, étroite dans l'autre chez les solipèdes. (*Hist. anim.*, Liv. II, ch. xi. — *Parties*, Liv. III, ch. vii, § 9 et 10; Liv. III, ch. xii, § 4.)

Aristote ne parle pas du pancréas.

C. — *Appareil de la respiration.*

Parmi les organes de l'appareil respiratoire, il cite le nez (ῥίς), la trachée (ἀρτηρία), le larynx (λάρυξ), le diaphragme (διάζωμα ou φρένες), qui sépare les deux grandes cavités, l'épiglotte (ἐπιγλωττίς) destinée à empêcher le bol alimentaire de faire fausse route et de pénétrer dans les voies respiratoires.

Quant aux poumons (πνεύμων), remplacés par des branchies (βραγχία) chez certaines espèces animales, il savait qu'ils servaient exclusivement à la respiration, dont il avait discerné, le premier, le double mécanisme, inspiration (ἀναπνευσις), expiration (ἐκπνευσις). Mais si Aristote n'a pu connaître la transformation du sang veineux en sang artériel, il avait du moins pressenti l'hématose, car, dans son *Traité de la respiration*, il dit que l'air, avant de sortir, doit circuler dans de nombreux canaux, veines du poumon, pour y vivifier, sinon le sang, du moins la chaleur, ce je ne sais quoi qui était le principe vital.

D. — *Appareil de la dépuration urinaire.*

Les reins (νεφροί), dit Aristote, sont des organes variables dans leur conformation. Uniformes chez le mouton et chez la plupart des quadrupèdes, ils paraissent composés, chez le bœuf, de la réunion de plusieurs petits reins (*Hist. anim.*, Liv. II, ch. xii, § 1). Le sang leur est fourni par des vaisseaux qui partent de la grande veine (veine rénale) et de l'aorte (artère rénale), qui se distribuent et se perdent dans la substance même du rein, tout en ne pénétrant pas dans la cavité centrale (bassinet). (*Hist. anim.*, Liv. I, ch. xiv, § 15.)

De la cavité centrale des reins partent deux canaux assez petits (uretères), un pour chaque rein, qui descendent le long du rachis, de chaque côté, et viennent déboucher dans la vessie, non loin d'un autre conduit qui va

rejoindre la partie supérieure du canal de la verge (urèthre). (*Hist. anim.*
Liv. III, ch. I, § 4.)

Après avoir parlé des diverses espèces d'urine et des divers modes de
miction dans la série animale, Aristote mentionne les concrétions, calculs
(λίθοι) qu'on trouve dans la vessie. (*Hist. anim.*, Liv. III, ch. XI, § 4.)

E. — *Appareil de la circulation.*

Aristote n'établissait aucune distinction entre le sang artériel et le sang
veineux, donnant le nom de veines (φλεψ) à tous les vaisseaux qui char-
rient le sang et qui partent du cœur (καρδία), l'organe le plus important et le premier formé dans l'embryon, particularité qu'il avait constatée
le premier.

Connaissant que le cœur, chez les animaux inférieurs, n'était composé
que de deux cavités, il y a lieu de s'étonner qu'il n'en ait reconnu que trois
chez les animaux supérieurs. Cette description du philosophe de Stagyre a
fait l'objet de nombreux commentaires et a été interprétée de diverses
manières, notamment par MM. Milne-Edwards (*Leçons de physiologie et ana
tomie comparée*, t. III, p. 6, Note); — docteur Geoffroy (*Anatomie et Physiologie d'Aristote*, Thèse, Arcis-sur-Aube, imp. Ch. Chapelle, 1878); —
Gurlt (*Beitrage zur Geschichte der vergleichenden Anatomie un Physiologie,
Magazin f. Thierheilkunde*, Berlin, 1853). Aristote parle aussi de la coagulation du sang, « qui, dit-il, tient aux fibres, car si on les enlève le sang ne
« se coagule plus ». D'après lui, le sang de taureau serait celui qui se coa-
gulerait le plus vite, tandis que chez le cerf, le chevreuil, le bubale, le
lièvre, la coagulation serait très lente. (*Hist. an.*, Liv. III, ch. VI, § 3 et 4;
Liv. III, ch. XIV, § 4. — *Parties*, Liv. II, § 4.)

Le sang, dit-il, est un liquide insensible au toucher, qui se compose :
1° d'une partie aqueuse (ιχωρ) et d'une partie solide, fibrineuse (ινες), et qui
présente dans la série animale de nombreuses variétés de consistance et de
coloration.

F. — *Appareil de l'innervation.*

Les organes et les fonctions de l'innervation étaient peu connus du temps
d'Aristote. Cependant il reconnaissait au cerveau (εγκεφαλος), siège de l'âme,
deux membranes (μηνιγξ), dont l'une est située directement sur le cerveau et
l'autre sous l'os; puis une partie terminale ou postérieure, le cervelet
(παρεγκεφαλις), Mais, sous le nom de nerfs (νευρα), il confondait les organes
les plus divers : piliers du cœur, certaines veines (aorte), brides ligamen-
teuses et fibreuses des articulations, tendons, terminaisons tendineuses
des muscles.

G. — *Appareil des sens.*

Les anciens connaissaient les cinq sens dont sont pourvus les êtres supérieurs.

L'œil (οφθαλμος), auquel ils reconnaissaient la pupille (κορη), une partie noire qui entoure la pupille (το μελαν, iris) et en dehors, le blanc de l'œil το λευκον, la sclérotique).

L'oreille (ους), composée de deux parties : l'oreille externe (λοβος), formée de cartilage et de muscles ; l'oreille interne (στρομβος), au fond de laquelle se trouve la membrane du tympan, qui empêche l'air extérieur de communiquer avec l'air intérieur. Aristote paraît avoir eu connaissance de la trompe d'Eustache, car il dit que l'oreille n'a pas d'orifice dans le cerveau, mais dans le voile du palais. (*Hist. an.*, Liv. I, ch. IX, § 3.)

Le nez (ρις).

La langue (γλωττα), présentant des sensations plus manifestes à son extrémité libre.

H. — *Appareil de la génération.*

Ce sont les organes de la génération qu'Aristote a le mieux décrit. Ils ont été l'objet d'un travail spécial (περι ζωων γενεσεως) que nous regrettons de ne pouvoir analyser ici. Mais une analyse aussi succincte que celle que nous venons de terminer ne nous donnerait qu'une idée bien imparfaite de cette œuvre grandiose qui nous étonne encore aujourd'hui par la hardiesse de sa conception. Pour bien comprendre Aristote, il nous faudrait faire une étude approfondie de l'anatomie comparée dans la série animale, et c'est ce que nous ne pouvons entreprendre. Forcé de nous restreindre, nous nous sommes bornés à résumer le plus succinctement possible un travail manuscrit auquel la Société nationale d'agriculture, en 1887, a cru devoir décerner une médaille d'or à l'effigie d'Olivier de Serres (46).

Après Aristote, comme anatomiste, succèdent : *Erasistrate* qui signala les ventricules du cerveau, l'origine des nerfs crâniens, les valvules tricuspides et sigmoïdes du cœur ; les vaisseaux lactés chez les chevreaux peu de temps après l'allaitement ; *Hérophile*, qui disséqua le premier des cadavres humains et donna son nom au grand confluent postérieur des veines de la dure-mère (*pressoir d'Hérophile*) ; *Arrétée de Cappadoce*, *Rufus d'Ephèse*, *Marinus*, *Soranus d'Ephèse.*

---

(46) Moulé. *Histoire de la médecine vétérinaire dans l'antiquité*, étude sur l'anatomie comparée d'Aristote.

Mais le plus célèbre de tous fut *Galien*, qui, rassemblant les matériaux laissés par ses devanciers et ses observations personnelles, composa une anatomie qui resta, avec celle d'Aristote, le seul guide d'anatomie comparée jusqu'au xvi° siècle.

Mais le traité d'Aristote est le seul que nous puissions revendiquer comme œuvre vétérinaire, car lui seul s'est véritablement occupé d'anatomie comparée. L'anatomie de Galien, bien que supérieure à celle d'Aristote, ne peut nous être d'une grande utilité, car la plupart de ses dissections ont été faites presque exclusivement sur des singes.

L'ostéologie était déjà mieux connue que du temps d'Aristote et les descriptions des os étaient nettes et précises. Quant à la myologie, elle était peu connue auparavant et c'est Galien qui, le premier, s'est occupé de cette question (περὶ μυῶν ἀνατομῆς). Il décrit plus de 300 muscles.

L'étude des organes de la circulation n'était encore que peu avancée, cependant la description du cours des artères était assez complète.

Mais où Galien s'est surtout montré supérieur, c'est dans la description des nerfs que la plupart de ses prédécesseurs avaient confondus avec tous les tissus blancs. Il savait que toute incision à la moelle épinière, entre la première et la deuxième vertèbre cervicale, détermine la mort instantanée ; que toute section entre la troisième et la quatrième vertèbre, amène l'arrêt de la respiration. Il connaissait l'action du nerf phrénique de la moelle épinière, etc., etc.

Nous aurions trop à dire s'il nous fallait analyser les œuvres de Galien. Pour plus de détails, nous renvoyons aux œuvres anatomiques traduites en français, par Daremberg (47) et à la savante analyse du docteur Corlieu (28).

Galien est le dernier anatomiste de l'antiquité. Pline a bien quelque peu essayé d'aborder cette étude dans son *Histoire des animaux*, mais le peu qu'il en a dit a été emprunté à Aristote, qu'il a quelquefois traduit mot à mot.

Dans l'*Hippiatrique*, il n'est nullement question d'anatomie. A propos des maladies des yeux, il est cependant fait mention du canal lacrymal.

Végèce, dans son *Traité vétérinaire*, a essayé d'aborder cette étude. Mais on voit bien que l'anatomie lui est étrangère, car c'est à peine s'il y consacre quelques lignes. (Liv. IV, ch. i à iv). Il se borne à une sommaire énumération, tout ce qu'il y a de plus sommaire, des parties qui, par leur assemblage, forment le corps de l'animal. Il indique le nombre et la position des os, des tendons et encore commet-il des erreurs, en comptant 170 os dans le squelette du cheval; le nombre des vertèbres du cou est seul juste.

---

(47) *Daremberg*, œuvres anatomiques, physiologiques et médicales de Galien.

B. — Anatomie pathologique.

« Sans doute les Hébreux, les Égyptiens, les anciens romains ont pu se
« former quelques idées de la position des principaux organes du corps, de
« leur forme, peut-être même de quelques-unes de leurs fonctions. Mais,
« ceux qui se livraient à la manipulation des cadavres, soit des hommes, soit
« des animaux, n'avaient aucune des conditions propres à leur faire déduire,
« de ce qu'ils voyaient et touchaient, des idées quelque peu scientifiques.
« Que dirions-nous aujourd'hui d'un écrivain qui, en parlant de nos bou-
« chers, viendrait nous représenter ces industriels comme doués des connais-
« sances anatomiques étendues, parce que tous les jours ils éventrent des
« animaux, qu'ils détachent chaque viscère, qu'ils plongent adroitement
« leurs couteaux dans les articulations, qu'ils savent dépécer artistement
« un bœuf, un mouton ou un veau ! » (48).

Il est bien certain que nous ne pouvons supposer des notions étendues sur
l'anatomie pathologique, aux aruspices, aux augures, qui présageaient
l'avenir de l'examen des entrailles, aux sacrificateurs qui se basaient sur le
plus ou moins d'intégrité des viscères pour laisser consommer le sacrifice.

Mais s'ils manquaient des connaissances scientifiques nécessaires pour
interpréter la nature des lésions qu'ils avaient sous les yeux, ils avaient
du moins une connaissance assez approfondie des organes sains pour dis-
cerner de leur plus ou moins d'intégrité à l'autopsie des victimes.

Nous avons déjà vu que Vitruve conseillait d'examiner le foie des animaux
d'une contrée pour décider du choix du campement, d'un emplacement
définitif.

Simon aurait eu, paraît-il, connaissance de la présence des os du cœur
chez le cheval et le mulet.

Hippocrate mentionne les kystes hydatiques des poumons chez le bœuf, le
chien, le porc et les kystes de cerveau chez la chèvre.

Aristote parle des vésicules ladriques et des altérations des poumons,
du foie et des calculs de la vessie.

Enfin, dans l'Hippiatrique, dans Végèce, il est plusieurs fois question des
altérations essentielles des organes, telles que : calculs salivaires, pelotes
stercorales, altérations des poumons, polypes du nez, tumeurs diverses, etc.

---

(48) *A. Chéreau*, Dict. encycl. sc. méd. Dechambre, Hist. anatomie.

XII. — Ferrure.

« Une grande obscurité règne encore et régnera probablement toujours,
« faute de documents historiques propres à la dissiper, sur les origines de la
« ferrure (H. Bouley) ». La question de l'origine de la ferrure est une de
celles dont se sont le plus préoccupés les archéologues, et, malgré les nombreux travaux parus (49), elle est loin d'être élucidée.

49 BOURGELAT. — *Essai théorique et pratique de la ferrure.* (Imp. royale, 1771.)

BRACY-CLARK. — *Recherches sur le sabot du cheval.* (Traduction française. Paris,
1817.)

BIELER. — *Note sur l'histoire de la ferrure.* (Journal de méd. vét. de Lyon, 1817.)

H. BOULEY. — *Dictionnaire de médecine vétérinaire comparée.* T. 6, article :
Ferrure. Paris, Asselin, 1860.

DEFAYS. — *Histoire de la ferrure.* (Annales de méd. vét. Belgique, 1860, p. 449.)

POL. NICARD. — *Mémoires des antiquaires de France.*

Abbé COCHET. — *Le Tombeau de Childéric Ier.* Paris, 1862.

QUIQUEREZ. — *Les Anciens fers de chevaux dans le Jura.* (Besançon, 1864.)

QUICHERAT. — *Réponse au colonel Coignard.* (Moniteur de l'armée, 16 avril 1862.)

DUPLESSIS. — *Etude sur l'origine de la ferrure à clous chez les gaulois.* (Recueil,
1866, p. 413.)

MÉGNIN. — *Végèce connaissait la ferrure du cheval.* (Recueil, 1866, p. 803.)

MÉGNIN. — *La Maréchalerie française, son histoire, depuis son origine jusqu'à nos
jours.* (Paris, Librairie militaire, 1867.)

MÉGNIN. — *Note sur un bas-relief de l'époque gallo-romaine qui existe au musée
d'Avignon, et qui prouve clairement l'existence de la ferrure à cette époque.* (Bul.
soc. cent. méd. vét., 8 octobre 1868, p. 240.)

PIÉTREMENT. — *La ferrure dans l'antiquité.* (Bul. soc. cent. méd. vét., 10 août et
26 octobre 1876.)

MATHIEU. — *La ferrure dans l'antiquité.* (Bul. soc. cent. méd. vét., 14 décem-
bre 1876, 12 janvier 1877.)

Ch. ROBERT. — *Le bouloir romain.* (Extrait de la Revue archéologique. Paris, 1876.)

GOYAU. — *Traité pratique de maréchalerie.* Paris, 1882.

MATHIEU. — *Notes pour servir à l'Histoire de la maréchalerie.* (Bul. soc. cent.)
méd. vét., 1887.)

ALBEGGIO. — *Les chevaux de guerre, leur origine, leur ferrure.* (Paris, Asselin, 1890.)

MATHIEU. — *Des bouloirs dans l'antiquité.* (Bul. soc. cent. méd. vét., 28 mai 1891.)

Les uns, s'appuyant sur les textes grecs et latins qui ne font nullement mention de la ferrure proprement dite, en concluent que cette opération ne remonte pas au delà du viie ou viiie siècle de notre ère. Les autres, se basant sur des découvertes archéologiques récentes, admettent la ferrure, chez certains peuples de l'antiquité, bien avant notre ère. Laquelle des deux hypothèses est la vraie? C'est ce que je me garderai bien de résoudre. En présence d'une telle divergence d'opinions, je me bornerai simplement à faire une courte analyse des travaux parus, en prenant pour base celui de mon savant collègue Mégnin, travail qui est de beaucoup supérieur.

A ce sujet, permettez-moi une courte digression. Dans un article fort élogieux paru dans le *Répertoire de police sanitaire vétérinaire* (15 juillet 1891), un de mes collègues a l'obligeance de me signaler, comme les ayant oubliées, plusieurs brochures, parmi lesquelles figure celle de M. Mégnin.

Je n'ai certes pas la prétention d'avoir tout lu, d'avoir tout feuilleté et par conséquent de n'avoir commis aucune omission. Mais aucune des brochures signalées ne m'étaient inconnues. Je ne pouvais faire figurer parmi les livres d'*Histoire vétérinaire générale*, le travail de M. Mégnin qui traite d'un sujet tout spécial et ne devait trouver place qu'à l'article ferrure; c'est pour la même raison que je n'ai pas mentionné l'article de M. Percheron (*Essai sur l'histoire de l'hippiatrique arabe*. Recueil, tome 46, p. 57, 1869), qui n'a trait qu'à la période arabe, période dont je ne m'occupe pas dans la première partie de mon histoire vétérinaire. Quant au *Berceau de l'enseignement vétérinaire*, de M. Arloing, à l'*Histoire du corps des vétérinaires militaires en France*, de M. Chomel, deux œuvres magistrales, il se passera du temps avant que je sois en mesure de les citer. Je termine à peine la période de l'antiquité, et de là à la fondation des Ecoles, à l'organisation du corps des vétérinaires militaires, il y a loin.

De toutes les omissions qui m'ont été signalées je ne puis en admettre qu'une et je dois de pouvoir combler cette lacune, à mon collègue et ami Morot, qui a eu la patience de dépouiller la *Bibliographie des travaux historiques et archéologiques, publiés par les Sociétés savantes de France*, de De Lasteyrie. Il s'agit d'un précis d'*Histoire de la médecine vétérinaire*, publié par Pételard, dans le *Bulletin de la Société d'agriculture, sciences, arts et belles lettres* du département d'Indre-et-Loire. (Tours, 1844, t. 23, p. 54.)

Maintenant revenons à la ferrure.

Pendant les périodes grecque et romaine, il est à peu près hors de doute que la ferrure n'était pas connue ou du moins n'en trouvons-nous nulle trace, ni dans les textes, ni sur les bas-reliefs, monuments, sculptures que l'antiquité nous a transmis.

Il est vrai que plusieurs fois les historiens, les poètes se sont servis d'expressions qui ont donné lieu à de singulières méprises.

C'est ainsi qu'Homère fait plusieurs fois mention de chevaux aux pieds d'airain (χαλκόπους), que plus tard Virgile, Horace, vanteront la dureté de la corne du cheval, sa sonorité (*sonans ungula*) et désigneront le cheval sous le nom d'*equus sonipes* (aux pieds sonores). Mais toutes ces expressions, ainsi que l'a fort bien démontré Bracy Clarck, ne sont que des métaphores pour indiquer la dureté et la qualité du sabot. Simon dit, en effet, qu'on reconnait au bruit la bonté du pied du cheval et Xénophon l'approuve, en ajoutant que le sabot creux résonne sur le sol.

Une des principales preuves sur laquelle on s'appuie pour démontrer que ni les grecs, ni les romains, ne connaissaient la ferrure, c'est le soin qu'ils apportaient dans l'entretien des sabots.

Xénophon, Columelle, disent que les pieds étant ce qu'il importe le plus de former chez un jeune cheval, il faut veiller avec soin à ce que le sol de l'écurie soit bien conditionné. Xénophon recommande surtout de pratiquer le pansage dans un endroit rempli de pierres dures, de la grosseur du poing, afin que le cheval piétine dessus et que les pierres en roulant durcissent la corne.

Durcir la corne du pied du cheval était une des grandes préoccupations des grecs et des romains; car l'usure inévitable des sabots, pendant les longues marches, entravait souvent, à cette époque, les opérations militaires.

Diodore de Sicile Liv. XVII, ch. XCIV) nous apprend qu'Alexandre fut arrêté dans sa marche en avant parce que les sabots de ses chevaux étaient usés par des marches continuelles.

Mithridate (*Appien*, de Bell. Mithrid., ch. LXXV) envoya en Bythynie la plupart des chevaux de sa cavalerie devenus boiteux par suite de l'usure trop rapide de la corne.

Voyez le cheval Parthe, dit Gratius Faliscus, il est renommé au milieu de ses plaines unies, mais qu'il vienne dans les rochers de Taburne, qu'il parcourre l'âpre Garganus et les Alpes Liguriennes, et il aura bientôt usé la corne de son sabot.

Opus excursis cadet unguibus.

(Vers 516).

Cela indique bien que les peuples de l'antiquité ne connaissaient pas l'usage de la ferrure à clous, destinée à empêcher cette usure trop rapide. Dans la composition des armées en campagne ne figurent aucunement les ateliers de maréchalerie.

Hygin, Végèce, (*de re militari*) énumèrent avec soin les divers appareils qui composent une forge pour la réparation des armes, des instruments de balistiques, et ne font nullement mention de l'outillage nécessaire à la ferrure.

Cette usure des sabots (*ungulæ attritæ, detritæ, subtritæ, extritæ*) n'avait pas échappé aux vétérinaires de l'antiquité qui se sont efforcés d'y remédier. Comprenant que la pathologie du pied était une des plus importantes en raison même de l'utilisation du cheval comme moteur animé, ils lui ont réservé une très grande place dans leurs écrits. C'est avec un soin tout particulier qu'ils décrivent les qualités et défectuosités des sabots, qu'ils énumèrent les diverses maladies auxquelles ils sont sujets et les opérations qu'elles nécessitent. A plusieurs reprises ils parlent de rogner la corne, de l'égaliser dans certaines maladies. Nul doute, que si Apsyrte, Hiéroclès, Végèce, vétérinaires du ive siècle de notre ère, avaient eu connaissance de la ferrure, ils n'auraient pas manqué d'en parler, ou tout au moins d'indiquer qu'il était nécessaire de déferrer le pied malade pour pratiquer certaines opérations. Une telle omission serait inadmissible, sinon incompréhensible.

Ils font seulement mention d'appareils destinés à protéger le pied opéré ou malade et à permettre la réparation de la corne, tout en la mettant à l'abri de l'humidité et des saletés. Ces appareils qu'ils désignaient sous le nom de (ὑποδήματα, *solea*) étaient ordinairement faits de jonc tressé de sparte, d'où l'expression (*solea spartea*) ou d'une semelle de fer (*Glante ferreo*. V. L. III, ch. xviii). Ils devaient être analogues à ces espèces de paniers d'osier, ayant la forme du pied, dont se servent encore les japonnais.

Dans certaines circonstances ces *solea* étaient appliquées sur des pieds sains, mais il est bien certain qu'elles ne pouvaient être adaptées qu'aux pieds des animaux à allures lentes, car, par leur forme, leur peu d'adhérence, elles n'auraient pu convenir aux allures rapides des chevaux de course, de cavalerie.

Nous voyons, en effet, dans Suétone (*Histoire des Douze Césars*) que le palefrenier, qui conduisait le char de Vespasien, descendit un jour de son siège sous prétexte de rechausser (*calceo*) ses mules, mais en réalité pour donner le temps à un solliciteur d'adresser sa requête.

Catulle (18-26) compare un homme indolent à une mule, dont les chaussures de fer sont arrêtées dans une boue épaisse et profonde.

Suétone (*Vie de Néron*, ch. xxx) dit que Néron ne voyageait jamais sans ses mules aux pieds chaussés d'argent.

Pline (35, ii, f. 49) rapporte que les semelles des mules de Poppée, femme de Néron, étaient d'or.

Mais ce luxe était bien entendu l'exception. Le plus ordinairement ces *solea* se composaient de jonc tressé ou d'une plaque de métal commun, pleine ou percée à son centre, et pourvue d'oreillettes latérales, destinées à fixer les courroies qu'on enroulait autour du paturon.

Plusieurs de ces appareils, que l'abbé Cochet (*Le Tombeau de Childéric Ier*, Paris, 1862) désigne sous le nom d'*Hipposandales* ont été retrouvés dans certaines localités. Au Musée de Saint-Germain on peut en voir une contenant encore la troisième phalange du pied du cheval à laquelle elle était adaptée. A Grange (canton de Vaud), sous les ruines d'un établissement romain, on a découvert les quatre pieds d'un cheval munis de ces appareils protecteurs, dont on a longtemps méconnu l'utilité.

Si les peuples de l'antiquité ne connaissaient pas la ferrure, car les Hipposandales ne pouvaient en aucune façon remplacer nos fers artificiels, paraient-ils le pied pour remédier aux défectuosités de la corne et rétablir les applombs? On serait tenté de l'admettre d'après l'édit de Dioclétien qui, vers 301 de notre ère, fixe le salaire de *mulo-medici* chargés de la taille (*tonsura*), du nettoyage et de la mise en état *(aptatura)* des pieds. Mais il s'agit là plutôt d'une opération chirurgicale, dont les vétérinaires avaient sans doute le monopole, car cette fixation de salaire est immédiatement suivie de celle relative à la saignée.

L'amincissement de la corne était fréquemment indiqué par les Hippiatres de l'antiquité dans les diverses affections et opérations du pied, telles que : clou de rue, bleime suppurée, saignée en pince, dessolure, etc., etc., et les expressions υποξέω (racler un peu), περιτέμνω (couper autour), υποχαρασσω, *subradere* (racler en-dessous caractérisent bien ce mode opératoire.

Depuis quelques années on a découvert plusieurs spécimens de ces boutoirs.

Boutoir du recueil de Caylus.
Boutoir trouvé à Pont-sur-Meuse, musée de Bar-le-Duc.
Boutoir trouvé à Pompéï, musée de Naples.
Boutoir trouvé à Grenoble, musée de Grenoble.
Boutoir de Maxe Verly, trouvé à Grand (Vosges).

Ni les Perses, ni les Assyriens, ni les Égyptiens, ni les Grecs, ni les Romains n'avaient connaissance de la ferrure telle qu'elle se pratique actuellement. Aussi semble-t-il étonnant que les Gaulois aient pu en faire usage alors que les Romains, avec lesquels ils ont eu tant de points de contact l'ont ignorée. Comment admettre que les Gaulois, dont la cavalerie était si renommée par le nombre et la valeur, aient pu parcourir le monde avec des chevaux ferrés, sans que les peuples qu'ils ont subjugués aient adopté la ferrure? Comment admettre que les historiens romains, si scrupuleux dans leurs écrits, n'aient pas fait mention d'un fait qui, tout au moins, aurait dû leur paraître extraordinaire?

Comment se fait-il que les pieds des deux chevaux qui surmontent le tombeau de Jovin, situé dans la cathédrale de Reims, soient dépourvus de fers ?

Si les Gaulois avaient connu la ferrure, on s'explique difficilement cette absence de fers aux pieds des chevaux du grand maître de la cavalerie gallo-romaine (330-370).

Cependant des archéologues distingués tels que MM. Quicherat, Quiquerez, Troyon, Mégnin, Mathieu, etc., etc. admettent que les chevaux des Gaulois étaient ferrés, et, certains même ont fait remonter l'origine de la ferrure à une époque très reculée. Ils se basent sur la découverte de fers ou débris de fers dans les tumuli, tombelles, qu'ils considèrent comme d'origine celtique. Il paraît même qu'il existe au musée d'Avignon un bas-relief, datant au plus tard du IIe siècle de notre ère, et où se trouve représenté un cheval dont les pieds de devant sont ferrés.

Ces fers, bien que présentant entre eux quelques dissemblances, appartiennent tous à un type spécial. Ils sont ondulés au niveau des six étampures larges et oblongues dont ils sont percés, et les clous, à tête aplatie, arrondie, sont en forme de clef de violon.

Sans vouloir nier la valeur de ces découvertes, je me permettrai de faire observer, qu'au point de vue des origines de la ferrure, elles ne nous apprendront rien tant qu'elles ne s'appuieront pas sur des bases plus solides que les tourbières, tombelles, tumuli, etc., etc. sur l'ancienneté desquels on n'est pas toujours d'accord.

Si la ferrure était employée dans les Gaules, et c'est un fait qui, paraît-il, n'est plus aujourd'hui à contester, à quelle époque les Gaulois en ont-ils eu connaissance? Quels sont les peuples qui les ont initiés à cette pratique si indispensable de nos jours? Ce sont autant de questions que, pour le moment, je ne me charge pas de résoudre. L'histoire des origines de la ferrure reste encore à faire, et, un champ vaste, encore inexploré, est ouvert à ceux que tenterait la solution d'un problème aussi ardu.

FIN DE LA PREMIÈRE PÉRIODE.

9190   Paris. — Imp. A. MAULDE et Cie, 144, rue de Rivoli.